ENCYCLOPÉDIE
DES CONNAISSANCES AGRICOLES

E. CHANCRIN

Le Vin

Procédés Modernes
De Préparation, d'Amélioration et de Conservation

HACHETTE

Le Vin

Procédés Modernes
De Préparation, d'Amélioration et de Conservation

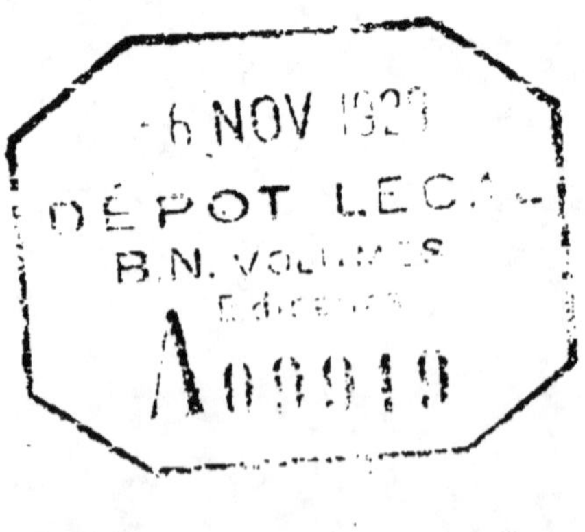

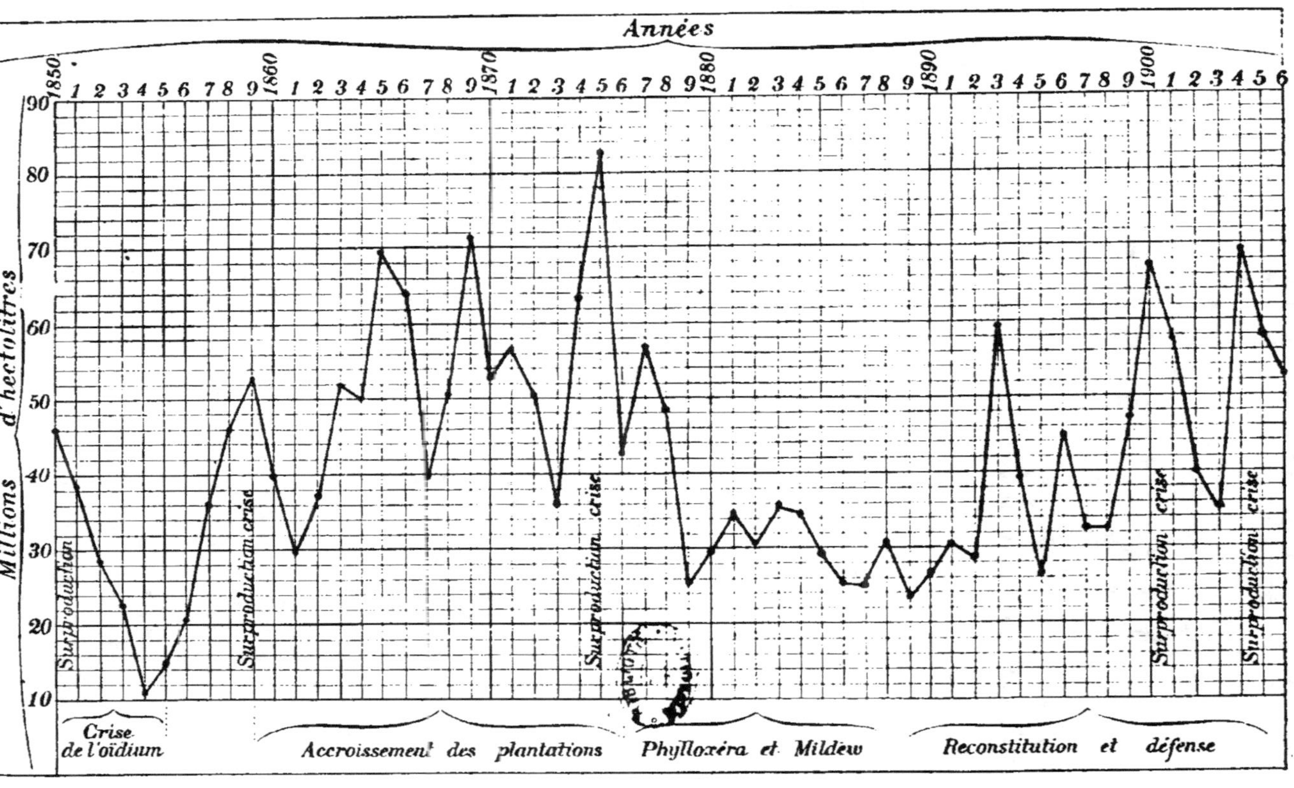

PRODUCTION ANNUELLE DU VIN EN FRANCE DE 1850 A 1905.

ENCYCLOPÉDIE DES CONNAISSANCES AGRICOLES
Sous la Direction de M. E. CHANCRIN, Inspecteur général de l'Agriculture

Le Vin

Procédés Modernes
De Préparation, d'Amélioration et de Conservation

PAR

E. CHANCRIN
Inspecteur général de l'Agriculture.

NEUVIÈME ÉDITION

LEVURE

*OUVRAGE ADOPTÉ
PAR LE SYNDICAT CENTRAL
DES AGRICULTEURS DE FRANCE*

LIBRAIRIE HACHETTE
79, BOULEVARD SAINT-GERMAIN, PARIS

INTRODUCTION

L'œnologie est la science qui a pour objet l'étude et la préparation des vins. Elle comprend tout ce qui se rapporte au vin, qu'il s'agisse de sa préparation, de son analyse ou de la recherche des falsifications.

La vinification est plus particulièrement l'ensemble des opérations qui ont pour but de fabriquer, d'améliorer et de conserver les vins.

L'étude des procédés modernes de préparation, d'amélioration et de conservation des vins que nous présentons aux élèves des écoles et au public est divisée en plusieurs parties, dont l'ensemble est le suivant :

I. — Les propriétés et les caractères des vins dépendant essentiellement des raisins dont ils proviennent, il est donc nécessaire de connaître tout d'abord le raisin et le jus qu'il contient ; c'est ce qui fait l'objet de la première partie :

PREMIÈRE PARTIE. — **Étude du raisin et du moût.**

Les différentes parties du raisin.
Maturation du raisin ; composition du moût ou jus de raisin.

II. — Le raisin et son jus étant connus, on peut ensuite étudier la fabrication des vins :

DEUXIÈME PARTIE. — **Vinification des vins.**

1° VINIFICATION DES VINS ROUGES. — *Vendange et préparation du moût.*

Comment se fait la transformation du moût obtenu en vin.

Connaissant cette transformation, on peut comprendre comment on peut améliorer les moûts.

Les moûts étant préparés ou améliorés, on peut alors passer à l'étude des opérations pratiques de la transformation du moût en vin.

2° VINIFICATION DES VINS BLANCS. — *La plupart des questions et opérations étudiées dans la vinificatoin des vins rouges s'appliquant à la vinification des vins blancs, nous ne ferons donc que les rappeler en insistant simplement sur les différences.*

III. — Le vin étant fait, il faut l'améliorer si c'est nécessaire, mais, non le falsifier ; mais pour l'améliorer et reconnaître au besoin les falsifications, il faut le connaître. Toutes ces questions sont étudiées dans la troisième partie :

TROISIÈME PARTIE. — **Étude et Amélioration des vins.**

Composition et analyse des vins.
Comment on améliore les vins présentant des défauts constitutionnels.
Comment on reconnaît les principales falsifications des vins.

IV. — Il ne s'agit pas seulement de faire du vin, il faut aussi le conserver ; c'est l'objet de la quatrième partie :

QUATRIÈME PARTIE. — **Conservation des vins.**

Soins à donner aux vins.
Procédés de conservation des vins.

V. — Si les précautions indiquées dans la vinification, l'amélioration et la conservation ont été mal prises, le vin peut être sujet à différentes maladies dont on peut le guérir. Il vaut mieux cependant prévenir que guérir, d'où :

CINQUIÈME PARTIE. — **Hygiène et maladies des vins.**

Des soins de propreté à donner au matériel et aux bâtiments.
Maladies et défauts accidentels des vins.

VI. — Le viticulteur a tout intérêt à utiliser tous les résidus de la fabrication des vins, les marcs, les lies, etc. Cette utilisation est indiquée dans la sixième partie :

SIXIÈME PARTIE. — **Utilisation des principaux résidus de la fabrication des vins.**

Fabrication des vins de marcs ou vins de sucre. — Fabrication de la piquette. — Utilisation des marcs comme engrais. — Utilisation des marcs pour l'alimentation des animaux, etc.
Utilisation des vins piqués (fabrication du vinaigre dans les ménages).

VII. — La législation sur les vins demande quelques commentaires permettant au viticulteur de savoir ce qu'il peut ou ne doit pas faire. Nous les avons donnés dans la septième et dernière partie :

SEPTIÈME PARTIE. — **Le vin et la loi sur les fraudes.**

Cette nouvelle édition est un véritable guide pour le viticulteur et le négociant en vin qui désirent connaître les opérations permises ou interdites par le nouveau décret portant règlement pour l'application de la loi sur les fraudes.

Certains chapitres ont été complètement remaniés, notamment celui qui concerne la vinification par bisulfitage. Des *compléments* contiennent des conseils pour la dégustation et des notions sur des procédés pratiques d'analyses des moûts et des vins pour le viticulteur et le négociant.   E. C.

LE VIN

PROCÉDÉS MODERNES
DE PRÉPARATION, D'AMÉLIORATION ET DE CONSERVATION

PREMIÈRE PARTIE
ÉTUDE DU RAISIN ET DU MOÛT

CHAPITRE I
LES DIFFÉRENTES PARTIES DU RAISIN

1. Les propriétés et les caractères des vins dépendent essentiellement des raisins dont ils proviennent.

2. La grappe. — La grappe de raisin comprend les parties suivantes :

$$\text{Grappe de raisin} \begin{cases} \text{râpe ou rafle} \\ \text{grains} \begin{cases} \text{pellicule.} \\ \text{pulpe.} \\ \text{pépins.} \end{cases} \end{cases}$$

La composition de ces différentes parties joue un grand rôle dans la qualité du vin ; elle varie non seulement avec le cépage, mais encore avec le pays, la culture, les conditions météorologiques, les maladies, etc.

3. La rafle. — La rafle pèse en moyenne 3 à 7 pour 100 du poids de la grappe. Parmi les matières que contient la rafle, les plus importantes sont :

Le tanin de 1 à 3 pour 100.
Les substances acides de 0,2 à 0,9 pour 100.

La rafle servant aux grains de canal d'alimentation, on comprend qu'on y retrouve en petites quantités les substances qui se rendent aux grains de raisins et qui viennent des feuilles, véritables laboratoires où elles ont été fabriquées.

En mâchant un morceau de rafle on constate une saveur âpre, astringente, assez spéciale qui est due aux substances que cette partie de la grappe contient (*goût de rafle*).

C'est ce goût de rafle qui se communique au vin lorsque la grappe est trop broyée au *foulage* (p. 19) ou lorsque la grappe est restée trop longtemps en macération dans la cuve de fermentation.

Nous verrons (p. 22, *égrappage*) que le vigneron a intérêt, dans certains cas, à enlever la grappe (à *égrapper*) afin que le vin ne soit pas trop riche en tanin, en acides et n'ait pas un goût astringent.

4. La pellicule. — La pellicule pèse en moyenne 9 à 11 pour 100 du poids total du grain de raisin. Elle contient du *tanin* et des *acides*. Les cellules intérieures de la pellicule renferment la *matière colorante* du vin. Celle-ci est peu soluble dans le moût et l'eau, sauf dans l'eau chaude à partir de 50 degrés. Elle est soluble dans l'eau alcoolisée et dans l'alcool qui se produit pendant la fermentation[1].

Quand on veut faire des vins blancs avec des raisins rouges, il faut donc avoir le soin de séparer les pellicules d'avec le jus immédiatement après le foulage, avant le commencement de la fermentation qui produit de l'alcool.

Certains cépages dits *teinturiers* possèdent une *seconde matière colorante* qui a la propriété d'être soluble dans l'eau pure ; c'est pourquoi le jus est coloré dès sa formation.

Sous l'influence de l'oxygène de l'air, les matières colorantes de la pellicule s'oxydent et deviennent *insolubles*. C'est ce qui explique que les vins faits avec des *raisins secs* (lesquels ont été longtemps exposés à l'air) n'ont pas de couleur.

La pellicule de chaque cépage contient aussi une *matière odorante* spéciale qui donne au vin un *parfum* qu'il ne faut pas confondre avec le *bouquet*.

Le *bouquet* ne se forme qu'à la longue par le vieillissement du vin. Au contraire, ce *parfum*, très prononcé au début, devient moindre avec l'âge du vin. C'est lui qui donne aux vins de quelques cépages américains un goût peu apprécié :

Avec le Noah, un goût de framboise ; avec l'Othello, un goût de renard (fox) ; avec le Delaware, le goût de fraise des bois, etc.

Ce parfum devient très délicat chez les vins de certains cépages européens tels que les Muscats, les Sauvignons, le Cabernet, etc.

5. La pulpe. — La pulpe pèse en moyenne 85 à 90 pour 100 du poids total du grain de raisin. Sa composition est très complexe et extrêmement variable selon les cépages :

Eau	75 à 80	pour 100.
Sucre fermentescible[2]	18 à 25	—
Acides libres (tartrique, malique, etc.)..	0,30 à 0,45	—
Bitartrate de potasse	0,5 à 0,7	—
Matières azotées) servent à l'alimentation des levures pendant la fermentation		
Matières minérales)		
Huiles essentielles et matières grasses.		

---

1. On a cru pendant longtemps que la matière colorante n'était soluble que dans l'alcool produit pendant la fermentation. M. Rosenstiehl a démontré qu'elle est aussi soluble dans le moût sous l'action de la chaleur (50 à 70°).

2. Le sucre de raisin est du glucose (plus exactement un mélange de glucose et de lévulose) qu'il ne faut pas confondre avec le sucre ordinaire ou saccharose.

De tous ces éléments, les plus importants sont : le *sucre*, dont la quantité moyenne est de 20 pour 100 dans la plupart de nos bons cépages, et les *acides*. La pulpe ne contient pas de tanin.

6. Les pépins. — Les pépins pèsent en moyenne 3 à 4 pour 100 du poids total du grain de raisin. Ils contiennent des huiles grasses, beaucoup de tanin (10 pour 100), des acides volatils en petites quantités et une matière résineuse très astringente qui donnerait un mauvais goût au vin si les pépins étaient écrasés par le foulage avant la fermentation.

7. Variation de la constitution du raisin pendant la maturation. — *La composition du raisin varie suivant le degré de maturation.* C'est dans la feuille, véritable laboratoire, que s'élaborent, sous l'action de la chaleur et de la lumière, les divers principes qui vont former la substance du raisin. Ces principes se rendent peu à peu dans la grappe et font subir au fruit des modifications importantes. La feuille étant nécessaire à la maturation, on conçoit, comme l'a démontré M. Müntz, que l'*effeuillage*, pratiqué dans quelques régions, ne puisse qu'entraver la marche de la maturation, au lieu de la faciliter.

On peut distinguer plusieurs périodes dans la maturation :

1re PÉRIODE (période herbacée). Le grain est vert, il se développe, s'accroît rapidement en poids et en volume ; la pulpe se constitue, elle s'enrichit de matériaux divers et spécialement de matériaux *acides* ; mais le sucre n'y apparaît qu'en petite quantité. Le *grain de raisin est très acide.*

2e PÉRIODE : le grain change de couleur (*véraison*) son poids reste stationnaire, et *la proportion de sucre augmente, tandis que celle des acides*, ou plutôt des matériaux acides[1], commence à diminuer.

3e PÉRIODE : l'accroissement du grain reprend. *La proportion de sucre augmente encore pendant que la proportion des acides diminue. Lorsque la richesse du raisin en sucre est stationnaire, le fruit est mûr.*

4e PÉRIODE : On distingue dans certaines régions une *4e période* dite *période de surmaturation* pendant laquelle commence la dessiccation du grain. Sur ce dernier se développe un champignon le *Botrytis cinerea* qui produit une concentration du moût par évaporation d'une partie de l'eau, qui diminue l'acidité et développe un parfum spécial très recherché. C'est ce champignon qui détermine la *pourriture noble* des raisins blancs à peau épaisse (Sauvignon, Sémillon) et la *pourriture vulgaire* des raisins ordinaires dans les années chaudes et humides.

---

1. L'acidité de la pulpe est due, en effet, non seulement aux acides libres, mais aussi au bitartrate de potasse (sel acide).

CHAPITRE II

MATURATION DU RAISIN
COMPOSITION ET ANALYSE DU MOÛT

8. Maturation du raisin. — **La maturité du raisin dépend de la région viticole, du cépage, des conditions climatériques de l'année, du type de vin à obtenir, etc.**

Règle générale. — *Le raisin est mûr lorsque la quantité de sucre qu'il contient cesse d'augmenter, devient stationnaire. A la maturation, en même temps que la quantité de sucre reste à peu près constante, l'acidité cesse de diminuer, ou baisse lentement en proportion très faible.*

La marche inverse de ces deux facteurs n'implique pas qu'ils soient complémentaires l'un de l'autre : les variations de la proportion de sucre sont généralement plus grandes que celles de l'acidité.

Nous verrons (p. 7), comment on détermine la quantité de sucre et d'acides contenus dans le jus de raisin.

9. Composition du moût. — *Le jus de raisin ou moût* que l'on obtient en pressant des raisins frais a une composition très variable. Sa composition moyenne, d'après le Dr Guyot, est la suivante :

Eau pure	78
Sucres fermentescibles	20
Acides libres (tartrique, malique, etc.)	0,25
Bitartrate de potasse	1,50
Sels minéraux	0,20
Substances albuminoïdes, huiles essentielles, matières mucilagineuses, etc.	0,05
Total	100,00

Il est à remarquer qu'avant toute fermentation le tanin n'existe pas dans le moût; ce n'est qu'au moment où l'alcool apparaît par suite de la fermentation que le tanin, contenu dans les différentes parties de la grappe, commence à se dissoudre dans le liquide qui fermente.

Les matières minérales du moût comprennent par ordre d'importance : les sulfates, les phosphates et les chlorures, corps formant des sels à base de potasse, de soude, de chaux et de magnésie, de fer et d'alumine. Nous dirons quelques mots de ces différentes matières minérales à propos de l'étude des vins, p. 122 (extrait sec).

Sucre et acides sont les deux parties qui influent le plus sur la qualité du moût.

C'est le *sucre* qui sous l'action de microorganismes appelés *levures* se transforme en *alcool*, élément essentiel du vin.

Quant aux *acides*, nous verrons, p. 46, 1° qu'ils assurent la bonne fermentation du moût; 2° qu'ils facilitent la conservation du vin; 3° qu'ils donnent au vin obtenu une couleur plus riche, plus franche, une saveur plus fraîche et contribuent à la formation de son *bouquet*.

Lorsque la maturation est insuffisante, le moût n'est pas assez sucré et trop acide.

Lorsque la maturation est trop avancée, le moût est très sucré et n'est pas assez acide.

Toute la difficulté, pour le viticulteur, est d'obtenir un moût dans lequel le sucre et l'acidité soient en parfaite harmonie et en quantité suffisante.

1° DANS LES RÉGIONS FROIDES, l'Est et le Centre par exemple, la maturité complète est souvent difficile à réaliser, l'acidité est presque toujours suffisante. c'est le sucre qui préoccupe plus particulièrement le vigneron.

2° DANS LE MIDI, au contraire, où la chaleur est plus grande, une maturité complète est facile à obtenir. L'acidité prend alors plus d'importance.

De là, la règle suivante à admettre pour l'époque des vendanges :

1° Dans les *régions froides*, on vendange à *maturité maximum*.

2° Dans les *régions tempérées*, on vendange à *maturité moyenne*.

3° Dans les *régions chaudes*, on vendange *avant la maturité complète*.

En réalité, comme nous le verrons page 16, beaucoup de praticiens préfèrent vendanger à *maturité complète* pour avoir le maximum de sucre; ils acidifient ensuite le moût (voir page 51).

Le plus souvent, le viticulteur se rend compte de la maturité du raisin à l'aspect de la grappe, à la couleur des grains, à la facilité avec laquelle le pédicelle se détache en laissant un pinceau coloré, au goût, etc. Ces observations n'ont pas la sûreté et la précision des méthodes scientifiques, elles conduisent parfois à des erreurs regrettables.

Une erreur de quelques jours dans l'appréciation de la maturation a souvent des conséquences très graves pour la qualité et la durée du vin.

Pour connaître la maturité, il vaut mieux déterminer à de

très courts intervalles le sucre et l'acidité du raisin par des procédés scientifiques rapides et faciles à exécuter, que tout agriculteur peut employer sans laboratoire.

10. Utilité de la détermination du sucre et de l'acidité des moûts. — La nature est loin de donner des produits constants et l'inclémence des saisons n'assure pas toujours une maturité suffisante. La détermination du sucre et de l'acidité permet au viticulteur : 1° De corriger dans une certaine mesure la composition du jus de raisin et par conséquent d'obtenir un vin de meilleure qualité.

2° De déduire à l'avance l'acidité du vin et la quantité d'alcool qui résultera de la fermentation normale du moût. Pour l'effectuer, il est nécessaire de prélever dans la vigne, *avec le plus grand soin*, un échantillon moyen.

Prise d'échantillon. — L'opérateur se munit d'un panier et d'une paire de ciseaux à lames minces, effilées et légèrement arrondies aux extrémités pour ne pas crever les grains. On choisit dans la vigne un certain nombre de souches et sur chacune de ces souches une grappe. La grappe doit être également éloignée de celles qui sont le plus près du sol et de celles qui sont le plus haut placées ; elle doit aussi être située tantôt vers le midi, tantôt vers le nord de l'arbuste.

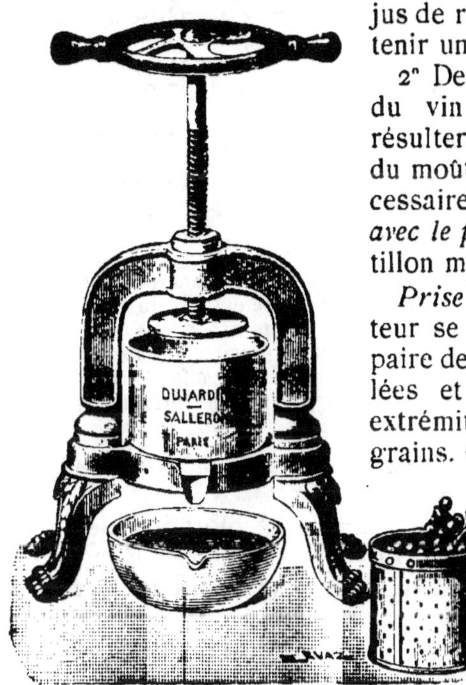

Fig. 1. — Petite presse a fouler le raisin pour la préparation d'un échantillon de moût.

Le nombre des grappes recueillies sera d'autant plus grand que l'état de maturité sera moins uniforme dans la vigne.

Préparation du moût à essayer. — On foule le plus complètement possible 3 ou 4 kilogrammes de grappes bien mélangées et on filtre. Le foulage peut se pratiquer à la main et le filtrage avec une serviette à tissu un peu lâche : on ramasse la serviette par les bouts, on la tord en la serrant et on reçoit le jus dans une cuvette. Pour fouler les raisins plus commodément, on peut employer une petite presse (fig. 1).

11. Sucre du moût. — Le sucre contenu dans le raisin mûr est un mélange à parties égales de deux sucres à peu près semblables : le *glucose* et le *lévulose*.

Il ne faut pas confondre le *glucose* et le *lévulose* avec le *sucre ordinaire*.

Le glucose et le lévulose sont très répandus dans les végétaux, surtout dans les fruits (raisins, prunes, figues, etc.). Le *sucre ordinaire*, ou saccharose, est tiré industriellement de la canne à sucre ou de la betterave.

Le glucose et le lévulose sont deux fois et demie moins sucrés que le sucre ordinaire, ils fermentent directement sous l'action des levures (comme nous le verrons p. 27), tandis que le sucre ordinaire pour fermenter a besoin d'être transformé en glucose et lévulose. Les levures, ainsi que nous le verrons (p. 27), opèrent elles-mêmes cette transformation, nous pouvons la faire également en faisant bouillir la solution de sucre ordinaire avec un peu d'acide (acide sulfurique, par exemple).

Ce que l'on vend dans le commerce sous le nom de *sucre de raisin* ou de *sucre façon raisin* est tout simplement du glucose obtenu industriellement en faisant agir un acide étendu (généralement l'acide sulfurique) sur de la fécule (tirée de la pomme de terre) ou de l'amidon (tiré des grains de céréales, blé, orge, etc.); ce glucose est plus ou moins pur.

La *saccharine*, que l'on a préconisée pour remplacer le sucre dans les vins doux et liquides sucrés (sous les noms variés de *dulcine, cristallose, sucrol, sucramine*, etc.), n'est pas un sucre; c'est une substance extraite du goudron de houille et qui a un pouvoir sucrant 280 à 300 fois plus grand que celui du sucre ordinaire. Elle ne fermente pas et elle est même nuisible à la fermentation. L'emploi des substances sucrées à la saccharine a pour effet de troubler profondément les fonctions digestives; il est très sévèrement interdit par la loi.

Pour déterminer la quantité de sucre contenue dans un moût, on peut employer deux méthodes :

1° La méthode chimique basée sur la décoloration de la *liqueur cupropotassique de Fehling* par le glucose. Elle est assez rigoureuse, mais demande une certaine habitude opératoire, aussi nous ne l'indiquerons pas.

2° La méthode des aréomètres basée sur la densité des liquides. Elle est moins rigoureuse mais plus rapide, plus facile et suffisante dans la pratique.

12. *Dosage du sucre par les aréomètres*. - Les aréomètres les plus employés sont :

1° L'aréomètre de Beaumé ou pèse-moût.

2° Le gleucomètre Guyot.

3° *Le Mustimètre Salleron, ou densimètre de Gay-Lussac.*

De tous ces aréomètres, celui qui donne les résultats les plus certains est le *Mustimètre Salleron-Dujardin*. C'est le seul dont nous parlerons.

Emploi du mustimètre Salleron ou densimètre de Gay-Lussac. — Les densimètres sont des aréomètres à poids constant imaginés par Gay-Lussac et qui sont gradués de manière à indiquer immédiatement les densités des liquides dans lesquels on les plonge (fig. 2). M. Salleron a vulgarisé le densimètre et l'a appliqué sous le nom de mustimètre au dosage des moûts.

Le mustimètre porte la graduation centésimale de Gay-Lussac, il indique le poids en grammes d'un litre du liquide dans lequel il est plongé. La division 1000, placée au milieu de l'échelle, représente le poids d'un litre d'eau distillée (1000 grammes); les divisions au-dessus mesurent les densités inférieures, et celles au-dessous les densités supérieures.

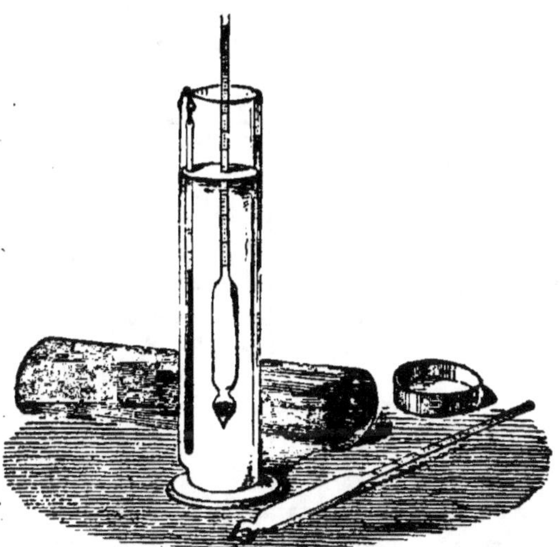

FIG. 2. — MUSTIMÈTRE SALLERON PLONGÉ DANS LE MOÛT AVEC THERMOMÈTRE POUR LA CORRECTION DE TEMPÉRATURE.

Le moût obtenu, comme il a été indiqué plus haut (page 6), est mis dans une éprouvette. On y plonge successivement le mustimètre et un thermomètre (fig. 2) et on note l'indication de ces instruments.

Le mustimètre ne donne des résultats exacts que si les essais sont faits sur les jus fraîchement exprimés des grappes et n'ayant subi aucune fermentation.

Soit 1065 le degré lu sur l'échelle du mustimètre et 18 degrés la température indiquée par le thermomètre. On cherche dans le *tableau I* ci-après quelle correction il faut faire subir à l'indication du mustimètre pour la ramener à ce qu'elle serait si la température du moût était 15 degrés.

Ce tableau indique, pour l'exemple pris, qu'il faut *ajouter* 0,5 à l'indication du mustimètre, de sorte que le poids du moût ramené à la température de 15 degrés est de 1065,5. Si la température, au lieu de 18 degrés, était 12 degrés, la correction —0,4 indiquée par la table devrait être *retranchée* de 1065, qui deviendrait alors 1064,6. Avec la densité corrigée 1065,5 on cherche dans le *tableau II des Richesses saccharine et alcoolique du moût* (voir page 10) quel est le poids du sucre contenu dans un litre de moût, et quel sera le degré alcoolique qu'aura le vin après la fermentation.

TABLEAU I

Correction de la densité du moût suivant sa température.

TEMPÉRATURES	CORRECTIONS	TEMPÉRATURES	CORRECTIONS
10.	— 0,6	21.	+ 1,1
11.	— 0,5	22.	+ 1,3
12.	— 0,4	23.	+ 1,6
13.	— 0,3	24.	+ 1,8
14.	— 0,2	25.	+ 2
15.	o	26.	+ 2,3
16.	+ 0,1	27.	+ 2,6
17	+ 0,3	28.	+ 2,8
18.	+ 0,5	29.	+ 3,1
19.	+ 0,7	30.	+ 3,4
20.	+ 0,9		

Dans le *tableau II* des *Richesses saccharine et alcoolique des moûts* (voir page 10) :

La *première colonne* représente la densité du moût, c'est-à-dire l'indication du mustimètre.

La *deuxième colonne* indique les valeurs correspondantes de l'aréomètre Baumé, du gleuco-œnomètre ou pèse-moûts[1].

La *troisième colonne* donne le poids en grammes du sucre de raisin ou glucose que contient le litre de moût.

La *quatrième colonne* donne la richesse alcoolique du vin fait, après transformations du sucre en alcool, en admettant que la totalité du sucre fermente, ce qui n'arrive pas toujours, surtout si la richesse alcoolique dépasse 14 degrés.

La *cinquième colonne* indique le poids du sucre cristallisé qu'il faudrait ajouter à un litre de moût pour produire la richesse alcoolique moyenne de 10 degrés.

La *sixième colonne* fait connaître la quantité d'eau que peut recevoir chaque litre de moût si ce moût est trop sucré pour pouvoir fermenter convenablement[2].

Pour l'exemple qui a été pris, on trouve :

1° Que le moût a une densité de 1065, c'est-à-dire qu'un litre de moût pèse 1065 grammes ;

2° Qu'il contient 143 grammes de sucre de raisin par litre ;

3° Que ce sucre donnera, après sa fermentation 8°,4 d'alcool, c'est-à-dire 8 lit. 4 d'alcool par hectolitre ;

4° Qu'il faut ajouter au moût 27 grammes de sucre cristallisé pur par litre, pour que le vin contienne 10 degrés d'alcool.

Remarques. — Le densimètre doit être toujours tenu en bon état de propreté ; on ne doit le saisir que par ses extrémités.

---

1. Cette colonne a été laissée pour le cas où l'opérateur aurait un pèse-moût au lieu d'un mustimètre.

2. Cette colonne a été donnée quoique le mouillage des moûts ne soit pas indispensable et même nuisible dans certains cas à conseiller. Le mouillage des moûts est d'ailleurs interdit par la loi.

TABLEAU II
Richesses saccharine et alcoolique du moût de raisin.

DENSITÉ ou DEGRÉS lu mus-timètre.	DEGRÉS de l'aréo-mètre Baumé.	GRAMMES de sucre par litre de moût.	RICHESSE alcooli-que du vin fait.	SUCRE cristallisable qu'il faut ajouter à 1 litre de moût pour obtenir du vin à 10 %/₀ d'alcool.	EAU qu'il faut ajouter à 1 litre de moût pour le ramener à la densité 10⁻⁵ (10° Baumé).
		Kil.		Kil.	Litres
1050	6,9	0,103	6,0	0,068	—
1051	7,0	0,106	6,2	0,065	—
1052	7,1	0,108	6,3	0 063	—
1053	7,2	0,111	6,5	0,059	—
1054	7,4	0,114	6,7	0,056	—
1055	7,5	0,116	6,8	0,054	—
1056	7,6	0,119	-7,0	0,051	—
1057	7,8	0,122	7,2	0,048	—
1058	7,9	0,124	7,3	0,046	—
1059	8 0	0,127	7,5	0,042	—
1060	8,1	0,130	7,6	0,041	—
1061	8,3	0,132	7,8	0,037	—
1062	8,4	0,135	7,9	0,036	—
1063	8,5	0,138	8,1	0,032	—
1064	8,6	0,140	8,2	0,031	—
1065	8,8	0,143	8,4	0,027	—
1066	8,9	0,146	8.6	0 024	—
1067	9,0	0,148	8,7	0,022	—
1068	9,2	0,151	8,9	0,019	—
1069	9,3	0,154	9,0	0,017	—
1070	9,4	0,156	9,2	0,013	—
1071	9,5	0,159	9,3	0,012	—
1072	9,7	0,162	9,5	0,008	—
1073	9,8	0,164	9,6	0,007	—
1074	9,9	0,167	9,8	0,003	—
1075	10,0	0,170	10,0	—	0,01
1076	10 2	0,172	10,1	—	0,02
1077	10,3	0,175	10.3	—	0.04
1078	10,4	0,178	10 5	—	0,05
1079	10,5	0,180	10,6	—	0,06
1080	10,7	0,183	10,8	—	0,08
1081	10,8	0,186	10,9	—	0,09
1082	10,9	0,188	11,0	—	0,10
1083	11,0	0,191	11,2	—	0,12
1084	11,1	0,194	11,4	—	0,13
1085	11,3	0,196	11,5	—	0,14
1086	11,4	0,199	11,7	—	0,16
1087	11,5	0,202	11,9	—	0,17
1088	11,6	0,204	12,0	—	0,18
1089	11,8	0,207	12,2	—	0,20
1090	11,9	0,210	12,3	—	0,21
1091	12,0	0,212	12,5	—	0,22
1092	12,1	0,215	12,6	—	0,24
1093	12,3	0,218	12,8	—	0,25
1094	12,4	0,220	12,9	—	0,26
1095	12,5	0,223	13,1	—	0,28
1096	12,6	0,226	13,3	—	0,29
1097	12,7	0,228	13,4	—	0,30
1098	12,9	0,231	13,6	—	0,31
1099	13,0	0,234	13,8	—	0,32
1100	13,1	0 236	13,9	—	0,33

DENSITÉS OU DEGRÉS du mustimètre.	DEGRÉS DE L'ARÉOMÈTRE de Baumé.	GRAMMES DE SUCRE par litre de moût.	EAU qu'il faut ajouter à 1 litre de moût pour le ramener à la densité 1075 (10° Baumé).
		Kil.	Litres
1101	13,2	0,239	0,34
1102	13,3	0,242	0,36
1103	13,5	0,244	0,37
1104	13,6	0,247	0,38
1105	13,7	0,250	0,40
1106	13,8	0,252	0,41
1107	13,9	0,255	0,42
1108	14,0	0,258	0,43
1109	14,2	0,260	0,45
1110	14,3	0,263	0,46
1111	14,4	0,266	0,48
1112	14,5	0,268	0,49
1113	14,6	0,271	0,50
1114	14,7	0,274	0,52
1115	14,8	0,276	0,53
1116	15,0	0,279	0,54
1117	15,1	0,282	0,56
1118	15,2	0,284	0,57
1119	15,3	0,287	0,59
1120	15,4	0,290	0,60
1121	15,5	0,292	0,61
1122	15,6	0,295	0,62
1123	15,7	0,298	0,64
1124	15,9	0,300	0,65
1125	16,0	0,303	0,66
1126	16,1	0,306	0,68
1127	16,2	0,308	0,69
1128	16,3	0,311	0,70
1129	16,5	0,314	0,72
1130	16,6	0,316	0,73
1131	16,7	0,319	0,74
1132	16,8	0,322	0,76
1133	16,9	0,324	0,77
1134	17,0	0,327	0,78
1135	17,2	0,330	0,80
1136	17,3	0,332	0,81
1137	17,4	0,335	0,82
1138	17,5	0,338	0,84
1139	17,6	0,340	0,85
1140	17,7	0,343	0,86
1141	17,8	0,346	0,88
1142	17,9	0,348	0,89
1143	18,0	0,351	0,97
1144	18,1	0,354	0,92
1145	18,2	0,356	0,93
1146	18,4	0,359	0,94
1147	18,5	0,362	0,96
1148	18,6	0,364	0,97
1149	18,7	0,367	0,98
1150	18,8	0,370	1,00

La graduation doit être lue au-dessous du ménisque formé par l'adhérence du liquide sur le verre, le rayon visuel tangent au plan inférieur de la surface du liquide (fig. 3) suivant la droite DE.

Avec les moûts colorés tels que ceux de Jacquez ou de cépages teinturiers, lire au haut du ménisque et ajouter une quantité que l'on peut déterminer soi-même ; 1°,8 pour le mustimètre.

Le mustimètre étant gradué de 1000 à 1100, les divisions sont très rapprochées et la lecture peu facile. Pour remédier à cet inconvénient, on peut employer un jeu de trois densimètres : le premier gradué de 1000 à 1040 ; le deuxième de 1030 à 1070 ; le troisième de 1060 à 1100. On plonge dans le moût celui des trois densimètres qui parait correspondre à l'état de maturité du moût. S'il va toucher le fond, il faut prendre celui qui donne des densités plus faibles ; si, au contraire, l'échelle reste en dehors du liquide, il faut prendre celui qui donne les densités plus élevées.

La densité du moût n'est pas proportionnelle à la richesse saccharine, car le moût contient outre le sucre beaucoup d'éléments (acides et sels organiques, matières azotées, colorantes, minérales, gommes, etc.). Les tables ne peuvent en tenir compte que par une approximation moyenne : mais, les écarts ne dépassant jamais un demi-degré, les indications du mustimètre sont très suffisantes dans la pratique. (Voir compléments, p. 235, nouveau mustimètre Dujardin à lecture au sommet du ménisque et à graduations dispensant de l'emploi des tables.)

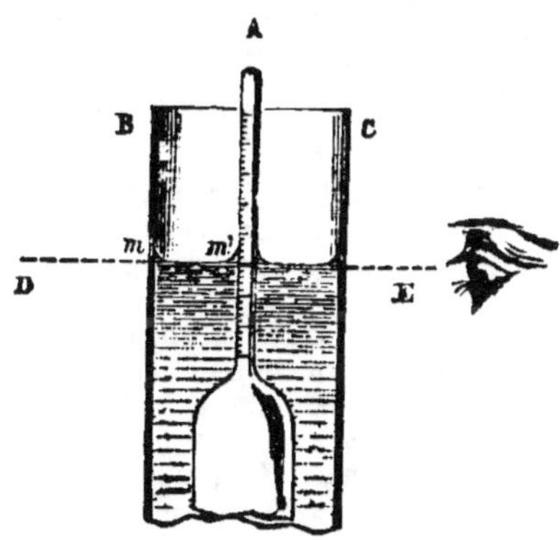

FIG. 3. — *On lit le mustimètre suivant la droite* DE.

13. Acidité du moût. — L'acidité des moûts est due à un certain nombre d'acides parmi lesquels l'acide *tartrique,* l'acide malique, etc.

Le plus important est l'acide *tartrique* soit libre, soit combiné à une base (la potasse) pour former un sel acide, le *bitartrate de potasse* ou *crème de tartre.*

On ne peut songer à doser séparément chacun des acides du moût. Dans la pratique, il suffit de doser leur ensemble, de doser *l'acidité totale.*

Pour évaluer l'acidité totale on la compare à un acide connu, *l'acide sulfurique* ou *l'acide tartrique*. Généralement on exprime l'acidité des vins en acide sulfurique et celle des moûts en acide tartrique. D'ailleurs, pour passer de l'une de ces acidités à l'autre il suffit de se rappeler que 1 gramme d'acide sulfurique équivaut à 1 gr. 53 d'acide tartrique. Par suite, pour avoir l'acidité en acide tartrique on multiplie l'acidité en acide sulfurique par 1 gr. 53. Inversement, pour avoir l'acidité en acide sulfurique on multiplie l'acidité tartrique par $\frac{1}{1 \text{ gr. } 53}$ ou 0,65 :

Acidité sulfurique $\times$ 1 gr. 53 = *acidité tartrique;*
Acidité tartrique $\times$ 0 gr. 65 = *acidité sulfurique.*

Le procédé simple pour déterminer l'acidité des moûts et des vins est le *procédé Bernard* ou le *procédé Dujardin* (tube acidimétrique, voir complément, p. 236). On peut aussi employer le *procédé des liqueurs titrées.*

Détermination de l'acidité d'un moût par le procédé Bernard.
Principe. — *On fait agir le moût sur du bicarbonate de soude. Les acides de ce moût chassent l'acide carbonique du bicarbonate. Il se dégage d'autant plus d'acide carbonique que le moût est plus acide. En mesurant le volume gazeux dégagé par un volume déterminé de moût, on en déduit l'acidité.*

Description de l'appareil. — Le calcimètre-acidimètre Bernard[1] se compose d'une *fiole conique* reliée par un caoutchouc à un *tube mesureur* gradué en demi-centimètres cubes et rempli d'eau. Ce tube communique par sa base avec un ballon à pointe suspendu à un crochet; ces deux récipients forment ainsi vases communicants. La quantité d'eau dans le tube mesureur doit être telle, qu'en fermant la fiole conique avec le bouchon en caoutchouc, la partie inférieure du ménisque de l'eau soit toujours au zéro du tube.

La *solution de bicarbonate de soude* employée est à 6 gr. 5 pour 100. Pour l'obtenir, on verse 65 grammes de bicarbonate de soude dans un flacon de un litre. On remplit le flacon, aux trois quarts d'eau, on agite pour dissoudre et on complète au litre.

L'*acide titré* est la *liqueur décinormale* des chimistes formée exactement de 4 gr. 9 d'acide sulfurique dans un litre d'eau pure[2]. (L'acide sulfurique peut être remplacé par 7 gr. 5 d'acide tartrique[3].)

Pratique des opérations. — 1re *Opération.* — *Tarage de l'appareil.* — A l'aide d'une pipette graduée on prend 20 centimètres cubes de la solution acide décinormale que l'on verse dans la fiole conique F.

On verse ensuite (avec une autre pipette graduée) 5 centimètres cubes de la solution de bicarbonate de soude dans un petit tube ou *jauge* J[4].

Cette jauge est déposée avec précaution dans la fiole, au moyen d'une pince, de façon que le bicarbonate ne puisse à ce moment se déverser sur l'acide.

On bouche la fiole avec le bouchon de caoutchouc qu'on enfonce jusqu'à ce que le niveau de l'eau soit aussi exactement que possible au zéro de l'échelle. De la main gauche on décroche le ballon B; de la main droite (le col de la fiole entre deux doigts, l'index sur le bouchon, et la paume aussi éloignée que possible pour que la chaleur de la main n'influe pas)[5] on fait

---

1. L'appareil Bernard est employé aussi pour le dosage du calcaire.

2. L'*acidité normale* des chimistes est donnée par une solution contenant 49 grammes d'acide sulfurique par litre. L'acide sulfurique décinormal est donc l'acide sulfurique normal étendu de 10 fois son poids d'eau et contenant par conséquent $\frac{49}{10} = 4$ gr. 9 d'acide sulfurique par litre.

3. La liqueur décinormale d'acide sulfurique ne peut être préparée par les viticulteurs, on n'a qu'à se la procurer dans les laboratoires.

On peut préparer soi-même la liqueur à acide tartrique à la condition de peser rigoureusement les 7 gr. 5 d'acide tartrique nécessaires. Pour plus de facilité, peser 15 grammes pour 2 litres d'eau.

4. Il est nécessaire de se servir pour la liqueur acide, la solution de bicarbonate et le moût, de 3 pipettes différentes destinées constamment au même usage.

5. L'élévation de température occasionnée par la chaleur de la main peut donner une erreur de plusieurs centimètres cubes.

chavirer la jauge de façon à bien mélanger le réactif et la solution acide. Cette dernière attaque le bicarbonate, et l'acide carbonique se dégage faisant baisser le niveau de l'eau dans le tube mesureur.

On agite constamment, en suivant le mouvement descendant de l'eau avec le ballon et, quand le dégagement gazeux a cessé (une agitation de 3 à 4 minutes suffit), c'est-à-dire quand le niveau de l'eau dans le tube mesureur reste stationnaire, on place le ballon à côté du tube de façon que l'eau soit au même niveau dans le récipient. On lit alors le nombre de centimètres cubes de gaz dégagés.

2° *Opération*. — On verse 20 centimètres cubes de moût dans la fiole, puis 5 centimètres cubes de bicarbonate de soude dans la jauge et l'on opère comme précédemment. On note également le volume de gaz dégagé.

3° *Calculs*. — Supposons que le tarage de l'appareil ait donné 33 centimètres cubes. Trois cas peuvent se présenter :

1er *Cas*. — *Le volume du gaz dégagé dans la 2° opération est égale à 33 centimètres cubes* : on en déduit que l'*acidité du moût* est égale à l'acidité de la *solution décinormale*, soit à 4 gr. 9 d'acide sulfurique, soit à 7 gr. 5 d'acide tartrique.

2° *Cas*. — *Il s'est dégagé dans la 2° opération plus de 33 centimètres cubes* : 47, par exemple. On multiplie la différence 47 — 33 = 14 par le coefficient 0,115 ce qui donne 1,61 ; on *ajoute* ce nombre à 4,9; total 6 gr. 51 (si l'on veut exprimer l'acidité en **acide** sulfurique) ou à 7 gr. 5, total 9 gr. 11 (si l'on veut l'acidité en acide tartrique).

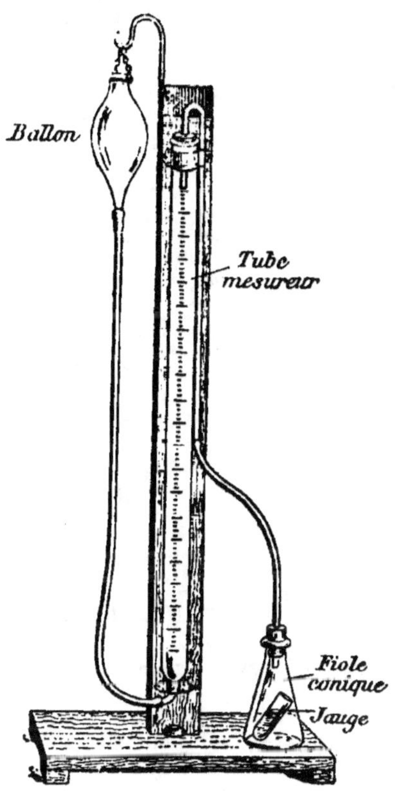

Fig. 4. — Calcimètre-acidimètre Bernard pour la détermination de l'acidité du moût ou du vin.

3° *Cas*. — *Il s'est dégagé dans la 2° opération, moins de 33 centimètres cubes*, exemple : 28 *centimètres cubes*. On multiplie la différence 33 — 28 = 5 par 0,115, ce qui donne 0,575; on *retranche* ce nombre de 4,9; différence 4 gr. 325 (si l'on veut exprimer l'acidité en acide sulfurique) ou de 7 gr. 5; différence 6,925 (si l'on veut l'acidité en acide tartrique).

Remarque. — D'après M. Bernard la correction de température que l'on peut faire subir aux volumes des gaz dégagés est inutile; la méthode par tarage supprime toute correction de température et de pression.

Détermination de l'acidité d'un moût par le procédé des liqueurs titrées. — Ce procédé très simple demande :

1° Une solution de potasse ou de soude titrée de telle façon que 1 litre de cette solution alcaline soit neutralisé exactement par 10 grammes d'acide sulfurique (l'acide sulfurique étant pris comme unité), ou, en d'autres termes, corresponde à 10 grammes d'acide sulfurique. Un centimètre cube de cette solution correspond donc à 0,01 d'acide sulfurique;

2° Une burette graduée en centimètres cubes et dixièmes de centimètre cube, comme l'indique la figure 5;

3° Une pipette jaugée de 10 centimètres cubes;

4° Un verre;

5° Des bandes de papier de tournesol sensible, rouge et bleu, avec une baguette de verre.

On opère de la manière suivante :

Avec la pipette on met dans le verre 10 centimètres cubes de moût dont on veut mesurer l'acidité. On remplit la burette graduée avec la solution alcaline de potasse ou de soude titrée, jusqu'au zéro de la graduation.

On verse peu à peu la solution de la burette dans le moût en ayant soin d'agiter avec la baguette de verre. Après chaque addition de liqueur alcaline, on touche avec la baguette de verre une bande de papier de tournesol, l'une rouge, l'autre bleue. Tant que la goutte de liquide déposée sur la bande bleue produit une tache rouge, c'est que le moût est encore acide ; on doit continuer à verser le liquide de la burette jusqu'à ce que le papier bleu ne change pas de couleur et que le papier rouge bleuisse à peine (si le papier rouge bleuit fortement, c'est que l'on a trop versé du liquide de la burette).

Supposons que l'on ait versé 8 cc. 7 de solution alcaline. Un centimètre cube de cette solution correspondant à 0 gr. 01 d'acide sulfurique, les 8 cc. 7 correspondent à 8 cc. 7 × 0,01 = 0 gr. 087 d'acide sulfurique. Comme l'on a opéré sur 10 centimètres cubes de moût, l'acidité d'un litre de moût est donc 0 gr. 087 × 100 = 8 gr. 7 exprimée en acide sulfurique. En un mot, avec la solution alcaline que l'on a employée *il suffit de lire sur la burette le nombre de centimètres cubes versés pour avoir le même nombre exprimant l'acidité en grammes du moût essayé* : ayant versé 8 cc. de solution le moût a une acidité de 8 gr. 7.

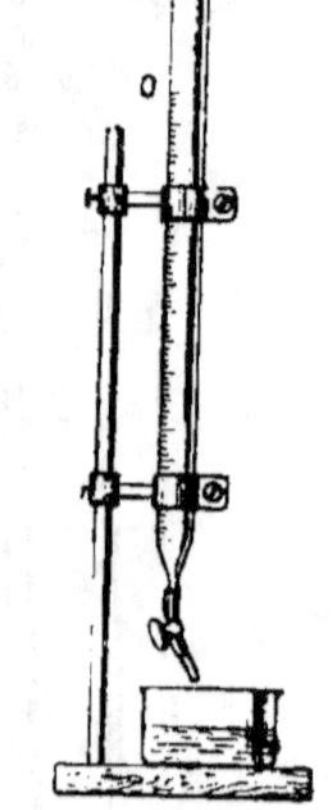

FIG. 5. — BURETTE GRADUÉE.

(*Burette de Mohr*).

On dit que le moût a une acidité de 8 gr. 7 *exprimée en acide sulfurique.*

Pour avoir l'acidité *exprimée en acide tartrique*, il suffit de multiplier (comme nous l'avons indiqué p. 12) l'acidité exprimée en acidité sulfurique par le nombre 1,53.

$$8,7 \times 1,53 = 13 \text{ gr. } 31 \text{ (exprimée en acide tartrique)}.$$

L'acidité des moûts par rapport à celle des vins. — L'acidité des moûts est plus élevée que celle des vins. L'acidité des vins est approximativement les trois quarts de celle des moûts. Ainsi un moût qui a 10 grammes d'acidité (exprimée en acide sulfurique) donne un vin ayant 6 à 7 grammes d'acidité. Cette diminution d'acidité tient à plusieurs causes : le bitartrate de potasse, ou crème de tartre, étant insoluble dans l'alcool, se précipite en partie dans la cuve au fur et à mesure qu'il se produit de l'alcool par fermentation ; de plus, les levures consomment un peu de crème de tartre ; enfin lorsque le vin après la fermentation se refroidit, il se produit une nouvelle précipitation de crème de tartre.

14. Limites de la richesse en sucre et en acidité des moûts. -- La plupart des œnologues pensent qu'il est rationnel de laisser le raisin s'enrichir le plus possible en sucre et de parfaire l'acidité en défaut par l'acidification de la vendange. L'augmentation de l'acidité est plus facile et moins coûteuse à obtenir que celle de l'alcool.

Il serait donc préférable d'attendre, dans certains cas[1], une maturation complète afin d'obtenir un moût contenant une quantité maximum de sucre, le sucre gagné ayant plus de valeur que l'acidité perdue.

On est cependant obligé quelquefois (lorsque la pourriture attaque les raisins) de vendanger avant la maturation complète, si l'on veut ne pas perdre toute la récolte ; il est dès lors nécessaire de déterminer la quantité de sucre à ajouter au moût pour avoir un vin ayant assez d'alcool. Ces considérations montrent que le viticulteur a le plus grand intérêt à connaître les limites de la richesse en sucre et en acidité des moûts.

Conseils pratiques. — Chaque année, le viticulteur devrait noter soigneusement l'acidité et le sucre des moûts ainsi que la qualité des vins obtenus. En peu d'années il obtiendrait des données précieuses qui lui indiqueraient les améliorations à apporter aux moûts produits dans les mauvaises années afin d'obtenir un vin de bonne qualité.

Dans la *région du Midi* (où l'acidité des vins fait quelquefois défaut), les *minima* d'acidité des moûts donnant des vins ayant une acidité suffisante sont approximativement les suivants[2] :

12 *grammes par litre* (*exprimée en acide tartrique*) pour le Jacquez et les hybrides ayant un jus fortement coloré. Ces cépages donnent très souvent un moût d'acidité insuffisante, inférieure à 12 grammes.

10 *grammes* pour les hybrides Bouschet.

8 *grammes* pour le Morrastel, l'Aramon, le Carignan.

Dans les autres régions, l'acidité ne fait en général jamais défaut, c'est plutôt l'excès d'acidité qui est à craindre.

En *Bourgogne*, d'après MM. Durand et Guicherd :

1º Pour le Pinot noir l'acidité du moût varie de 7 gr. 50 à 9 grammes par litre (exprimée en acide tartrique) ;

2º Pour le Gamay, l'acidité minima paraît être de 9 grammes, elle varie de 9 à 12 grammes.

---

1. Surtout pour les cépages donnant ordinairement un vin faible en alcool.

2. D'après M. Bouffard (Congrès viticole de Montpellier, 1893, comptes rendus p. 178) la teneur en acide du moût (exprimée en acide tartrique) ne doit pas descendre au-dessous de 9 grammes par litre.

DEUXIÈME PARTIE

VINIFICATION DES VINS

I. *VINIFICATION DES VINS ROUGES*

CHAPITRE III

VENDANGE ET PRÉPARATION DU MOUT

15. La vendange *proprement dite est l'opération qui consiste à récolter le raisin quand la maturité est atteinte.* Elle comprend deux parties : la *cueillette* et le *transport au cellier.*

Cueillette. — La cueillette doit se faire par un beau temps, sec et chaud, de préférence quand le soleil a fait disparaître la rosée, une vendange humide entrant plus lentement en fermentation. Dans le Midi cependant, on est quelquefois obligé de vendanger à la rosée pour le refroidissement du raisin.

Les raisins sont coupés avec la serpette, des ciseaux ou un sécateur. Les ciseaux ou le *sécateur* (fig. 6) sont préférables, car ces instruments permettent de couper la grappe sans ébranler le cep ou le raisin et par conséquent sans faire tomber les grains trop mûrs.

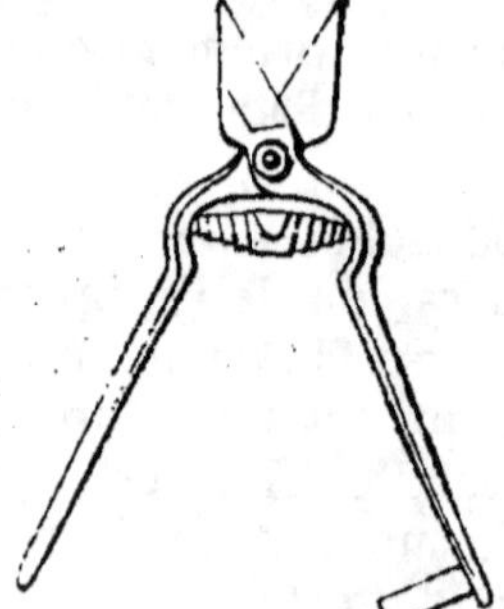

FIG. 6. — SÉCATEUR DE VENDANGE.

. FIG. 7. — PANIER A VENDANGE EN TÔLE GALVANISÉE.

Les vendangeurs placent les grappes qu'ils ont cueillies dans des paniers ou des seaux en bois, en métal ou en osier suivant les régions (fig. 7).

Une équipe de vendangeurs comprend des *coupeurs* et des *porteurs.* Les porteurs sont destinés à porter la vendange de la

vigne au lieu du chargement. En Bourgogne, un porteur sur-
veillant suffit à cinq vendangeurs. Dans le Midi, où la récolte
est plus abondante, il faut un porteur pour trois ou quatre vendangeurs.

Les paniers en osier ont l'inconvénient de laisser couler le jus des raisins
trop mûrs et de se couvrir de boue quand on les place sur le sol. Les paniers
en bois présentent moins d'inconvénients, mais il est préférable de faire
usage de seaux en métal.

Transport au cellier. — Paniers ou seaux sont vidés dans
des bennes, ballonges, comportes ou hottes (fig. 8 et 9) d'une

FIG. 8. — BENNE OU COMPORTE A VENDANGE EN TOLE.

contenance de 50 à 75 litres que des hommes nommés *porteurs*
vont vider à la sortie des rangs de vignes, dans des charrettes,
tombereaux, pastières (Midi) ou wagonnets.

Comme on le voit, les récipients employés sont fort variables
suivant les régions. Quelle que soit leur forme, *il est essentiel
qu'ils soient entièrement propres*, afin qu'ils ne contiennent
pas de ferments de maladies. Une des causes qui influent le
plus défavorablement sur la qualité et la bonne conservation
des vins, est le peu de soins apportés à la *propreté du matériel
vinaire*, surtout dans la petite culture[1]. Un simple lavage à
l'eau froide ne suffit pas; il faut brosser à sec, puis laver à l'eau
bouillante contenant un peu de cristaux de soude et brosser,
enfin rincer à grande eau. Dans certains cas, il est bon de faire
un rinçage à l'eau bisulfitée (voir page 177).

---

1. Cette question très importante est l'objet d'un chapitre spécial p. 175.

16. Triage. — *Le triage a pour but d'enlever les grains verts, avariés, pourris.* Il se fait d'autant plus sérieusement que les vins sont plus fins. On doit, dans tous les cas, exiger des vendangeurs qu'ils séparent de la vendange saine, les grappes vertes ou avariées.

Le triage peut se faire en vendangeant plusieurs fois : par exemple si les raisins sont en partie atteints de la pourriture, on commence par vendanger les raisins non pourris, afin de les préserver, puis on vendange ensuite les raisins malades.

Fig. 9. — Benne ou comporte transportée a l'aide d'un chariot.

Dans les vignobles à vins ordinaires, au lieu de procéder par vendanges successives, on coupe toute la récolte en une fois et la vendange avariée est mise à part dans un panier spécial ; un panier spécial pour deux vendangeurs suffit.

En Champagne, on fait d'abord une récolte de raisins franchement avariés, puis les vendangeurs qui suivent achèvent la récolte, laquelle est portée sur des claies où des femmes complètent le triage.

17. Foulage. — *Le foulage a pour but d'écraser le raisin afin de mettre en liberté le jus sucré renfermé à l'intérieur des grains.*

Quelques viticulteurs pensent à tort que le foulage n'est pas indispensable dans le cas de raisins volumineux, à peau mince et s'écrasant facilement, comme l'Aramon. Il résulte des recherches comparatives de M. Louis Vialla que, lorsque la vendange n'est que peu ou pas foulée, la fermentation est lente et reste incomplète.

Pratique du foulage. — 1° Foulage a pieds nus. — Ce procédé, très employé autrefois, consiste à piétiner les raisins soit sur une *aire* en bois comme dans le Médoc, soit sur le pressoir, soit encore dans la cuve.

Avantage. — Le foulage à pieds nus a l'avantage de rompre les pellicules des raisins sans écraser les pépins dont les huiles peuvent communiquer au vin un goût désagréable.

Inconvénients. — Les inconvénients qu'il présente sont les suivants : 1° il peut favoriser l'introduction de mauvais germes par suite du manque de propreté des ouvriers ; 2° il est très lent et par suite peu économique ; 3° il est dangereux si l'on opère dans une cuve. Dans ce cas, l'acide carbonique qui s'échappe pendant la fermentation (laquelle peut avoir lieu dès que les raisins sont mis en cuve surtout dans le Midi où il fait plus chaud) peut causer de graves accidents et amener la mort des opérateurs, lorsqu'il est en quantité suffisante (30 pour 100).

Remarque importante. — *Dans le foulage à pieds nus, pour éviter tout danger, il est nécessaire d'aérer la partie de la cuve située au-dessus des raisins et de n'y pénétrer qu'après s'être assuré qu'une bougie y brûle facilement. L'acide carbonique produit pendant la fermentation du jus de raisin est en effet un gaz plus lourd que l'air, qui n'entretient pas la combustion ni la respiration.*

2° FOULAGE MÉCANIQUE. — a) *Fouloirs à deux cylindres*. — Ces fouloirs les plus répandus, que l'on trouve chez tous les constructeurs (fig. 10 et 11), se composent de deux cylindres en bois ou en fonte entre lesquels passent les raisins tombant d'une trémie située au-dessus. Ces cylindres sont munis de cannelures parallèles ou hélicoïdales ; on peut régler leur écartement suivant la nature du raisin, pour laisser passer les pépins intacts.

Dans certains appareils, les vitesses des cylindres sont différentes, de manière à produire le déchirement et l'entraînement de la vendange. Enfin l'un des cylindres est monté sur glissières avec ressort afin de permettre aux corps durs introduits avec les raisins, de passer sans causer la rupture de l'appareil.

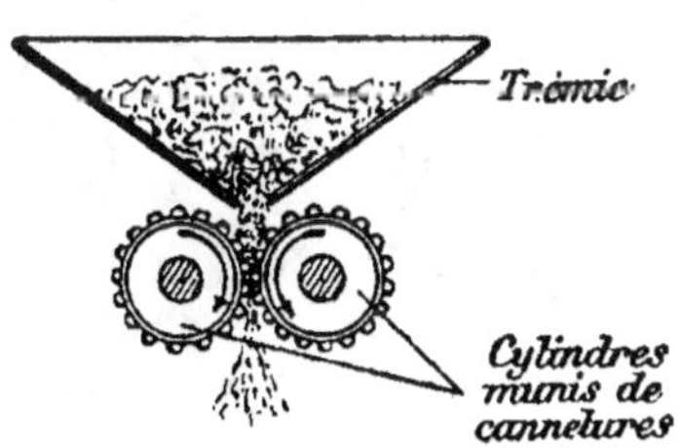

FIG. 10. — PRINCIPE DU FOULOIR (*coupe transversale*).

b) *Fouloir à un cylindre*. — Le fouloir à un seul cylindre de M. Simon (fig. 12), se compose d'un seul arbre muni de palettes mobiles entrant et sortant du cylindre pendant la rotation. Ces palettes entraînent les raisins et les obligent à suivre le mouvement du cylindre pour être foulés contre une plaque munie de rainures appelée *dossier*, tangente au cylindre.

Le dossier est articulé et maintenu à l'écartement voulu du

FIG. 11. — FOULOIR DESTINÉ A ÊTRE PLACÉ DIRECTEMENT SUR LA CUVE.

cylindre par une vis qui règle le degré de foulage et permet l'éclatement du grain sans meurtrissure des pépins. Il peut s'écarter du cylindre grâce à un mouvement de genouillère équilibré par un ressort pour laisser passer les corps durs susceptibles d'occasionner une rupture. Sous l'action de la pression constante que subit le grain, la pulpe est entièrement extraite de la pellicule et cette dernière abandonne tout son jus.

FIG. 12. — FOULOIR A UN CYLINDRE
(*Système Simon*).

c) Turbine aéro-foulante ou *fouloir Paul.* — Cet appareil répandu dans les *grandes exploitations* méridionales est basé sur la force centrifuge. Il opère le broyage des raisins en les lançant avec force sur une paroi résistante contre laquelle ils se brisent et s'écrasent. En réglant la vitesse du cylindre projeteur, on désorganise tous les grains tout en laissant intacts la rafle et les pépins. Le rendement de ce pressoir est élevé (minimum 88 pour 100); le moût obtenu tient en suspension une grande quantité de pulpe déchiquetée qui l'épaissit et le trouble; les vins donnent des lies assez considérables nécessitant de nombreux soutirages. Le fouloir Paul, exigeant une machine à vapeur de 2 à 3 chevaux, ne peut être employé que dans des celliers très importants.

18. Égrappage. — *L'égrappage a pour but de séparer les grains de raisins de leurs rafles avant de les jeter dans la cuve.*

Employé surtout dans les pays à vins fins (Bourgogne, Bordelais), l'égrappage s'est propagé peu à peu dans le Midi.

Les avantages et les inconvénients de cette opération sont très discutés.

Les partisans de l'égrappage prétendent	*Les adversaires de l'égrappage prétendent :*
1° Qu'il augmente légèrement le degré alcoolique et l'acidité du vin : en effet par suite des échanges qui se produisent entre le moût et les tissus de la rafle, cette dernière prend de l'alcool au moût et cède de l'eau à la place. Le vin fait sans égrappage est alors moins alcoolique (0,5 environ d'après M. Bouffard);	1° Que la disparition des grappes qui augmentaient la surface d'oxydation du moût, cause un ralentissement de la fermentation;
2° Qu'il diminue l'astringence du vin et lui empêche de prendre un goût de grappe lorsque la rafle est aqueuse et encore verte;	2° Que, si la matière astringente apportée par la grappe rend parfois les vins un peu durs et désagréables au début, elle assure, dans tous les cas, (en s'ajoutant à celle apportée par les autres parties du raisin), la durée de conservation du vin;
3° Qu'il élimine des éléments étrangers souillant la grappe;	3° Que parmi les substances apportées au vin par la rafle, il en est de très utiles dans certains cas telles que les substances acides, l'acide tartrique, les tanins et certains principes peu connus qui, sous l'action de la fermentation, contribuent à communiquer au vin la saveur et le bouquet caractéristiques du cépage [1];
4° Qu'il donne des vins plus brillants, plus limpides;	4° Que la diminution des frais de main-d'œuvre obtenue d'un côté est compensée par les frais qu'occasionne l'égrappage;
5° Qu'il permet une économie de main-d'œuvre : la rafle étant éliminée dès le début des opérations, on a un plus petit volume de marc à manipuler et le matériel nécessaire (cuves et pressoirs) peut avoir de moindres dimensions.	5° Que le pressurage du marc égrappé est long, difficile et incomplet à cause de la difficulté qu'éprouve le vin à circuler dans la masse compacte composée de pépins et de pellicules seules.

Nous pensons que l'on ne peut pas établir de règle fixe concernant l'égrappage; il faut tenir compte, dans cette opération, du cépage, du degré de maturité du raisin, des circonstances météorologiques et des qualités du vin que l'on veut obtenir.

L'ÉGRAPPAGE EST NÉCESSAIRE : 1° Quand les raisins, à cause de la nature du cépage dont ils proviennent, donnent des vins âpres, astringents. Un égrappage partiel, dans certains cas, suffit.

2° Quand, pour certaines raisons (pourriture), les raisins ont été vendangés avant leur maturité complète (la rafle apporte-

---

1. D'après M. Mathieu, de l'eau sucrée fermentant au contact des rafles broyées prend une saveur et un bouquet rappelant le vin du même crû.

rait des principes astringents et acides dont le moût n'est déjà que trop pourvu). C'est ainsi que dans la Bourgogne on peut égrapper du Pinot toutes les fois que le raisin est peu mur, la rafle verte, de crainte du goût de grappe[1].

3° Quand la quantité de moût est trop faible par rapport à la quantité de rafles.

M. de Lapparent estime que la proportion de marc doit être de 24 à 26 pour 100 et celle du liquide 74 à 76 pour 100. Si la proportion du marc est plus élevée comme avec les cépages du Bordelais (Cabernet, Malbec, Merlot), il y a lieu d'égrapper ; si elle est inférieure ou à peine égale, comme avec quelques cépages de la Bourgogne (Pinot, Gamay), il est nécessaire de

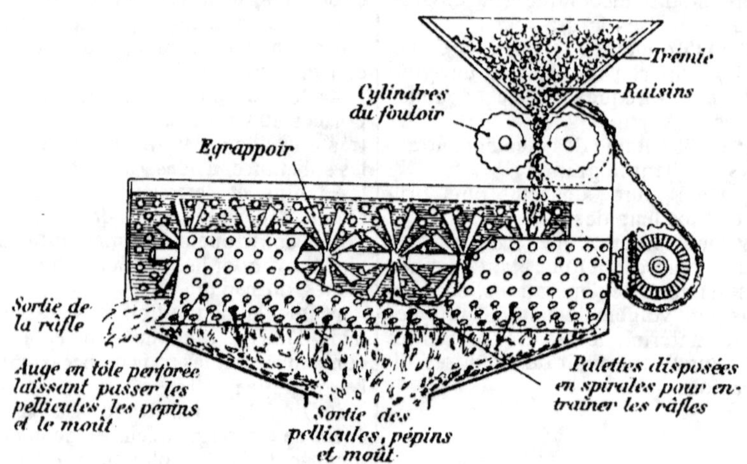

FIG. 13. — PRINCIPE DU FOULOIR ÉGRAPPOIR.

conserver toute la rafle. C'est ainsi qu'on égrappe totalement le Cabernet Sauvignon, aux trois quarts le gros Cabernet, le Verdot, à moitié le Merlot et le Malbec.

L'ÉGRAPPAGE EST NUISIBLE : 1° Lorsque les raisins proviennent de cépages fournissant ordinairement des vins légers sujets à s'altérer.

2° Quand les raisins très murs, très riches en sucre, fermentent difficilement comme cela a lieu dans les pays chauds (Algérie).

Pratique de l'égrappage. — On peut égrapper de trois manières différentes : 1° au *trident* ; 2° à la *claie* ; 3° à la *machine*.

Égrappage au trident. — Le trident peut être un simple

---

1. D'après M. Mathieu, pour éviter ce goût de grappe sans égrappage, il n'y a qu'à éviter une macération prolongée du chapeau, soit en ne foulant pas la cuve, soit en diminuant la durée de cuvaison par une fermentation rapide.

bâton à trois branches. Il est plongé dans un récipient à moitié rempli de raisin et agité dans tous les sens pour détacher les grains des rafles. Les rafles montent à la surface du liquide et on les élimine.

Égrappage à la claie. — On jette les raisins sur une claie en osier, disposée au-dessus de la cuve. L'égrappeur froisse les raisins en les frottant en tous sens sur la claie avec les bras et les avant-bras : les grains passent à travers les

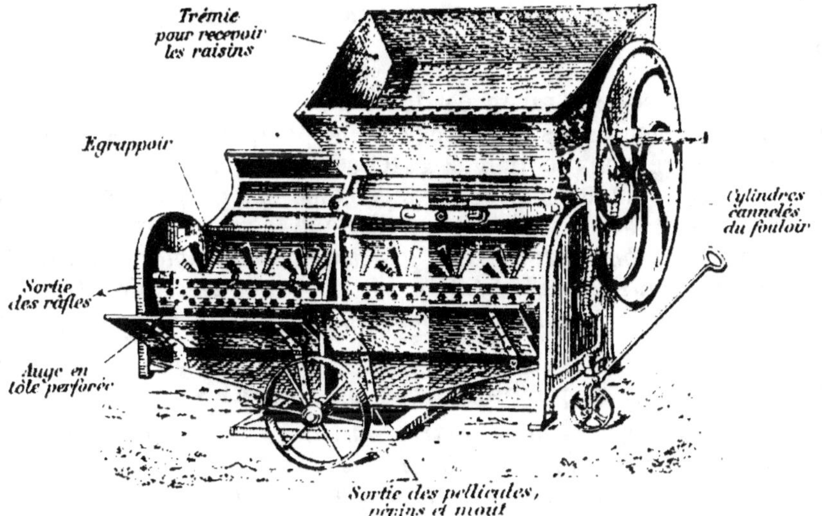

Fig. 14. — Fouloir égrappoir.

mailles suffisamment larges et tombent dans la cuve pendant que les rafles sont retenues sur la claie.

Égrappage mécanique. — Dans les exploitations plus importantes l'égrappage se fait avec des appareils spéciaux : les *égrappoirs mécaniques* (fig. 13 et 14).

L'Égrappoir se compose généralement d'une auge en tôle de cuivre perforée. Dans l'axe de cette auge tourne un arbre portant des palettes disposées suivant une spire d'hélice. Ces palettes entraînent les grappes dans leur mouvement. Les grains sont détachés, déchiquetés par leur frottement contre les parois du cylindre et par le malaxage des palettes; ils passent à travers les trous et tombent dans l'entonnoir qui les conduit à la cuve pendant que les rafles sont amenées au dehors.

L'égrappoir est très souvent joint à un *fouloir* et disposé avec lui au-dessus de la cuve qui doit recevoir le moût. L'appareil porte alors le nom de *fouloir-égrappoir.*

CHAPITRE IV

COMMENT SE FAIT LA TRANSFORMATION DU MOÛT EN VIN

LEVURES ET FERMENTATION ALCOOLIQUE

19. Lorsque le raisin est foulé et mis en cuve, il se produit naturellement sous l'influence d'une température convenable, un dégagement de bulles gazeuses q i viennent crever à la surface du moût. On constate comme une espèce d'ébullition dans toute la masse liquide, on dit que le moût *fermente*.

Nous savons maintenant, grâce aux admirables travaux de Pasteur, que la fermentation est due à des êtres vivants, infiniment petits, visibles seulement au microscope, et qu'on appelle ferments ou levures.

I. LEVURES ET PRODUITS DE LA FERMENTATION

20. Levures. — *Ces levures sont des êtres vivants extrêmement petits (le diamètre réel est de 8 à 10 millièmes de millimètre), se présentant sous la forme de cellules ovales rondes ou elliptiques, quelquefois très allongées et de formes variables.* Ces cellules sont constituées par une faible membrane à l'intérieur de laquelle se trouve une matière granuleuse demi-fluide appelée *protoplasma*.

Comment les levures se reproduisent. — Lorsqu'on place une de ces levures dans un liquide sucré (solution de glucose, par exemple), on voit apparaître en un point de sa surface un mamelon. Ce renflement grossit, grandit et finit par atteindre la grosseur de la levure qui lui a donné naissance, c'est une *nouvelle levure* capable, à son tour, comme la première, de se reproduire par *bourgeonnement*.

Généralement, les nouvelles levures se détachent des cellules mères; il arrive cependant que quelques jeunes cellules de certaines races de levures restent attachées quelque temps à la cellule mère, et apparaissent ainsi sous la forme de globules réunis en chapelet.

Dans quelques cas, lorsque la levure est placée dans un milieu qui ne la nourrit pas, en un mot quand elle est soumise à certaines conditions d'inanition, son protoplasma se partage en deux ou quatre masses sphériques qui se revêtent d'une membrane et constituent les corps reproducteurs appelés

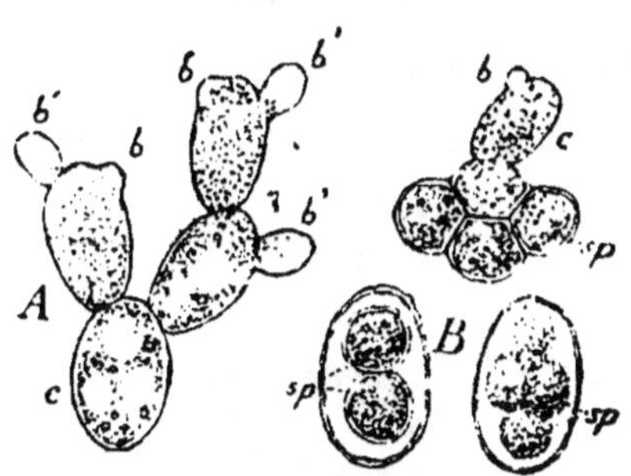

FIG. 15. — LEVURE. A, LEVURE EN VOIE DE CROISSANCE DANS UN LIQUIDE SUCRÉ. B, CELLULES DE LEVURES AYANT FORMÉ DES SPORES.

spores. Ces spores mises en liberté, donnent (lorsque les conditions sont favorables) naissance à des levures.

21. Origine des levures. — Les savants se sont demandé pendant fort longtemps quelle était l'origine exacte des levures. Ils croyaient que les levures, ainsi que tous les microbes d'ailleurs, provenaient de la transformation *spontanée* de la matière organique. Pasteur a détruit cette vieille théorie de la *génération spontanée*. Il a montré que les levures apparaissent toutes formées sur la peau des raisins quelque temps avant la vendange. Ce sont elles qui, mêlées à une foule de ferments divers, constituent le duvet gris que l'on remarque sur les grains. Très abondantes sur les pellicules, sur la rafle, les feuilles et les sarments au moment de la maturité, elles diminuent après la vendange et finissent par disparaître en novembre et décembre. Ce n'est qu'au mois de juillet ou d'août qu'elles font leur apparition.

On a cru pendant quelque temps que les levures n'existaient uniquement que dans l'air. Mais, comme en hiver on ne trouve pas de levures dans l'atmosphère, on a bien été obligé de reconnaître que pendant cette saison elles hibernent en quelque sorte dans la terre sous forme de spores. A l'été suivant, grâce sans doute aux insectes, aux vents, etc., les levures se répandent dans l'air et vont se fixer sur la vigne.

22. Action des levures. — Fermentation alcoolique. — Expérience fondamentale. — Introduisons une dissolution de glucose (50 grammes et 1/2 litre d'eau) additionnée de quelques grammes de levures dans un flacon communiquant avec une éprouvette reposant sur l'eau (fig. 16), et abandonnons le tout à une température qui ne soit pas inférieure à 20 degrés. On constate bientôt à la surface du liquide sucré une mousse abondante due à de l'acide carbonique qui se dégage, on dit que le liquide *fermente*.

Au bout de quelques jours la dissolution de sucre a perdu sa saveur sucrée et a pris une odeur vineuse; elle contient alors de l'*alcool* tandis que l'*acide carbonique* s'est rassemblé dans l'éprouvette.

La fermentation alcoolique est donc la transformation en alcool et en acide carbonique, que subissent les dissolutions sucrées sous l'action des levures.

Nous avons vu que le sucre du raisin est du glucose (plus exactement un mélange de glucose et de lévulose). On appelle quelquefois le glucose *sucre fermentescible* parce qu'il fermente directement sous l'action des levures. Le sucre ordinaire ou sucre de canne (ou saccharose comme l'appellent les chimistes) mis en contact avec la levure ne fermente pas de suite comme le glucose. Il a besoin tout d'abord de se transformer en glucose. Cette transformation est produite assez rapidement par un ferment soluble que contient la levure elle- même et que l'on appelle *sucrase* ou invertine (M. Berthelot).

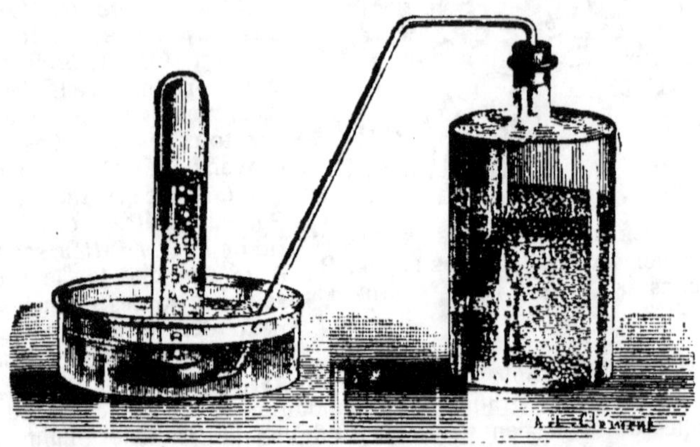

FIG. 16. — FLACON RENFERMANT DE L'EAU SUCRÉE (SOLUTION DE GLUCOSE) ADDITIONNÉE DE LEVURES. CELLES-CI PRIVÉES D'AIR DÉCOMPOSENT LE SUCRE EN FORMANT DE L'ALCOOL ET L'ON VOIT SE DÉGAGER DE L'ACIDE CARBONIQUE.

Pendant longtemps on a cru que la transformation du sucre par la levure ne donnait que deux produits : l'alcool et l'acide carbonique dont la somme des poids serait équivalente au poids du sucre ayant fermenté. Pasteur a démontré qu'il se formait en réalité beaucoup d'autres produits : de la glycérine, de l'acide succinique, de l'acide acétique, de l'alcool propylique, de l'alcool butylique, de l'alcool amylique, etc., produits qui ont une influence sur la saveur et le bouquet des vins.

D'après M. Lindet, professeur à l'Institut agronomique, 1000 grammes de glucose ou sucre de raisin donnent par fermentation (sans tenir compte des produits très secondaires de la fermentation) :

Acide carbonique.	466 gr. 7
Alcool	484 gr. 6
Glycérine.	32 gr. 3
Acide succinique.	6 gr. 1
Matières organisées, etc.	10 gr. 3
	1000 gr. 0

Dans l'expérience précédente, à la place d'une dissolution de glucose, on peut mettre du moût de raisin, la même fermentation a lieu : le sucre de raisin ou glucose se transforme en acide carbonique qui se dégage et en alcool qui reste dans le liquide, lequel prend alors le nom de *vin*.

Cette expérience représente en petit ce qui se produit en grand dans les cuves où les raisins sont disposés après le foulage.

La fermentation alcoolique du moût est donc la transformation de ce moût en vin grâce aux levures. Les expériences précédentes et ce que nous avons dit sur le moût, nous permettent d'avoir une idée d'ensemble de cette transformation. Si nous comparons, en effet, le *moût* et le *vin* (au point de vue de leur composition), nous voyons qu'ils contiennent principalement :

MOUT	VIN
Eau	*Eau.*
Sucres	*Alcool.*
	Glycérine.
Acidité . . { *Acides fixes libres* (tartrique, malique, etc.). Bitartrate de potasse.	*Acidité* . . { *Acides fixes libres* (Acide tartrique, acide malique, acide succinique, acide tannique (tanin, etc.). Acides volatils (acides acétique, butyrique, etc.) Bitartrate de potasse.
Sels minéraux.	*Sels minéraux.*
Substances albuminoïdes, huiles essentielles, etc.	Substances albuminoïdes, huiles essentielles, matières colorantes, etc.

Les acides fixes sont ceux qui restent dans le résidu de la distillation lorsqu'on distille du vin, en un mot ceux qui ne distillent pas.

Les acides volatils sont ceux qui distillent avec l'alcool lorsqu'on soumet du vin à la distillation.

Eau. — On retrouve dans le vin l'eau du moût.

Sucre. — Les sucres fermentescibles du moût (glucose et levulose), sous l'action des levures se sont transformés en *alcool*, en glycérine et en acide succinique, comme nous l'avons vu plus haut, ainsi qu'en acide carbonique qui se dégage.

La glycérine. — La glycérine provenant de la fermentation a une saveur sucrée qui contribue à donner du moelleux au vin.

Acidité. — Dans le vin nous retrouvons l'acidité du moût avec quelques variations et une diminution : avec les *acides fixes* (acide tartrique, acide malique, etc., qui existaient dans le moût; acide succinique, provenant de la fermentation et qui donne au vin une saveur vineuse spéciale; acide tannique ou tanin provenant des rafles, pellicules, pépins et dissous dans l'alcool dû à la fermentation) on trouve dans le vin des *acides volatils* (acides acétique, butyrique, etc., provenant de la fermentation et qui agissent par leurs vapeurs sur le bouquet du vin).

Le bitartrate de potasse, ou crème de tartre, existe dans le vin en moins grande quantité que dans le moût; une partie de ce sel devient insoluble à mesure que l'alcool se forme par fermentation, le bitartrate de potasse étant insoluble dans l'alcool.

En résumé, *l'acidité des vins est environ les trois quarts de celle du moût* (voir p. 117).

Comme on le voit on retrouve dans le vin tous les éléments que contient le moût, sauf le sucre qui a été transformé en alcool.

En réalité la composition du vin obtenu est beaucoup plus complexe que nous l'avons indiquée. Pendant la fermentation il ne se forme pas que de l'alcool ordinaire (alcool éthylique), il se forme également, mais à l'état de traces, des alcools propylique, butylique, amylique, etc. Il se forme également des traces d'aldéhydes divers.

Une partie des acides du vin (acides fixes et acides volatils) se combinent avec les différents alcools pour donner des éthers qui contribuent à la formation du *bouquet*.

En pratique, d'après M. Roos, le rendement en alcool ne dépasse jamais 47 pour 100 du poids du sucre décomposé.

23. Les différentes levures et les ferments de maladies.

— Toutes les levures ne sont pas les mêmes; les unes sont bonnes, les autres médiocres ou même nuisibles. Elles comprennent plusieurs espèces dont les principales sont :

La levure apiculée.
La levure elliptique.
La levure de Pasteur.

Citons encore la levure de bière, le mycoderma vini, formant un voile blanc (fleurs du vin) à la surface des vins contenus dans des tonneaux à demi remplis.

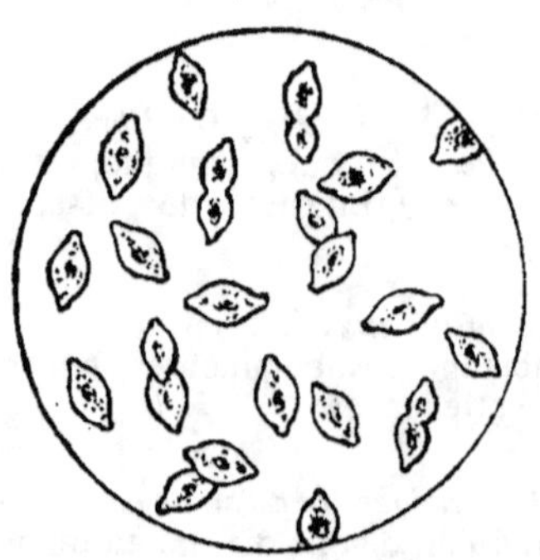

FIG. 17. — LEVURE APICULÉE.

1° *La levure apiculée* (fig. 17), que l'on trouve sur tous les fruits sucrés, est ainsi appelée parce qu'elle est terminée par deux pointes. On la trouve au début de la fermentation. Elle ne se plaît pas dans les moûts trop sucrés; elle préfère les moûts acides. Quand la fermentation est bien développée, elle fait place à la levure elliptique.

2° *La levure elliptique* (fig. 18) doit son nom à sa forme ellipsoïde; elle est l'agent principal de la fermentation vinique. Elle produit une plus grande quantité d'alcool que la levure précédente, pour la même quantité de sucre. Elle se développe de préférence de 22 à 30 degrés et elle n'entre réellement en fonction que lorsque la fermentation a été absolument mise en train par la levure apiculée. Elle domine dans le vin à la fin de la fermentation tumultueuse, durant toute la fermentation secondaire.

3° *La levure de Pasteur* (fig. 19) présente l'aspect des bâtonnets irréguliers se soudant les uns aux autres, et formant de véritables ramifications. Elle a une action lente et agit à la fin de la fermentation. Elle exerce aussi son action dans les vins lorsqu'ils subissent la fermentation secondaire.

Les ferments de maladies qui peuvent se multiplier dans le moût ou le vin. — A côté des levures si utiles à la fermentation du moût, il existe des ferments de maladies qui peuvent se multi-

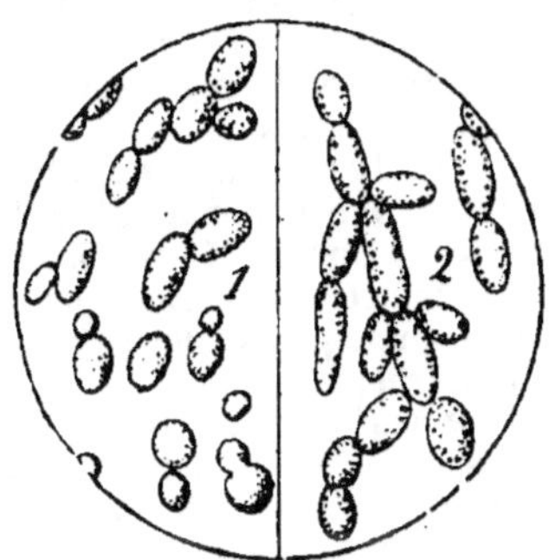

FIG. 18. — LEVURE ELLIPTIQUE.

1, *Levures jeunes.*

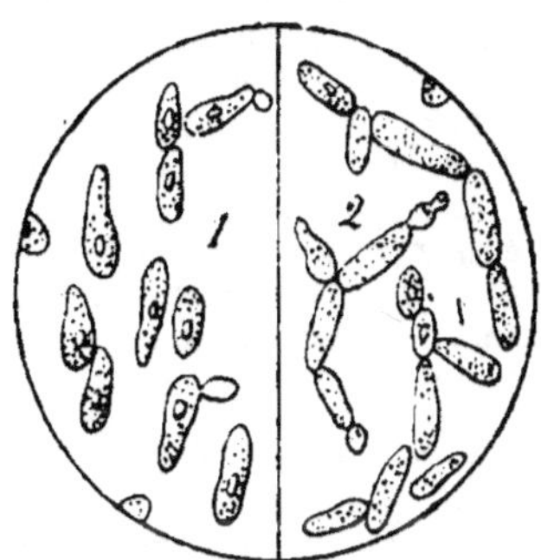

FIG. 19. — LEVURE DE PASTEUR.

2, *Levures vieilles.*

plier dans le moût et le vin, si les conditions de développement leur sont favorables.

Les germes de ces ferments de maladies, de ces mauvais microbes, se trouvent comme les levures sur les pellicules des raisins et sont introduits dans le moût, comme les levures également.

Nous ne ferons que citer les principaux de ces ferments, nous les étudierons plus longuement à propos des *maladies des vins*, p. 180.

Le mycoderma aceti ferment de la maladie de la piqûre ou acescence (voir p. 179). Il se développe à la surface du vin lorsque celle-ci est au contact de l'air; il s'empare de l'oxygène de l'air et le fixe sur l'alcool pour le transformer en acide acétique principe du vinaigre. Le vin piqué a un goût et une odeur de vinaigre.

Nous verrons que ce ferment se développe assez facilement sur les marcs flottants à la surface du moût pendant la cuvaison si l'on ne prend pas la précaution d'enfoncer ces marcs dans le moût trois fois par jour.

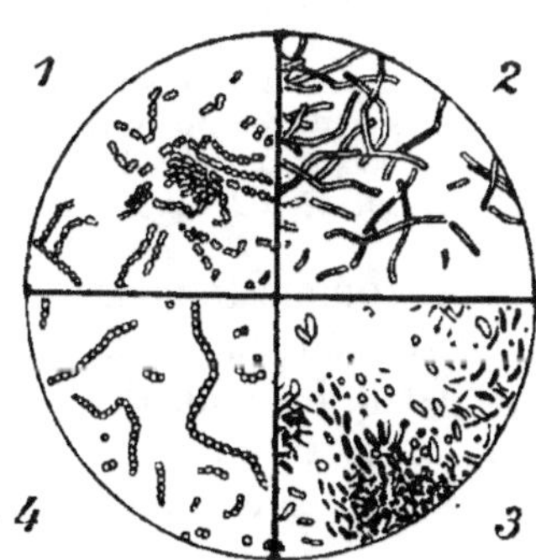

FIG. 20.

FERMENTS DE MALADIES.

1. *Le mycoderma aceti, ferment de la piqûre.*
2. *Ferments de la tourne et de la pousse.*
3. *Ferment mannitique.*
4. *Ferment de la graisse.*

Le mycoderma aceti se présente sous la forme de petits globules beaucoup plus petits que les levures et étranglés par le milieu. Ces globules se reproduisent par scission de l'étranglement et forment de petits chapelets enchevêtrés (fig. 20).

Les bactéries de la tourne et de la pousse (voir p. 185). Elles causent les maladies de la tourne et de la pousse. Le liquide se trouble, la liqueur se fonce; dans la maladie de la pousse qui n'est qu'une forme de la tourne, il y a en plus un dégagement d'acide carbonique.

Ces bactéries ont la forme de bâtonnets très minces (fig. 20) plus ou moins longs suivant l'âge de la maladie. *Elles se développent à l'abri de l'air.* Pendant la fermentation, si la température s'élève trop et trop brusquement, la levure s'arrête d'agir et la tourne se développe.

Le ferment mannitique (fig. 20), c'est le ferment de la maladie de la mannite, il se développe dans le moût en fermentation lorsque la température devient excessive (vers 38° à 40°) et que la levure de vin, paralysée par la chaleur, cesse de se multiplier. Il a la forme d'un bâtonnet comme le ferment de la tourne, mais beaucoup plus court. Il transforme une partie du sucre de raisin en acide acétique et en mannite, substance sucrée.

Les ferments de la graisse (fig. 20). — Ce sont des bactéries vivant à l'abri de l'air et constituées par de très petits globules sphériques disposés en chapelets. Ces globules sont entourés de matières gélatineuse, mucilagineuse qui donne au vin malade un aspect huileux gras. Le vin coule comme de l'huile.

Vie des ferments de maladies. — Nous venons de voir en examinant les différents ferments de maladies que tous se développent à des températures relativement élevées : à partir de 36 degrés la fermentation alcoolique se ralentit considérablement, les levures travaillent difficilement (et même ne travaillent parfois plus du tout, dans les régions viticoles comme la Bourgogne et la Champagne où elles ne sont pas habituées à une haute température), alors que les ferments de maladies très favorisés par cette haute température se multiplient beaucoup. Il est donc de toute nécessité d'empêcher la température de fermentation de dépasser 36 degrés et de refroidir par conséquent le moût comme nous l'indiquons page 70.

Il est à remarquer que les ferments de maladie ne peuvent prospérer dans les moûts suffisamment acides, alors que les levures se développent très bien Par conséquent, il est bon, lorsque les moûts ne sont pas assez acides, de les acidifier dans une certaine mesure (*voir p. 51, Acidification des moûts*).

24. Vie des levures. — Les levures, comme tous les êtres vivants, respirent et assimilent. Elles demandent trois sortes d'aliments : 1° *des aliments minéraux* parmi lesquels des phosphates, des sels de potasse, de magnésie et de chaux; 2° *des matières azotées* (sels ammoniacaux, matières albuminoïdes); 3° *des matières hydrocarbonées* (*sucre*).

Les moûts contiennent en général tous les aliments nécessaires à la vie des levures, mais si l'un des éléments se trouve en trop petite quantité, les levures vivent mal, sont moins vigoureuses, et la fermentation devient languissante.

On peut d'ailleurs fabriquer une espèce de moût artificiel dans lequel les levures se développent bien :

Sucre	130 à 150 gr. par litre.
Phosphate monobasique de potasse..	5 — —
Sulfate de magnésie cristallisé. . . .	5 — —
Phosphate tribasique de chaux . . .	5 — —

Action de l'air sur les levures. — 1re *Expérience.* — Quand on met des levures dans un liquide sucré n'ayant qu'une épaisseur de 2 à 3 millimètres, et disposé sur le fond d'une cuvette de manière que les levures soient bien au contact de l'air, on constate que *leur développement est très rapide et leur multiplication très active.* D'après M. Duclaux, on obtient ainsi *beaucoup de levures et très peu d'alcool* : 1 gramme de levures dans 100 grammes de sucre produisent 25 grammes de levures et détruisent tout le sucre.

2° *Expérience.* — Si l'on met dans un ballon un liquide sucré et des levures; puis si l'on fait passer un courant d'acide carbonique pour enlever l'air, on constate que le développement et la multiplication des levures sont moins grands. On obtient *très peu de levures et beaucoup d'alcool* : 100 grammes de sucre additionnés de 1 gr. de levures ne produisent plus que 1 gramme de levures, tandis qu'ils donnent à peu près des poids égaux d'alcool et d'acide carbonique.

Les levures peuvent donc vivre au contact de l'air (vie aérobie) et à l'abri de l'air (vie anaérobie).

Il ne faudrait pas en déduire que la levure peut vivre sans oxygène; ce serait une erreur. Quand elle n'a plus d'air, la levure emprunte l'oxygène dont elle a besoin au sucre, corps très riche en oxygène, et donne de l'alcool; elle décompose évidemment d'autant plus de sucre qu'elle trouve moins d'oxygène libre et produit d'autant plus d'alcool qu'elle a moins d'air à sa disposition.

Conclusion pratique. — *Il résulte de ces deux expériences que, lorsqu'on veut obtenir des levures il faut adopter la vie aérobie (au contact de l'air), et quand on veut faire de l'alcool, il faut soumettre les levures à la vie anaérobie (à l'abri de l'air).* Le viticulteur associe ces deux conditions pour obtenir une bonne fermentation et un vin riche en alcool : au début de la fermentation il aère le liquide pour faire multiplier les levures; il cesse l'aération dès que la fermentation est bien partie, de façon que les levures, vivant à l'abri de l'air, produisent beaucoup d'alcool.

Action de la température. — En général, les levures les plus utiles à la fermentation telles que les levures elliptiques se développent surtout entre 22 et 30 degrés. Les levures ne commencent à se développer et à agir qu'entre 17 et 20 degrés. Cependant des levures qui ont commencé à se développer vers 20 degrés peuvent subir un abaissement de température avec les froids de l'hiver dans les celliers où sont placés les moûts et continuer de fermenter à des températures de 11 à 15 degrés. Les levures peuvent subir des abaissements de températures considérables (200 degrés au-dessous de 0), elles cessent de travailler, mais elles ne sont pas tuées. On peut dire qu'à partir de 35 degrés les levures alcooliques s'alourdissent et travaillent difficilement; elles sont inactives vers 40 degrés et meurent généralement vers 5o à 6o degrés[1].

De tout ce qui précède, on peut en déduire qu'une bonne fermentation ne se fait bien qu'entre 22 et 3o degrés et principalement vers 25 degrés. Quand la température est trop faible, les levures ne se développent pas et la fermentation est entravée; quand la température est trop haute les levures se développent, mais difficilement, tandis que les ferments de maladie prospèrent avec une grande rapidité.

Action de l'acidité. — Les levures alcooliques peuvent vivre dans un milieu neutre et dans un milieu acide, comme le moût. Il est préférable cependant que la fermentation ait lieu dans un milieu acide, parce que *l'acidité, tout en favorisant la levure, nuit considérablement aux ferments de maladies qui ne peuvent prospérer que dans un milieu neutre ou très légèrement acide.*

Lorsque le *moût* est suffisamment acide, les ferments de maladies sont immobilisés et les levures se développent librement. Dans un moût peu acide, au contraire, les ferments de maladies peuvent se développer et contrarier les levures dans leur évolution.

II. ACTION DE L'ACIDE SULFUREUX SUR LES LEVURES ET LES FERMENTS DE MALADIES[2]

25. Sélection des ferments favorable aux levures. — *Quand on met dans la vendange au début, avant ou pendant le foulage une quantité suffisante d'anhydride sulfureux désigné le plus souvent sous le nom d'acide sulfureux* (7 gr. 5 à 12 gr. 5 par hectolitre pour la vinification en rouge et 1o à 25 grammes pour la vinification en blanc), *il s'effectue une véritable sélection des ferments favorable aux meilleures levures (principalement à la levure elliptique la plus résistante et la plus utile à tous égards) en éliminant les bactéries ferments de maladies.*

C'est cette action de l'acide sulfureux qui a servi de base au procédé de *vinification par sulfitage* (voir page 98), très employé dans la région du midi pour les vins ordinaires et qui permet d'obtenir des vins d'excellente tenue.

---

1. La levure humide est tuée à 40-45 degrés par un chauffage de 40 à 75 minutes, à 6o-65 degrés par un chauffage de 1o à 15 minutes.

Peut-être, ainsi que le fait remarquer M. Sémichon, peut-on expliquer approximativement l'action de l'acide sulfureux sur ces microorganismes de la manière suivante : les microorganismes sont en quelque sorte des cellules vivantes qui effectuent constamment à travers leurs parois des échanges de matériaux solubles avec le liquide extérieur qui les baigne. La surface des cellules est donc un facteur prédominant dans ces échanges. On peut supposer dans une certaine mesure que la vitesse d'absorption de l'acide sulfureux (et en général des différents antiseptiques) par unité de surface est sensiblement la même pour tous les microorganismes. Dans ces conditions les microbes très petits comme les bactéries, lesquelles présentent une très grande surface par rapport à leur volume, sont plus vite saturés d'acide sulfureux que les levures ou les moisissures dont les dimensions sont beaucoup plus grandes et s'il existe une limite d'absorption d'acide sulfureux au delà de laquelle les microorganismes ne peuvent plus vivre, il est évident que les organismes les plus petits seront ceux qui seront tués les premiers.

L'expérience montre, en effet, que les bactéries (ferments de maladies) sont les premières qui soient entravées dans leur activité. Les levures plus volumineuses sont plus résistantes.

La quantité d'acide sulfureux en solution est partagée également entre les cellules vivantes (levures ou bactéries) qui se trouvent dans le liquide de sorte que chacune en prend d'autant moins que les cellules sont plus nombreuses. *En réalité, les bactéries absorbent plus vite l'acide sulfureux que les levures, de sorte qu'elles arrivent plus tôt à consommer la dose mortelle qui doit les faire disparaître.*

Forme sous laquelle l'acide sulfureux agit le mieux. — Quand on met de l'acide sulfureux en dissolution dans un moût, il ne reste pas entièrement à l'état libre : une partie se combine avec différents corps que contient le moût principalement avec le sucre du moût, une autre partie s'oxyde (se transforme en acide sulfurique, puis en sulfate de potasse), etc. Or, l'expérience a démontré que *l'acide sulfureux à l'état libre est le seul qui ait une action sur les microbes; l'acide sulfureux à l'état combiné n'a qu'une action insignifiante.*

C'est ce qui explique les faits suivants : si dans un moût en pleine fermentation on introduit une petite quantité d'acide sulfureux, 5o milligrammes par exemple (par litre), la fermentation s'arrête ou se ralentit pendant quelques heures, puis reprend ensuite toute son activité. En ajoutant encore de l'acide sulfureux, le même effet se produit et l'on peut, comme le fait remarquer M. Laborde, élever ainsi la dose à 5oo milligrammes et plus sans que le travail de la levure, quoique ralenti, s'arrête complètement. On peut alors constater que l'acide sulfureux *libre* est passé entièrement à l'*état combiné* et qu'il n'exerce plus sur la levure qu'une faible action. On pensait que les levures *s'accoutumaient* à l'acide sulfureux.

En réalité, *il n'y a pas accoutumance, les levures ne s'accoutument pas à des doses progressives et de plus en plus fortes d'acide sulfureux* : la preuve c'est que « si l'on transporte quelques levures prétendues accoutumées dans un moût neuf contenant un peu seulement d'acide sulfureux *libre,* ces levures ne se développent pas » (Laborde). On ne peut même pas dire que les levures s'accoutument à l'acide sulfureux *combiné,* car on a constaté que toute levure un peu active mise dans un moût ne possédant que de l'acide sulfureux combiné, s'y développe presque aussi vite, qu'elle soit accoutumée ou non.

La sélection des levures pour être pratique doit être faite avant le départ de la fermentation et non pendant la fermentation, comme le recommande M. Sémichon, car dès que les microbes se multiplient (et on sait avec quelle prodigieuse rapidité, voir p. 26) il faudrait alors des doses d'acide sulfureux considérables qui d'ailleurs ne resteraient pas à l'état libre, ainsi que nous venons de le voir et qui ne tarderaient pas, en passant à l'état *combiné*, à être inefficaces.

26. Influence que peut exercer sur les vins l'introduction d'acide sulfureux dans la vendange avant toute fermentation. — En introduisant dans la vendange de l'acide sulfureux avant toute fermentation, on obtient des vins plus colorés, d'une couleur plus vive, qui sont plus rapidement limpides, qui ont plus de finesse, qui surtout ne contiennent aucun germe de maladie pouvant l'altérer à un moment donné, en un mot des vins d'une tenue remarquable.

Au point de vue hygiénique l'acide sulfureux mis dans la vendange n'est pas à redouter. — Ainsi que le fait remarquer M. Sémichon, l'acide sulfureux mis dans la vendange n'agit pas du tout, en effet, comme l'acide sulfureux mis dans le vin fait.

Lorsque de l'acide sulfureux est introduit dans le vin (soit parce qu'on a *méché* la futaille (voir p. 177), soit parce qu'on a voulu éviter la *casse* (voir p. 190), une partie reste à l'état *libre*, c'est elle qui agit sur nos muqueuses et nous indispose, l'autre partie passe à l'état combiné n'ayant sur nous aucune influence. « Il est donc prudent de limiter l'acide sulfureux libre des *vins* à une dose minime qui ne nuise pas à nos organes. »

Mais pour l'acide sulfureux mis dans le moût il n'en est plus ainsi : une partie passe à l'état *combiné*, elle est inoffensive; l'autre partie qui est à l'état libre, commence à s'oxyder ou se décompose avant même la fermentation et finalement disparaît.

Ainsi, par exemple, d'après M. Sémichon « si l'on compare un vin rouge fermenté après une addition de 10 à 15 grammes d'acide sulfureux par hectolitre avec un vin témoin fait avec une vendange identique, on trouve dans le premier un excédent d'acide sulfureux total de 5 à 6 centigrammes par litre et la presque totalité de cet acide sulfureux est à *l'état combiné*. En outre une petite quantité d'acide sulfureux s'étant oxydé et transformé en sulfate on trouve 0,40 à 0,75 de sulfate de potasse au lieu de 0 gr. 25 à 0 gr. 60, doses habituelles des vins non plâtrés. Ce sont là des modifications insignifiantes dans la composition du vin ».

Les consommateurs n'ont donc rien à craindre de ces pratiques. « Ils doivent s'en féliciter au contraire, si, comme on est en droit de l'espérer, elles permettent dans une très large mesure de supprimer les vins avariés et du même coup le commerce malhonnête qui les recherche pour les écouler ensuite plus ou moins maquillés avec des drogues malsaines. »

Dose d'acide sulfureux mortelle ou stérilisante et dose retardatrice pour les levures. — La *dose mortelle ou stérilisante* d'acide sulfureux pour les levures est la quantité d'acide sulfureux qui est nécessaire *dans un moût* pour empêcher toute fermentation (cas des moûts mutés par le soufre); la *dose retardatrice* est la quantité d'acide sulfureux nécessaire dans un moût, au point de vue pratique, pour arrêter momentanément la fermentation.

Les différents auteurs qui se sont occupés de l'action de l'acide sulfureux sur les levures n'ont pas toujours été d'accord sur la valeur de la dose mortelle. Pour les uns, cette dose était relativement faible et excédait rarement 40 à 50 milligrammes par litre; pour les autres elle atteignait 300 milligrammes.

On a reconnu que la dose mortelle était variable avec le milieu dans lequel les microorganismes subissent l'action de l'acide sulfureux, avec la vitalité du ferment, la masse des ferments, la température, la masse du liquide et les divers ferments (voir page 99).

La dose *utile pratique* pour obtenir une bonne sélection des levures varie de 7 gr. 5 à 12 gr. 5 par hectolitre pour la vinification en rouge, selon l'état de la vendange, et de 10 à 25 grammes par hectolitre pour la vinification en blanc, selon l'état du raisin qui a produit le moût.

L'action de l'acide sulfureux sur le moût, aux doses non mortelles, se traduit toujours par des *retards* plus ou moins longs dans le départ des fermentations. On fait disparaître cet inconvénient en employant des *levains actifs* (voir page 42).

27. Formes sous lesquelles l'acide sulfureux est susceptible d'être employé. — L'introduction de l'acide sulfureux dans les moûts ou dans les boissons fermentées se fait par les procédés suivants :

1º *Méchage.* — Le méchage consiste à brûler dans le fût vide où l'on met le liquide une certaine quantité de mèche enduite de soufre. Ce procédé très ancien convient très bien pour introduire de petites doses d'acide sulfureux dans de petits volumes de vin.

Un poids donné de soufre donne en brûlant un poids double d'acide sulfureux.

Les mèches soufrées que l'on vend dans le commerce sont faites avec des bandes de cotonnades trempées à plusieurs reprises dans du soufre fondu; les mèches dont la couche de soufre est épaisse sont les meilleures. Dans celles où la couche de soufre est mince, la combustion plus prompte de la toile peut communiquer un goût désagréable au vin. Les *mèches soufrées* du commerce ont généralement 20 à 25 centimètres de long et 3 centimètres de large. (Voir comment on mèche les fûts devant contenir du vin p. 177.)

Inconvénients que présente l'emploi des mèches soufrées : la toile portant le soufre peut brûler et donner un mauvais goût ; du soufre fondu peut tomber dans le fût et donner plus tard un goût d'œuf pourri au vin (goût sulfhydrique). Pour éviter en partie ces inconvénients on utilise des brûle-mèche (fig. 43) retenant les résidus de la combustion.

2° *Acide sulfureux gazeux.* — Il est produit par la combustion du soufre à l'air libre (1 kilogramme de soufre donne en brûlant 2 kilogrammes de gaz sulfureux). On est obligé, pour l'utiliser, d'avoir recours à des appareils spéciaux appelés *muteuses* ou *mutoises*, dans lesquels le moût et le gaz sont en contact intime. Il est cependant difficile à doser, et d'une manière générale la quantité de gaz produite par la combustion n'est jamais absorbée intégralement. Les difficultés présentées par l'absorption et le dosage ont fait abandonner, par la majorité des producteurs, cette forme cependant très économique.

3° *Bisulfites alcalins (bisulfite et métabisulfite de potasse.* — Les bisulfites sont des composés de l'acide sulfureux.

Le meilleur bisulfite à employer est le *métabisulfite de potasse* renfermant 57,6 p. 100 d'acide sulfureux, mais abandonnant pratiquement la moitié de son poids d'acide sulfureux.

On l'a accusé à tort de communiquer au vin une certaine amertume et de diminuer, par l'apport de potasse, la proportion d'acide fixe. L'expérience a, en effet, démontré que l'emploi d'acide sulfureux se traduit toujours par une augmentation totale du produit.

Nous ne conseillons pas d'employer le *métabisulfite de soude :* son dosage varie ; sous l'action de l'air il se transforme rapidement en sulfate de soude amer ; de plus il apporte au vin de la soude qui ne s'y rencontre pas naturellement.

Solutions nutritives sulfureuses. — Cette forme d'acide sulfureux est très employée depuis quelques années.

Elle est préparée, soit par barbotage de gaz sulfureux dans des solutions ammoniacales de phosphate d'ammoniaque, de façon à avoir dans la solution commerciale de l'acide sulfureux et du phosphate tribasique, soit par le mélange pur et simple de bisulfite de soude et de phosphate d'ammoniaque, en solutions. D'après M. Ventre, « en dehors de l'inconvénient que peut présenter, dans le second cas, la présence de soude, la présence dans ces produits de phosphate d'ammoniaque est un non-sens œnologique, car l'addition de ce sel à la vendange et au moût est dans la majorité des cas, parfaitement inutile et peut même présenter souvent un danger pour la bonne conservation ultérieure du vin.

4° *Acide sulfureux liquide.* — On emploie, dans les grandes exploitations, l'acide sulfureux liquide obtenu par la compression à 3 ou 4 atmosphères du gaz acide sulfureux. Cet acide sulfureux liquide est logé dans des bouteilles métalliques très résistantes (à partir de 1 litre).

L'acide sulfureux liquéfié peut être utilisé tel quel ou en solution. Quand on a recours à la première forme (acide sulfureux liquéfié) on effectue le dosage à l'aide d'appareils appelés sulfidoseurs, sulfitomètres.

Parmi les sulfitomètres nous pouvons citer : le sulfidoseur Pictet, le sulfitomètre Pacottet.

Le sulfitomètre Pacottet (fig. 21) se compose d'un tube gradué indiquant directement l'acide sulfureux en grammes que l'on utilise et de 3 robinets A, B et D. On ouvre les robinets A et D, et l'on ferme le robinet B : l'acide sulfureux entre par l'ouverture O pendant que l'air situé dans le tube gradué s'échappe par le tube capillaire T. Lorsque le tube gradué contient l'acide sulfureux déterminé, on ferme le robinet A et on ouvre le robinet B.

Si l'on emploie l'acide sulfureux liquéfié en solution, d'après M. Ventre, il suffit de faire détendre un certain poids d'acide sulfureux — poids déterminé à l'aide d'une bascule — dans de l'eau, en tenant compte que sa solubilité, à la température de 15 dégrés, est d'environ 8 pour 100. D'une façon pratique, les solutions obtenues oscillent aux environs de 6-6,5 pour 100.

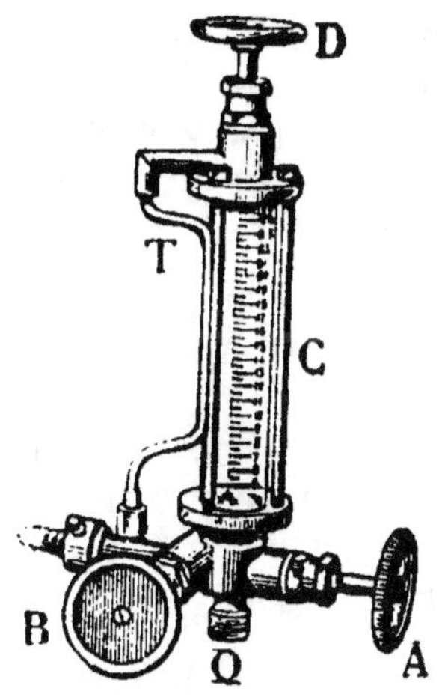

FIG. 21.
LE SULFITOMÈTRE PACOTTET.

Il est vrai que l'on peut augmenter la solubilité en ajoutant à l'eau 5 à 10 pour 100 de phosphate d'ammoniaque. La manipulation de l'acide sulfureux liquéfié est assez délicate, car pour si parfaite que soit l'opération de détente, il y a toujours dégagement d'acide sulfureux gazeux, gênant pour le personnel.

28. Du rôle de l'acide sulfureux en vinification. — L'acide sulfureux joue en vinification et particulièrement dans la vinification des vins blancs, un rôle considérable. Nous verrons comment on l'emploie dans le mutage des moûts, page 85, dans la décoloration des moûts rosés, p. 91, dans la vinification par sulfitage des vins et des vins rouges, p. 98, dans le soutirage des vins, p. 147, dans la conservation des vins, p. 147, dans la conservation du matériel vinaire, p. 177; dans la clarification des vins tachés, p. 92.

D'après le décret du 19 août 1921, on peut employer pour les moûts et les vins l'acide sulfureux pur ou des bisulfites alcalins cristallisés purs. Les quantités employées doivent être telles, que le vin ne retienne pas plus de 450 milligrammes d'acide sulfureux par litre, dont 100 milligrammes au maximum à l'état libre (un écart de 10 p. 100 en plus esttoléré). Dans les moûts les bisulfites alcalins ne peuvent être employés qu'à une dose inférieure à 20 grammes par hectolitre, tandis que l'acide sulfureux pur peut être utilisé sans limitation de quantité (voir p. 213 les vins et la loi sur les liquides).

Le décret du 19 août 1921 autorise bien l'addition des bisulfites aux moûts mais il est muet en ce qui concerne leur emploi pour le traitement des vins. Néanmoins le service des fraudes tolère l'addition des bisulfites aux vins dans les conditions antérieurement admises (la dose de bisulfites alcalins cristallisés purs, ne doit pas dépasser 20 grammes par hectolitre).

III. LEVURES SÉLECTIONNÉES ET PIEDS DE CUVE

29. Les levures sélectionnées. — Nous avons vu que les levures ne sont pas les mêmes; les unes sont bonnes, les autres médiocres. Elles comprennent plusieurs espèces, et chacune de ces espèces comprend un grand nombre de variétés suivant les cépages, le climat, etc.

Chaque race de levure a un caractère propre et fait sentir son influence sur le résultat de la fermentation. C'est ainsi que Pasteur a montré que les levures de vin donnent à la bière une vinosité très marquée, et que la vendange ensemencée de levures de cidre donne au vin un goût et un parfum prononcés de cidre.

« Le goût, les qualités du vin dépendent certainement, écrivait Pasteur, dès 1876, pour une grande part de la nature spéciale des levures qui se développent pendant la fermentation de la vendange. On doit penser que si l'on soumettait un même moût de raisins à l'action de levures distinctes, on retirerait des vins de natures diverses. »

Les expériences de MM. Rommier, Martinand, Rietsch, Jacquemin, Duclaux, Kayser, etc., ont, en effet, montré que des levures spéciales à certains grands crus ont une influence sur la fermentation des moûts ordinaires et sur la qualité des vins. Ces expérimentateurs ont isolé les levures des meilleurs vignobles, les ont choisies, *sélectionnées*, puis les ont fait multiplier de façon à obtenir une multitude d'organismes semblables aux levures mères. *C'est en choisissant des types déterminés de levures qu'on est arrivé à posséder des levures des principaux crus connues sous le nom de levures sélectionnées.*

Pourquoi l'emploi des levures sélectionnées a été proposé.
— 1° Pour rendre la fermentation plus régulière, et obtenir
ainsi un vin de meilleure conservation; 2° pour produire une
amélioration de la qualité du vin, soit en apportant un bouquet
recherché, soit en augmentant le degré alcoolique.

Certains viticulteurs, exagérant les propriétés des levures, ont pensé au
début qu'avec les levures des grands crus, ils pourraient communiquer le
bouquet des grands vins au moût des cépages les plus vulgaires. Ils reconn-
urent bientôt, comme il fallait s'y attendre, que les vins obtenus avec les
raisins communs et les levures sélectionnées ne valent jamais les vins des
grands crus. Il ne faut pas oublier, en effet, que la constitution naturelle du
moût a aussi son importance et que cette constitution dépend du cépage, de
l'exposition, de l'année, de la culture, etc.

Le moût d'ailleurs exerce une certaine influence sur la levure introduite.
Toutes les levures ne se plaisent pas également dans tous les moûts. La
levure d'un cru peut exercer une action plus prononcée que les levures retirées
d'autres crus; il y a donc un choix à faire parmi les levures. Cela explique
peut-être les divers succès et les résultats contradictoires que bon nombre
de viticulteurs ont obtenus dans leurs essais.

« Comme le fait remarquer M. Duclaux, directeur de l'Institut Pasteur, les
expériences de Perraud, de Kayser et Barba sur les vins ne laissent pas douter
que quelque chose de la levure ne passe dans le produit, au moins dans certaines circonstances qu'il faut s'attacher à préciser. Il est probable qu'une
même levure ne fera pas partout la même chose; qu'il y aura des cépages et
des degrés de maturation qui exalteront ses qualités, d'autres qui les étein-
dront. Il y a des mariages à tenter qui tous ne réussiront pas, mais dont
quelques-uns donneront de bons résultats. »

Chaque levure, dit M. Kayser, semble exiger une température convenable et
un rapport déterminé entre le sucre et l'acidité.... Ce n'est qu'au bout d'un
grand nombre d'années, à la suite d'essais multiples, grâce à un choix judicieux de *levures indigènes* qu'on peut espérer obtenir une amélioration des
vins. » Par *levures indigènes*, M. Kayser entend les levures qui se développent normalement dans le moût de la région ou du vignoble.

*Conclusions. — Les nombreuses expériences déjà faites et
les résultats obtenus permettent de reconnaître :* 1° Que les
levures sélectionnées accélèrent le départ de la fermentation et
empêchent, par conséquent, tout développement des fermentations secondaires. Cette propriété permet d'utiliser les vendanges souillées par la pluie ou envahies par la pourriture,
les unes et les autres très exposées aux maladies.

« L'apport de levures sélectionnées, dit M. Kayser, est sûre-
ment utile partout où la fermentation se fait généralement mal,
soit par suite de températures trop basses, soit encore par la
destruction de la majeure partie des ferments attachés après le
raisin, sous l'influence des rayons solaires. »

2° Que les levures sélectionnées jouissent d'une grande
activité, c'est-à-dire transforment rapidement avec un meilleur
rendement en alcool le sucre mis à leur disposition. Elles
peuvent donc être employées avec avantages dans les vendanges

très mûres et très sucrées où la fermentation naturelle se ralentit souvent avant que tout le sucre ait disparu ;

3° Que les levures sélectionnées actives produisent généralement une clarification plus rapide ;

4° Qu'elles donnent lieu *quelquefois* à un changement de goût et à une amélioration du bouquet. Cette augmentation du bouquet, sensible au début, disparaît souvent avec le temps.

30. *Mode d'emploi des levures sélectionnées.* — Les levures sélectionnées sont généralement expédiées en bonbonnes ou en bidons pour 10, 20, 30 hectolitres, etc., de moût. Au moment de l'emploi on agite le récipient pour mettre en suspension les ferments adhérents aux parois.

1° EMPLOI DIRECT. — *Quand les levures sont employées directement, on les répand sur chaque couche de vendange au fur et à mesure du remplissage de la cuve.*

Comme le volume de la levure par rapport à celui de la vendange est petit on peut mélanger les ferments avec un certain nombre de litres de moût : pour une cuve de 100 hectolitres, par exemple, on prélève 50 à 100 litres de moûts que l'on mélange avec la levure ; ce mélange est répandu sur les différentes couches de vendange. Nous ne conseillons pas l'emploi direct.

2° PRÉPARATION D'UN LEVAIN. — *Au lieu d'employer la levure directement, on peut préparer un levain pour obtenir la levure en pleine fermentation et sous un volume plus grand.* On procède de la manière suivante : pour 20 hectolitres de moût, par exemple, on choisit soigneusement 20 à 25 kilogrammes de raisins qu'on lave et que l'on écrase. Le moût obtenu (additionné de 1/10 d'eau environ pour éviter les inconvénients de la concentration) est porté à l'ébullition pour le stériliser. C'est dans ce jus de raisin stérilisé *et refroidi à 25 degrés* que les levures sont introduites.

Au bout de deux à trois jours (dans une pièce un peu chaude, 22 à 25 degrés) le moût de raisin est en pleine fermentation et peut être utilisé : on commence par agiter fortement le vase à levain pour bien mélanger la levure avec tout le jus ; un sixième du levain environ est mis dans le fond de la cuve avant d'y verser le raisin foulé ; le reste est réparti successivement par couches de vendange au fur et à mesure du remplissage ; la dernière partie est versée au-dessus de la vendange.

Remarque. — On peut ne pas stériliser le moût, mais alors les *levures indigènes* peuvent devenir prédominantes à la place des *levures sélectionnées.*
Au lieu de moût de raisin, dans la préparation du levain, on emploie quelquefois de l'eau sucrée. Dans ce cas, il faut ajouter à l'eau sucrée des sels qui nourrissent la levure : prendre (pour 20 hectolitres de moût) 10 litres d'eau, 1 kilog de sucre, 20 gram. d'acide tartrique, 20 à 30 grammes de phosphate d'ammoniac ; faire bouillir et refroidir à 25 degrés avant d'introduire les levures.

Ou mieux encore, on peut employer le mélange plus compliqué indiqué par Mayer comme nourrissant le mieux la levure : dans de l'eau sucrée à 100 ou 150 grammes de marc par litre, ajouter (par litre également) :

Phosphate monobasique de potasse. 5ᵉʳ
Sulfate de magnésie cristallisé. 5ᵉʳ
Phosphate tribasique de chaux. 0ᵉʳ,5

3° STÉRILISATION PRÉALABLE DU MOUT. — On peut chauffer tout le moût à vinifier vers 65 degrés, c'est-à-dire le stériliser pour détruire toutes les levures indigènes et ferments de maladies, puis ensemencer ce moût avec des levures sélectionnées. Ce procédé est pratique (voir pour plus de détails p. 56. *De la stérilisation des moûts avant la mise en fermentation par les levures sélectionnées*).

31. Pieds de cuve. — Le viticulteur peut obtenir un levain de toutes les levures indigènes propres à son vignoble, en préparant des pieds de cuve.

Les pieds de cuve sont simplement de petites quantités de moûts mises en fermentation avant la récolte.

Pratique de la préparation d'un pied de cuve. — Pour préparer un pied de cuve on procède de la manière suivante : On choisit les meilleurs raisins du vignoble, on les égrappe, on les écrase pour les mettre ensuite dans un fût défoncé, lavé soigneusement à l'eau bouillante.

Si le moût n'est pas assez acide, c'est-à-dire ne contient pas 10 grammes d'acidité par litre (exprimée en acidité tartrique), on y ajoute de l'acide tartrique. La température du moût est amenée à 25 degrés. La fermentation commence au bout de 5 à 6 heures.

Pour obtenir le plus de levures possible, on aère le moût toutes les deux à trois heures par brassage ou soutirage. Au bout de deux à trois jours il n'y a presque plus de sucre et de matières nutritives, lesquels ont été pris par les levures. On y ajoute alors 5 kilogrammes de sucre et 20 grammes de phosphate d'ammoniaque par hectolitre, ou bien encore on y ajoute du moût stérilisé par la chaleur à 70 degrés environ.

Le levain obtenu est très riche en levures ; au bout de cinq à six jours on peut l'employer de la même manière qu'un levain de levures sélectionnées. Au fur et à mesure de son emploi, on peut remplacer le liquide utilisé par le même volume de moût chauffé à 70 degrés et par conséquent stérilisé. Avec un hectolitre de moût en pleine fermentation, on peut levurer 40 à 50 hectolitres de vendange.

Préparation d'un pied de cuve de levures pures. — En préparant le pied de cuve comme nous l'avons indiqué ci-dessus on peut objecter que les raisins même de choix, servent de support non seulement aux levures, mais aussi aux germes de maladies ; on obtient une espèce de levain qui contient à la fois des levures, de mauvais ferments et qui n'a pas une aussi grande valeur qu'un levain de levures sélectionnées.

Pour obtenir un pied de cuve de levures relativement pures on peut utiliser *l'action de l'acide sulfureux* sur un mélange de levures et de ferments de maladies (bactéries).

Nous avons vu, en effet (p. 33), que lorsqu'on met dans un moût *avant la fermentation*, une certaine quantité d'acide sulfureux, *il s'effectue une véritable sélection des ferments favorables aux meilleures levures (levures elliptiques principalement) en éliminant les ferments de maladies*. On procédera de la manière suivante :

Le moût étant préparé comme nous l'avons indiqué ci-dessus avec des raisins de choix pas trop mûrs, très sains, on ajoute de 3o à 40 grammes de métabisulfite de potasse (représentant 15 à 20 gr. d'acide sulfureux) par hectolitre de moût, *avant toute fermentation*. Il est nécessaire pour avoir une bonne réussite que la température du moût soit de 25 degrés. « Si la température n'est pas inférieure à 25 degrés, la fermentation partira activement avec un retard de 12 heures à trois jours suivant la dose employée. »

Il faut environ 2 litres à 2ˡ,5oo de levain par 1oo kilogrammes de vendange (2oo à 25o litres pour un foudre de 1oo hectolitres).

Pied de cuve unique, par culture continue, pour toute la vendange. — Comme le font remarquer MM. Dupont et Ventre, en procédant comme nous venons de l'indiquer, il faut un pied de cuve pour chaque foudre rempli dans la journée. Cette préparation quotidienne présentant des difficultés pratiques (elle est surtout longue et onéreuse), MM. Dupont et Ventre ont indiqué comment on pouvait réaliser un *pied de cuve unique*, par culture continue, pouvant suffire à toute une campagne. On procède de la manière suivante :

« Admettons que l'on emploie 2 litres de levain par 1oo kilogrammes de vendange et supposons que la vendange coupée dans une journée soit de 17 ooo kilogrammes. Il faudra non pas autant de fois 2 litres qu'il y a de fois 1oo kilogrammes de vendange, soit 17o × 2 = 34o litres de levain, car ce volume suffisant dans le cas précédent (pied de cuve quotidien) ne l'est plus avec le système de culture continue, mais bien deux fois plus de levain, soit 17o × 4 = 68o litres, une partie devant aller à la cuve pour l'ensemencement, le reste devant servir à la mise en fermentation d'un volume égal de liquide.

« Des fûts de 2oo litres ou des demi-muids, selon l'importance de la vinification, seront préparés à l'avance pour recevoir le pied de cuve. D'une propreté parfaite, et préalablement mêchés, ils devront être placés sur des chantiers, à proximité des foudres ou cuves. On emploiera, de préférence, des tonneaux défoncés, d'abord pour la commodité des opérations, ensuite, parce que la fermentation en surface favorise, comme nous l'avons vu, l'aération des levures et, par suite, une production plus considérable de levures. Il sera bon de les recouvrir d'une toile ou treillage quelconque, mais propre, pour éviter la chute des corps étrangers pouvant amener la pollution du milieu.

« Tous ces tonneaux seront munis d'une grosse canelle placée à distance convenable du fond et destinée au soutirage des liquides.

« Deux ou trois jours avant la vendange, on choisira dans le vignoble, un lot de raisins, pas trop mûrs, les plus beaux et *surtout les plus sains* que l'on pourra trouver, suffisant pour donner le moût dont on aura besoin. »

Le moût seul, exprimé le plus proprement possible, sera logé dans le ou les tonneaux préparés à cet effet. On distraira de la quantité totale, environ le dixième, qu'on abandonnera à la fermentation spontanée, les neuf dixièmes

restant seront sulfités à une dose capable d'assurer la purification du milieu
et de produire un débourbage rapide et parfait, soit 40 à 50 grammes de métabisulfite de potasse (représentant 20 à 25 grammes d'acide sulfureux par
100 litres de moût).

« Dès que le dixième réservé est en fermentation active (généralement au
bout de 24 heures si la température est voisine de 25 degrés), le moût sulfé
et clair (la canelle permet ici d'éviter l'entraînement du dépôt) y sera ajouté en
trois ou quatre fois, en attendant chaque fois que la fermentation soit répartie, *non pas en vue d'une accoutumance des levures à l'acide sulfureux,* comme
l'indiquent certains auteurs, mais simplement parce que la fermentation
pourrait être trop ralentie, si le mélange était fait en une seule fois.

Cette façon d'opérer a l'avantage, d'abord d'éliminer, par le débourbage
complet des 9/10° du liquide, la très grande majorité des mauvais ferments,
ensuite de réaliser rapidement un pied de cuve en pleine activité.

Tout devra être terminé, et le pied de cuve à point, le jour où commence
la vendange, afin d'éviter, dans la suite des opérations, un retard souvent
préjudiciable au résultat, notamment dans le cas où la vaisselle vinaire est en
quantité insuffisante. » (Dupont et Ventre.)

Avantages des pieds de cuve de levures pures. — Les viticul-

teurs de la Bourgogne, de la Champagne, du Bordelais qui
peuvent facilement se procurer des raisins authentiques de
grand cru ont tout intérêt à préparer des pieds de cuve avec
ces raisins afin d'améliorer leurs vins dans une certaine mesure.
Les levures obtenues étant parfaitement acclimatées peuvent
donner de meilleurs résultats.

Dans les vignobles à vins communs où il est difficile de se
procurer des raisins de grand cru peut-être a-t-on intérêt à utiliser de préférence les levures sélectionnées dont nous avons
parlé page 39. Nous devons cependant reconnaître que plusieurs œnologues ne sont pas de cet avis.

« Dans la préparation des pieds de cuve, disent MM. Dupont et Ventre, on
a coutume d'envisager l'emploi des levures sélectionnées du Commerce. Or
nous avons montré, à la suite de nombreuses expériences faites dans la grande
propriété, qu'on pouvait presque toujours éviter cette dépense en utilisant
les levures indigènes, souvent plus vigoureuses et, dans tous les cas, mieux
adaptées au milieu, puisqu'elles proviennent du cépage que l'on vinifie.

« Cette opinion n'est d'ailleurs pas nouvelle ; elle est partagée par d'éminents
œnologues praticiens, M. Coste-Floret, par exemple.

« L'emploi des levures sélectionnées ne se justifie guère que dans les cas
difficiles (température trop basse, vendanges avariées, pénurie de ferments)
où le propriétaire, craignant une pollution du pied de cuve, veut absolument
être assuré, sans aucun aléa, de la fermentation rapide de ses foudres. »

Par contre MM. Dupont et Ventre admettent très bien qu'en
ce qui concerne le moût vinifié seul, l'emploi des levures sélectionnées du Commerce donne des résultats indéniables. Les
levures de champagne, notamment, disent-ils, communiquent au
vin un cachet tout particulier, constituant une réelle supériorité
sur les vins témoins. Leur emploi peut donc se recommander
surtout dans la fabrication des vins blancs (p. 83).

CHAPITRE V

COMMENT ON AMÉLIORE LE MOÛT

32. *Les vins doivent généralement leurs défauts et leurs altéra-tions à une mauvaise constitution du moût.* — Le vigneron peut remédier, dans une certaine mesure, à cette mauvaise consti-tution en ajoutant au moût les éléments qui lui manquent. *Il ne doit le faire cependant qu'avec une modération qui exclut tout reproche de falsification et en observant strictement la loi.*

Avant d'indiquer *comment on améliore les moûts*, il est bon d'avoir une idée d'ensemble de la *constitution des moûts*, sur-tout en ce qui concerne les trois éléments principaux : *sucre, acidité, tanin* et *matière colorante*.

33. Constitution du moût. — 1° *Le sucre du moût*, ainsi que nous l'avons vu, se transforme en *alcool*. Plus le moût est riche en sucre, et plus le vin obtenu est alcoolique.

L'alcool est un élément puissant de conservation du vin. Nous verrons que dans les vins faibles, débiles, une augmentation de 1 à 2 degrés en alcool suffit à les rendre stables et de bonne conservation.

Un vin qui n'a que 7 degrés d'alcool est dit *faible*; il ne peut ni voyager ni se mettre en bouteilles. } *Le moût qui le donne n'a que 119 grammes de sucre par litre.*

Un vin ordinaire de consommation courante doit avoir *au moins* 8 degrés d'alcool pour être de conservation facile. } *Ce vin correspond à un moût conte-nant 138 grammes de sucre par litre.*

Un vin doit avoir 10 degrés pour une conservation de plusieurs années. } *Ce vin à 10 degrés correspond à un moût renfermant 170 grammes de sucre par litre.*

La richesse en sucre des moûts (richesse naturelle) est toujours inférieure à 325 grammes de sucre par litre (limite donnée par des cépages des régions chaudes dont les raisins servent à faire des vins de liqueur).

Il est à remarquer qu'un vin ne peut avoir naturellement plus de 15 à 16 de-grés d'alcool. L'alcool en effet sert d'antiseptique à la levure, laquelle cesse de produire la fermentation dès que le liquide contient 15 à 16 degrés.

Notons que si les levures peuvent pousser la fermentation jusqu'à 15 ou 16 degrés dans un moût sucré qui ne contient pas d'alcool au début, par contre elles cessent d'agir si le moût est additionné de 12 pour 100 d'alcool.

2° **L'acidité du moût** a une grande importance : 1° Elle favorise le développement des levures et par suite assure une *bonne fermentation* ainsi qu'une bonne conservation du vin en fût. Nous avons vu, en effet, page 33, que les levures alcooliques peuvent vivre dans un milieu acide et que l'acidité, tout en favorisant la levure, nuit considérablement aux ferments de maladies qui ne peuvent prospérer que dans un milieu neutre ou *très légèrement* acide ;

2° Elle contribue à donner au vin obtenu une couleur plus riche, plus vive.

La matière colorante est, en effet. d'autant plus soluble dans le moût à mesure qu'il fermente (c'est-à-dire au fur et à mesure qu'il se forme de l'alcool) que le liquide est plus acide ;

3° Elle donne au vin, au point de vue du goût, sa fraîcheur et sa verdeur qui le font apprécier ;

4° Elle contribue à la formation du bouquet des vins.

Les acides se combinent en effet avec les alcools du vin (nous disons *les alcools*, car dans le vin il n'y a pas que l'alcool ordinaire, mais plus de 10 alcools différents, en *très petites* quantités, il est vrai), pour former peu à peu des éthers qui constituent une partie du bouquet, lequel ne se forme qu'à la longue à mesure que le vin vieillit.

Les *moûts trop acides* donnent des *vins également trop acides, trop verts.*

Les *moûts pas assez acides* donnent des *vins plats* ou *vins mous.*

L'acidité des moûts, ainsi que nous l'avons vu page 12, est très variable ; elle dépend du cépage, des conditions climatériques, etc. On admet en général qu'elle est convenable lorsqu'elle est comprise entre 9 et 12 grammes par litre, exprimée en acide tartrique (ou 6 à 8 grammes, exprimée en acide sulfurique).

L'acidité des moûts (voir p. 12) est due principalement à l'*acide tartrique* et à un sel, le *bitartrate de potasse,* ou *crème de tartre.* Elle est plus élevée que l'acidité des vins.

Cette perte de l'acidité des moûts lorsqu'ils se transforment en vin est due à plusieurs causes :

1° Les levures alcooliques consomment pour leur nourriture un peu d'acide tartrique et de crème de tartre ;

2° Le bitartrate de potasse, ou crème de tartre, étant insoluble dans l'alcool se précipite en partie au fur et à mesure que la fermentation produit de l'alcool, c'est-à-dire que le moût se transforme en vin ;

3° Lorsque la fermentation est terminée et que le vin se refroidit, la crème de tartre étant moins soluble à froid qu'à chaud se précipite en partie dans les lies.

Plus tard même, *dans les vins.* une nouvelle quantité de crème de tartre devient insoluble pendant l'hiver lorsque la température s'abaisse encore ;

c'est ce qui explique, comme nous le verrons page 115, que *l'acidité des vins diminue avec le temps*;

3° **Le tanin du moût** est apporté par la râfle, la pellicule et les pépins de raisin.

La pulpe, ou jus de raisin, en effet, ne contient pas de tanin ; ce n'est que peu à peu, après le foulage, que le tanin de la râfle, de la pellicule et des pépins se dissout dans le moût par *macération*, lorsque la fermentation a donné déjà de l'alcool.

C'est ce qui explique que les *vins blancs* (lesquels proviennent d'un moût qui n'a pas fermenté au contact de tous les organes de la grappe) soient peu riches en tanin ; ils ne contiennent que 0 gr. 1 à 0 gr. 4 de tanin par litre, alors que les vins rouges en renferment de 1 à 3 grammes.

Le tanin est un élément de la conservation des vins en arrêtant le développement des maladies et en particulier de la maladie connue sous le nom de *graisse*; il contribue au dépouillement des vins nouveaux par la précipitation des matières albuminoïdes (c'est cette propriété que l'on utilise dans le collage, voir p. 148); il subit dans le vin des modifications chimiques qui deviennent profondes avec le temps et qui contribuent aux phénomènes du vieillissement.

Il y aura excès de tanin : 1° lorsque les grains se trouvant peu ou mal développés (par suite de maladies cryptogamiques, de gelée, de coulure, de maturité insuffisante, etc.), les râfles, pellicules et pépins se trouvent en proportion exagérée par rapport au jus de raisin. *Les vins obtenus sont durs, âpres, astringents*;

2° Lorsque (avec des raisins rouges), après avoir enlevé une partie du moût pour en faire du vin blanc, on fait cuver le reste au contact de la totalité des râfles, pellicules et pépins.

Il y aura défaut de tanin dans les vins blancs (voir plus haut), dans les vins rouges qui sont peu sucrés. *Les vins obtenus sont mous* ;

4° **Matière colorante.** — La matière colorante des raisins est formée de ce qu'on appelle des *tannoïdes*, substances voisines des tanins par leurs propriétés. Ainsi que nous l'avons vu page 2, elle est contenue dans la pellicule du raisin. Elle est peu soluble dans le moût et l'eau, sauf dans l'eau *chaude* à partir de 50 degrés ; elle est soluble dans l'eau alcoolisée et dans l'alcool qui se produit pendant la fermentation.

Au début, le moût (sauf chez les cépages teinturiers) est incolore, il ne devient coloré qu'au fur et à mesure qu'il se forme de l'alcool par fermentation.

Nous verrons, page 55, comment on applique cette propriété de la matière colorante d'être plus soluble à chaud qu'à froid,

pour augmenter la matière colorante des moûts et par conséquent des vins.

Sous l'influence de l'oxygène de l'air, la matière colorante
s'oxyde et devient peu à peu insoluble. Lorsque les vins vieillissent leur matière colorante s'oxyde, devient insoluble et se
dépose dans les bouteilles.

34. Amélioration du moût. — Dans la pratique, pour
l'amélioration du moût, deux cas se présentent :

1er Cas. — On a été contraint de vendanger trop tôt à cause
des maladies cryptogamiques, des insectes ou des accidents
atmosphériques et *la vendange n'est pas assez mûre.* Dans ce
cas, *le moût est trop acide et pas assez riche en sucre, le vin
obtenu sera trop acide et insuffisamment alcoolique.*

2e Cas. — *La vendange est trop mûre* (cas assez fréquent
dans les régions méridionales et les régions chaudes). *Le
moût ne possède alors pas assez d'acidité, le vin obtenu sera un
peu plat, il contiendra trop de matières albuminoïdes, sa clarification sera lente et sa conservation douteuse, le sucre pourra
ne pas être complètement transformé si la fermentation n'est
pas active.*

I. CAS OU LA VENDANGE N'EST PAS ASSEZ MÛRE

**35. *Lorsque la vendange n'est pas assez mûre, le moût est trop
acide et pas assez riche en sucre, le vin est trop acide et insuffisamment riche en alcool.*** — Si le moût est trop riche en acide,
il en sera de même du vin obtenu. On pourrait alors *désacidifier le vin fait* au lieu de désacidifier le moût en employant le
tartrate neutre de potasse (ce sel neutralise l'excès d'acidité en
transformant l'acide libre en crème de tartre qui se précipite
dans les lies); mais cette opération n'est guère pratique (voir
p. 135) et de plus n'est permise par la loi qu'exceptionnellement
(voir p. 213 et 214, décret du 18 août 1921, art. 3).

Au lieu de modifier l'acidité du vin, il vaut mieux se contenter de *rendre le moût plus riche en sucre* par le *sucrage*, ou
plus riche en alcool par le *vinage*, ces deux opérations diminuant l'acidité du moût et par suite du vin.

36. Vinage. — *Le vinage est une opération qui consiste à
mettre de l'alcool dans le moût,* par *doses fractionnées, au moment de la fermentation.* A dose élevée, l'alcool arrêterait la
fermentation. En vinant les moûts, l'alcool introduit cause la
précipitation d'une partie de la crème de tartre ou bitartrate

ce potasse et par conséquent diminue l'acidité du vin obtenu, tout en élevant son titre alcoolique.

La teneur du moût en sucre étant connue, on calcule (voir p. 8) la quantité d'alcool que donnera ce moût et, par suite, la quantité d'alcool à ajouter pour obtenir le degré alcoolique voulu.

Le vinage se fait autant que possible avec des alcools de vins. Tandis que le vinage *du vin* exige des alcools neutres ou des eaux-de-vie vieilles ou fines, le vinage des *moûts*, au contraire, peut se faire avec des eaux-de-vie de peu de valeur. « Les eaux-de-vie les plus grossières, les marcs à odeur même exagérée n'altèrent pas, ajoutés au début de la fermentation, la saveur ou le parfum des vins » (Pacottet).

Le vinage des moûts est très peu employé, on lui préfère de beaucoup le sucrage qui est plus avantageux.

La loi ne permet pas le vinage *des moûts*, c'est-à-dire le *vinage à la cuve*. Mais en ce qui concerne les moûts possédant naturellement en puissance, une richesse alcoolique minima de 14 degrés, et provenant pour les trois quarts au moins de leur poids ou de leur volume total, de raisins de muscat, de grenache, de maccabeo ou de malvoisie, l'addition en cours de fermentation, d'une quantité d'alcool ne dépassant pas 10 p. 100 du volume du vin à obtenir est permise.

37. Sucrage. — *Le sucrage ou chaptalisation est une opération qui consiste à ajouter du sucre au moût.*

Il remplace avantageusement le vinage : en effet, le sucre, par la fermentation, donne non seulement naissance à de l'alcool, mais aussi à tous les produits secondaires (glycérine, acide succinique, etc.) qui ont une certaine importance dans la constitution du vin et une influence considérable sur le bouquet. Cette opération détruit aussi la verdeur en excès de certains vins en précipitant la crème de tartre.

La quantité de sucre à ajouter par hectolitre de moût pour augmenter la teneur du vin en alcool de 1 degré est de 1 kg. 700.

Exemple : Supposons avoir mis en fermentation 25 hectolitres de moût. Sachant que ce moût marquait au mustimètre 10%,6 correspondant à $8°,6$ d'alcool, quelle quantité de sucre doit-on ajouter pour avoir du vin ayant 10 degrés ?

Le nombre de degrés à ajouter est $10 - 8,6 = 1°,4$ pour lesquels il faut $1^k,7 \times 1,4 = 2^k,38$ de sucre par hectolitre. Pour 25 hectolitres il faut donc $2^k,38 \times 25 = 59,50$.

D'après la loi du 29 juin 1907 sur le sucrage des vendanges :

Art. 5. — Quiconque voudra ajouter du sucre à la vendange est tenu d'en faire la déclaration, trois jours au moins à l'avance, à la recette buraliste des contributions indirectes. La quantité de sucre ajoutée ne pourra pas être supérieure à 10 kilogrammes (10 kil.) par trois hectolitres de vendange récoltée. Le sucre ainsi employé sera frappé d'une taxe complémentaire de 40 francs par 100 kilos de sucre raffiné, due au moment de l'emploi.

L'emploi du sucre prévu par la loi du 28 janvier 1903 ne pourra avoir lieu que durant la période des vendanges. Dans chaque département, le préfet, par arrêté, déterminera ladite période après avis du Conseil général (6 août 1905).

Toute personne qui, en même temps que des vins destinés à la vente, des vendanges, moûts, lies ou marcs de raisins, désire avoir en sa possession une quantité de sucre supérieure à 25 kilos, est tenue d'en faire préalablement la déclaration et de fournir des justifications d'emploi.

Ces dispositions ne sont pas applicables aux détaillants qui, en même temps que des vins destinés à la vente, n'ont pas en leur possession des vendanges, moûts, lies, marcs de raisins, ferments.

Tout envoi de sucres fait par quantités de 25 kilos au moins à une personne n'en faisant pas le commerce ou n'exerçant pas une industrie qui en comporte l'emploi sera accompagné d'un acquit-à-caution, qui sera remis à la régie par le destinataire dans les 48 heures, suivant l'expiration du délai de transport.

Tout détenteur d'une quantité de sucre supérieure à 200 kgs et dont le commerce ou l'industrie n'implique pas la possession de sucre ou de glucose est tenu d'en faire une déclaration à la régie et de se soumettre aux visites des employés des contributions indirectes.

Pratique du sucrage. — On fait dissoudre le sucre dans du moût et non dans de l'eau, le *mouillage* étant interdit. Il est bon, si on le peut, de chauffer le moût pour dissoudre plus facilement le sucre. On ajoute le moût sucré au milieu de la fermentation, alors que les levures sont en pleine activité. Le sucre à doses élevées gêne le départ de la fermentation. Quelques viticulteurs ne font pas fondre le sucre, ils le saupoudrent à la surface des cuves ou l'ajoutent en masse dans les fûts. Cette pratique est souvent mauvaise : le sucre, en effet, tombe dans les lies, s'englue, se dissout lentement et mal.

Comme sucre, on doit employer de préférence le sucre ordinaire cristallisé (sucre blanc n° 3) au lieu de glucoses moins chers mais pouvant donner de mauvais résultats. Les glucoses sont vendus quelquefois frauduleusement sous le nom de *sucres de raisins*. Ils ne sont presque jamais purs : ils contiennent de la dextrine qui ne fermente pas et souvent gardent des traces des acides minéraux qui ont servi à les fabriquer.

Les sucres de canne et de betterave, connus scientifiquement sous le nom de saccharoses, ne sont pas directement fermentescibles; ils doivent d'abord être transformés en glucose avant de pouvoir donner de l'alcool.

L'action par laquelle s'opère le changement du saccharose en glucose, a reçu le nom d'interversion ou inversion. Les levures font naturellement cette inversion (voir Action des levures, page 26, note 1) grâce à la diastase inversive qu'elles sécrètent. *Il résulte des expériences de MM. Fallot et Michon qu'il est inutile de faire préalablement cette inversion* (en chauffant la dissolution de sucre avec un acide, l'acide tartrique) *comme on l'a recommandé longtemps aux praticiens.*

Remarque. — Pour prévenir les abus du sucrage et le mouillage des vins la loi du 29 juin 1907 exige la déclaration de récolte (voir p. 211).

II. CAS OU LA VENDANGE EST TROP MURE

38. *Lorsque la vendange est trop mûre le moût et le vin manquent d'acidité.* — L'excès de sucre dans un moût peut être préjudiciable au vin qui en provient. En effet, la fermentation du liquide s'arrête quand la proportion de sucre atteint un certain chiffre. Le sucre non décomposé peut alors servir d'aliment à un grand nombre de microorganismes (ferments de maladie) et devenir ainsi la cause d'altérations.

En France, l'excès de sucre est un cas assez rare. On y remédiait autrefois par le *mouillage* actuellement interdit par la loi : sachant que 1 kg.700 de sucre par hectolitre correspond à 1 degré d'alcool, on ramenait le moût, par addition d'eau pure, à un titre suffisant pour donner, par exemple, un vin de 12 degrés d'alcool.

Actuellement, on obtient la transformation complète du sucre en empêchant la température de la fermentation de s'élever, en refroidissant et en aérant le moût (en employant aussi des levures sélectionnées).

Quand la vendange est trop mûre, ce n'est pas l'excès de sucre qui est à redouter et que l'on doit faire disparaître, c'est l'insuffisance de l'acidité. On corrige le moût en augmentant son acidité.

39. **Moyens à employer pour augmenter l'acidité d'un moût.** — *L'acidification des moûts* peut se faire de quatre manières principales : par le *plâtrage*, le *tartrage*, le *phosphatage*, le *tannisage*.

40. 1° **Plâtrage.** — *Cette opération consiste à mettre du plâtre pulvérisé pur sur les raisins au moment de la mise en cuve.*

Le plâtre forme, avec la crème de tartre (bitartrate de potasse), du tartrate de chaux, de l'acide tartrique et des sulfates neutre et acide de potasse. Il introduit donc dans le vin du sulfate de potasse dont les propriétés laxatives et irritantes sont assez discutées, ce qui a amené le *législateur à limiter la dose de ce sel à 2 grammes par litre*. Comme le vin naturel peut contenir de 0 gr. 40 à 0 gr. 80 de sulfate de potasse (et même 1 gr. quand il vient de terrains gypseux), cela réduit, en réalité, la tolérance de 1 gr. 50 à 1 gramme. Or, pour augmenter l'acidité du moût de 1 gr., il faut former 5 gr. de sulfate de potasse. La quantité tolérée est donc très insuffisante. Dans ces conditions, le plâtrage ne peut rendre que des services insignifiants : aussi est-il abandonné de plus en plus et *avantageusement remplacé par le phosphatage* (p. 53).

Pratiquement, on emploie 1200 grammes de plâtre par 1000 kilogrammes de vendange. Si on dépasse cette quantité, la dose de 2 grammes par litre de sulfate de potasse est dépassée également, ce que l'on peut d'ailleurs parfaitement constater en faisant l'essai que nous indiquons p. 138. Dans le cas où la dose réglementaire serait involontairement dépassée on réduit la proportion de sulfate de potasse par coupage avec un vin non plâtré.

D'après la loi du 11 juillet 1891,

1° Les vins qui ne contiennent pas plus de 1 gramme de sulfate de potasse par litre ne sont pas considérés comme plâtrés;

2° Les vins renfermant de 1 à 2 grammes de sulfate de potasse par litre sont considérés comme plâtrés ;

3° Les vins renfermant plus de 2 grammes de sulfate de potasse par litre ne peuvent être mis en vente

41. 2° Tartrage. — *Cette opération (la plus employée dans la pratique* pour l'acidification des moûts) *consiste dans l'addition d'acide tartrique à la cuve.*

La loi permet l'addition à la cuve d'acide tartrique cristallisé pur dans les moûts insuffisamment acides.

L'emploi simultané de l'acide tartrique et du sucre est interdit. Cette précaution a été prise pour empêcher le mouillage.

L'addition d'acide tartrique (si le moût n'est pas assez acide) est utile, non seulement pour obtenir des vins suffisamment acides, mais aussi à cause de son influence sur la fermentation (voir p. 33, Influence de l'acidité sur la fermentation).

M. Bouffard conseille d'acidifier les moûts, quand cela est possible, avec des *grapillons verts* dont le jus est très acide (10 grammes de grapillons contiennent environ 1 gramme d'acidité). Pour augmenter de 1 gramme l'acidité du litre de moût, il suffit d'ajouter 7 kilogrammes de grapillons dans 1000 kilogrammes de vendange.

Dose d'acide tartrique à ajouter au moût. — Cette dose est variable suivant les limites que doivent atteindre les moûts dans les différentes régions pour fournir des vins ayant une acidité suffisante (voir p. 15).

Exemple : La dose minima d'acidité du moût d'Aramon est de 8 grammes par litre exprimés en acide tartrique. Supposons que l'analyse du moût d'une vendange (voir les procédés employés, p. 12) ait donné comme résultat 6 gr. 8 d'acidité par litre (exprimés en acide tartrique). Il faudra ajouter 8 grammes — 6,8 = 1 gr. 2 d'acide tartrique par litre de moût ou 120 grammes par hectolitre.

Ces calculs ne peuvent que servir de guide au viticulteur et non lui indiquer la quantité exacte d'acide à ajouter ; en effet, l'acide tartrique, mis dans le moût, forme une certaine quantité de crème de tartre dont une partie devient insoluble et se précipite lorsque le titre alcoolique s'élève et que le vin se refroidit. D'après M. Bouffard, l'acide tartrique ajouté n'augmente l'acidité totale du moût ou du vin que de la moitié aux deux tiers de sa valeur acide.

Comme il est très difficile de prévoir par avance au point de vue de l'acidité ce que sera le vin, de corriger avec exactitude et sûreté l'insuffisance d'acidité et que de plus la loi ne permet pas l'emploi de l'acide tartrique dans le vin fait (v. p. 224, Commentaires sur le vin et la loi), on peut tourner la ᶦdifficulté et suivre le conseil de M. Bouffard, professeur d'œnoᶜlogie à l'École nationale de Montpellier : « à la vendange on ᵣmettra de l'acide tartrique en évitant un excès; on *complétera s'il le faut immédiatement au sortir de la cuve, alors que le vin (qui n'en est pas encore) doit subir une fermentation* lente et se débarrasser de ses lies ».

D'ailleurs si dans la suite on constate que le vin obtenu n'est pas tout à fait assez acide on pourra compléter son acidité par l'addition *d'acide citrique jusqu'à concurrence de o gr. 5 par litre* (5o grammes par hectolitre) *ainsi que le permet la loi.*

L'acidité des vins est approximativement les 3/4 de celle des moûts : ainsi un moût qui dose 1o grammes d'acidité par litre donne un vin dosant 6 à 7 grammes par litre.

Pratique du tartrage. — Pour éviter une perte d'acide ou un excès d'acidité capable de nuire à la qualité du vin obtenu, il convient de fractionner la dose d'acide à ajouter à la cuve.

On fait dissoudre l'acide tartrique dans un peu de moût chaud : pour que la dissolution soit plus rapide, on ne met que 5oo grammes d'acide par litre de moût. Les dissolutions se font dans des baquets en bois et non dans des vases en fer, car le fer est attaqué.

42. 3° Phosphatage. — *Cette opération consiste dans l'addition à la vendange de phosphate bibasique (ou bicalcique) de chaux pur ou de phosphate d'ammoniaque cristallisé pur ou encore le glycérophosphate d'ammoniaque pur.* Cette opération est permise par la loi (voir p. 213, décret du 19 août 1921) « à la dose strictement nécessaire pour le développement normal des levures ». Il remplace avantageusement le plâtrage qui n'est presque plus employé et donne de moins bons résultats.

Les transformations que produit le phosphatage sont analogues à celles que produit le plâtrage : il se forme encore du tartrate de chaux et un phosphate de potasse (ou bien du sulfate de potasse, comme dans le plâtrage), l'acidité du moût est augmentée.

« Les effets du phosphatage sont les mêmes que ceux du plâtrage avec cette différence que les vins phosphatés restent fins ou plutôt ne contractent pas, par suite du phosphate de potasse qu'ils tiennent en dissolution, de défaut analogue à celui qu'occasionne la présence du sulfate de potasse (Roos).

La dose employée varie de 175 à 3oo grammes de phosphate bicalcique de chaux ou de 5oo grammes à 1 kilogramme de phosphate d'ammoniaque pour 1ooo kilogrammes de vendange, suivant l'acidité des moûts.

L'addition de phosphate de chaux se fait comme celle du plâtre.

Procédé mixte de plâtrage et de tartrage. — Quelques viticulteurs emploient un *procédé mixte de plâtrage et de tartrage*; d'après M. Bouffard, on peut employer les doses suivantes : 1 kilogramme de plâtre (blanc, fin, pur) et 35o à 700 grammes d'acide tartrique pour 1 ooo kilogrammes de vendange suivant l'acidité du moût.

43. Tannisage. — *Cette opération a pour but d'augmenter l'acidité et la teneur en tanin du vin.* Elle consiste dans l'addition d'une certaine quantité de tanin à la vendange, elle assure la conservation des vins trop pauvres en tanin, surtout des vins blancs. Dans les moûts de raisins rouges, le tanin aide à la dissolution de la matière colorante et la rend plus solide.

La loi permet l'addition de tanin au moût.

Dose de tanin à employer. — Les doses de tanin que l'on ajoute ordinairement à la cuve varient de 70 à 100 grammes par 100 kilogrammes de vendange. D'après M. Robinet, 50 grammes pour les années chaudes et sèches, 100 grammes dans les années froides et pluvieuses.

Ces doses paraissent un peu fortes : dans la vendange rouge on peut ajouter de 30 à 35 grammes par 100 kilogrammes de vendange, 50 grammes dans le cas de pourriture, et dans la vendange de raisins blancs 50 à 60 grammes par 100 kilogrammes de vendange également.

Il ne faut pas exagérer les doses de tanin à employer, car on aurait des vins astringents, imbuvables. En cas d'erreur, l'excès de tanin dans le vin serait enlevé par des collages successifs (voir page 132).

Dans la plupart des cas et à tort, on ne tannise pas le moût, on préfère ajouter le tanin au vin fait (voir Correction des vins, page 132).

Pratique du tannisage. — Il existe dans le commerce plusieurs espèces de tanins :

1° *Les tanins à l'eau* : ils sont à rejeter, ils renferment beaucoup d'impuretés et sont souvent falsifiés. Certains tanins bon marché sont des tanins à l'eau mélangés de dextrine, d'écorces de chêne ;

2° *Les tanins à l'éther* dans lesquels on distingue parfois l'odeur d'éther : ils sont également à rejeter ;

3° *Les tanins à l'alcool* : ce sont les seuls à employer.

On reconnaît la pureté d'un tanin : *à sa couleur* (les tanins les plus blancs en poudre spongieuse sont les meilleurs); *à sa dissolution dans l'eau et dans l'alcool* (en mettant dans un verre une pincée de tanin avec de l'eau ou avec de l'alcool et en agitant quelque temps, le tanin est d'autant meilleur et plus pur que le dépôt est moindre, la limpidité plus grande, la couleur moins foncée). Les bons tanins donnent en solution une couleur jaune paille et un léger dépôt; les tanins de qualité inférieure donnent une couleur brunâtre trouble avec des dépôts en forme de grumeaux ;

4° *Tanin des pépins.* — Les pépins sont riches en tanin, ils en renferment jusqu'à 10 pour 100 de leur poids. Ils peuvent donc servir à donner du tanin ; on trouve en effet dans le commerce du tanin de pépins appelé *œnotanin* (dans le commerce on vend assez souvent des œnotanins qui ne sont que des tanins à l'alcool). Le viticulteur peut préparer très facilement un excellent œnotanin dont il sera certain : après le pressurage des marcs pour extraire le vin de presse (voir p. 115) on secoue les marcs sortant du pressoir avec une fourche pour faire tomber les pépins, ces pépins, sont mis dans un fût que l'on remplit aux deux tiers; on complète avec de l'eau-de-vie de vin à 50 degrés environ (inutile d'employer de l'alcool à 90 degrés dans lequel le tanin est moins soluble). Il ne faut pas écraser les pépins, car ceux-ci contiennent des huiles grasses, etc., qui pourraient donner un mauvais goût au vin. L'eau-de-vie employée se charge de tanin.

On peut faire dissoudre le tanin choisi dans un peu de vin ou dans de l'eau chaude et on met le mélange dans la cuve.

On peut aussi jeter le tanin en poudre très divisée sur le marc.

COLORATION DU MOÛT

46. Chauffage et coloration du moût. — Pour augmenter la coloration du vin, surtout dans les années où la pourriture a fait disparaître une partie de la pellicule du raisin, on peut chauffer une partie de la vendange (moût et marc).

Nous avons vu, en effet (p. 2), que c'est dans la pellicule que se trouve la matière colorante et que cette matière colorante peu soluble dans le moût et l'eau est *très soluble au contraire dans l'eau chaude ou le moût chaud à partir de 5o degrés.*

Il suffit de chauffer dans un chaudron en cuivre étamé ou non (ou encore dans des chaudières en fonte émaillée que l'on trouve facilement dans le commerce) une partie de la vendange, moût et marc vers 75 à 8o degrés. On remue constamment pour que la masse ne puisse s'attacher au fond et prendre un goût de brûlé. On obtient ainsi une dissolution de matière colorante, de tanin, etc., qu'on verse dans la cuve. S'il se produit un goût de cuit, cela n'a pas d'importance, car ce goût disparaît pendant la fermentation.

La quantité de vendange à chauffer est variable suivant la coloration que l'on veut obtenir ; le cinquième ou le quart suffisent dans la plupart des cas. Il ne faut pas que la température finale de toute la cuve dépasse 3o à 32 degrés pour que la fermentation puisse ensuite se produire, car nous avons vu qu'à partir de 3o degrés, les levures travaillent très difficilement.

Dans les régions viticoles du Nord où l'on est souvent obligé d'élever la température de la cuve pour faire partir la fermentation (voir Réchauffement du moût, p. 69), cette opération est toute indiquée pour obtenir à la fois une température plus élevée de la cuve et une coloration plus intense.

Ce procédé de coloration du moût n'est pas nouveau, il est connu depuis fort longtemps et a été indiqué par le docteur Prunaire dans son « traité sur l'art de colorer les vins », il est indiqué également par Andrieux.

Nous faisons connaître ce procédé aux viticulteurs afin de leur enlever la tentation de se servir, pour augmenter la coloration des vins, des *colorants* que l'on trouve encore dans le commerce et dont l'emploi est interdit par la loi (voir Falsifications, colorants dérivés de la houille, p. 142). Même l'*œnocyanine* (substance colorante extraite des pellicules de grains de raisins que l'on vend quelquefois dans le commerce, est à rejeter non seulement parce que cette substance n'est pas toujours pure et qu'elle est additionnée quelquefois de couleur d'aniline (couleur dérivée de la houille), mais aussi parce que son emploi, même quand elle est pure, peut être considéré comme une fraude.

CHAPITRE VI

CONSERVATION DU MOÛT DE RAISIN

45. Vin sans alcool; jus de raisin non fermenté ou jus de raisin frais. — On désigne sous ces différents noms du moût de raisin que l'on a stérilisé par la chaleur pour empêcher toute fermentation ultérieure.

Le principe de la préparation est le suivant : on chauffe une ou deux fois le moût à la température de 70 à 75 degrés avec un *pasteurisateur* ordinaire (voir pasteurisateur Salvator, p. 169) et on l'envoie dans des fûts préalablement stérilisés (lavés, brossés et stérilisés à la vapeur à 100 degrés). Le travail étant fait soigneusement et les fûts étant emmagasinés en caves de température ne dépassant pas 10 degrés, le moût se conserve d'une année à l'autre. Au fur et à mesure des besoins de la vente, ce moût stérilisé est tiré en bouteilles, puis stérilisé à nouveau au bain-marie. Les bouteilles sont bouchées au liège recouvert de paraffine.

Les moûts ou jus de raisin, ainsi préparés, sont livrés soit *nature*, soit *carboniqués*, de façon à les rendre mousseux (*Mousseux sans alcool*). Les jus *nature* constituent d'excellents sirops, bien supérieurs comme goût et comme hygiène à la plupart des préparations que l'on voit journellement dans les cafés. Beaucoup de médecins leur reconnaissent en outre des propriétés hygiéniques et thérapeutiques très marquées et les recommandent au même titre que les cures de raisin.

46. De la stérilisation des moûts avant la mise en fermentation par les levures sélectionnées. — Les levures sélectionnées, que l'on ajoute aux raisins dans la cuve, ont à lutter à la fois contre les levures indigènes apportées par la vendange et contre les organismes pouvant intervenir soit avant, soit après la fermentation pour donner des produits divers diminuant la qualité du vin. Afin de supprimer cette concurrence et de faciliter leur action, on a songé à stériliser préalablement les moûts : on chauffe les moûts à une certaine température pour tuer toutes les levures indigènes et les ferments de maladie, puis on l'ensemence avec des levures sélectionnées qui agissent alors seules.

M. Rosenstiehl chauffe du moût à 50 degrés en présence de l'acide carbonique à trois reprises différentes, chaque chauffage étant suivi d'un refroidissement à 38 degrés.

On a cru au début que la température de 65 degrés qu'il fallait employer donnait un goût de cuit. MM. Kayser et Barba ont reconnu que cette température ne donnait aucun goût au vin fait, que l'absence de l'air, ou même la présence de l'acide carbonique au contact du moût chauffé n'est pas une condition indispensable pour éviter le goût de cuit ou la casse de la couleur. *Ils ont reconnu aussi que les levures sélectionnées employées de cette manière produisent de bons résultats.*

« La stérilisation préalable des moûts avant l'ensemencement par les levures sélectionnées a tout d'abord effrayé public et savants ; les premiers expérimentateurs y avaient trouvé des inconvénients qui paraissaient insurmontables. En fait ce fut presque une révélation quand MM. Kayser et Barba constatèrent, en répétant les expériences, qu'on pouvait chauffer du moût de raisin à l'air sans tant de manières, qu'on pouvait même souvent l'aérer à chaud, presque bouillant, sans éprouver de dommages ! Mais ces exagérations ne sont pas nécessaires, la solution pratique étant trouvée. Et depuis ces constatations tout le monde peut offrir à peu de frais (o fr. 15 à o fr. 25 par hectolitre) une vendange ou un moût stériles à ses levains (les pieds de cuve ne sont plus nécessaires quand on stérilise).

« Je connais des viticulteurs qui pratiquent la méthode sur des milliers d'hectolitres depuis son apparition, et qui s'en trouvent bien : ils en retirent même un bénéfice inattendu : celui d'être ainsi devenus maîtres absolus de leur époque de cueillette, n'en déplaise aux intempéries, car le chauffage est aussi un remède efficace contre la casse oxydasique des vins.

« Grâce à cette stérilisation préalable et à la propreté rigoureuse de leurs celliers, ils font des fermentations pures, n'ont ni soucis, ni aléas de conservation et vendent toujours avec 5o pour 100 de majoration sur les prix de leurs voisins. Leur installation n'exige certainement pas un débours *total* de 6ooo francs et elle réalise cependant en petit le rêve de vinerie industrielle que vient d'ébaucher M. Barba. Ce rêve, tous les œnologues qui se sont occupés de levurage y ont déjà abouti comme solution ultime de la question. Il n'est donc pas absolument nouveau. Le chauffage des moûts le réalise aisément, car un chauffe-moûts n'est ni compliqué, ni coûteux, ni délicat à conduire ; il suffit de lui adjoindre une pompe à débit variable et un moteur pour compléter l'installation. Le reste sera demandé à l'intelligence et à la propreté (Astruc) ».

47. Conservation des moûts par mutage. — Pour empêcher les moûts d'entrer en fermentation ou arrêter la fermentation lorsqu'elle s'est déclarée, on peut pratiquer le *mutage :* 1° *par l'alcoolisation,* 2° par l'*addition d'acide sulfureux.*

1° *Mutage des moûts par l'alcool.* — Le sucre et l'alcool, en proportions un peu fortes, sont des antiseptiques pour la levure ; aussi un moût contenant au moins 200 grammes de sucre par litre, additionné de 12 à 14 pour 100 d'alcool, se conserve assez facilement. On arrête la fermentation d'un moût en ajoutant 15 pour 100 d'alcool rectifié, la fermentation s'arrête d'ailleurs naturellement dans les moûts très riches en sucre lorsque le degré alcoolique arrive à atteindre 15 degrés (voir p. 213, décret du 19 août 1921, article 3, sur l'emploi limitatif de l'alcool dans les moûts).

Le mutage à l'alcool permet dans les pays chauds de conserver de grandes quantités de moûts qui sont vendus sous le nom de *mistelles.* Ces mistelles se consomment peu en nature, mais elles servent beaucoup dans la fabrication des vins apéritifs, des vins de liqueur.

O appelle plus particulièrement **vin de liqueur**, le vin obtenu en abandonnant le moût de raisin à la fermentation jusqu'à ce que la richesse alcoolique, produite *naturellement* et sans *aucune addition d'alcool*, atteigne un degré assez élevé pour produire le mutage du vin. Il est évident que ce résultat ne peut être obtenu qu'en faisant fermenter des moûts assez riches en sucre, pour que le vin alcoolique conserve, en outre, une richesse saccharine ou « degré de liqueur » suffisant pour lui donner les qualités qui le font dénommer commercialement vin de liqueur.

2° **Mutage des moûts par l'acide sulfureux** (*voir Action de l'acide sulfureux sur les levures*, p. 33 et *Procédé de vinification par sulfitage*, p. 98). — Le mutage à l'acide sulfureux est moins employé que le mutage à l'alcool, parce qu'il faut introduire dans le moût d'assez fortes proportions d'acide sulfureux gênantes pour l'utilisation ultérieure du liquide. La dose stérilisante d'acide sulfureux à introduire dans le moût *en une fois et avant toute fermentation* est en effet de o gr. 400 par litre (soit o gr. 800 de métabisulfite de potasse par litre). Quelques auteurs indiquent jusqu'à 1 gramme d'acide sulfureux par litre, mais cette dose excessive n'est utile que si la fermentation a commencé, ce qui nécessite beaucoup plus d'acide sulfureux.

La dose de o gr. 400 d'acide sulfureux par litre suffit pour débarrasser le moût de la plupart de ses germes en opérant de la manière suivante :

Le moût sulfité le plus tôt possible, *avant la fermentation et en une seule fois*, subit une défécation très rapide et très complète ; au bout de quelques heures on soutire un moût très brillant qui a abandonné presque tous ses germes dans son dépôt (que l'on a d'ailleurs le soin de filtrer). Le moût limpide est reçu avec le moins d'aération possible dans les fûts préalablement stérilisés par un bon méchage.

(*Voir p. 85, Mutage des moûts pour empêcher momentanément la fermentation et faciliter le débourbage dans la fabrication des vins blancs.*)

48. Conservation des moûts de raisin par concentration.
— Le moût peut se conserver par concentration, sans risque de fermenter lorsque le sucre atteint 500 grammes par litre.

« La concentration des moûts, ayant pour but, soit l'amélioration des vins, soit la fabrication des mistelles, soit enfin l'obtention d'un sirop très épais destiné au muage de la vendange ou à bien d'autres usages, se pratique avec des appareils à évaporer dans le vide, chauffés à la vapeur. On peut ainsi pousser aussi loin que possible la concentration sans aucun danger pour le goût du produit obtenu. » (Laborde).

(Voir p. 213, décret du 19 août 1921, art. 3, au sujet de la concentration des moûts.)

49. Conservation des échantillons de moût. — On peut
arrêter la fermentation avec la farine de moutarde et l'huile de moutarde. Ces produits ne peuvent être ajoutés qu'aux échantillons de moûts ou de vin pour en assurer la conservation ou le transport.

La Régie, par une circulaire du 31 mai 1899, indique l'emploi de l'acide salicylique à la dose de 1 gramme par litre, pour empêcher la fermentation des échantillons en cours de route. Il est évident que l'emploi de ce produit *est absolument interdit dans les produits livrés à la consommation* (voir p. 138).

CHAPITRE VII

PRATIQUE DE LA TRANSFORMATION
DU MOÛT EN VIN

CUVAGE, PRESSURAGE ET MISE EN FUT

I. CUVAGE

50. Le cuvage ou *cuvaison est l'ensemble des phénomènes et opérations accomplis avec la vendange foulée, depuis son introduction dans les récipients où se fait la fermentation tumultueuse, jusqu'à la sortie du moût fermenté.*

Le cuvage n'existe que pour les vins *rouges*, il ne s'applique pas aux vins *blancs* et aux vins *faits en blanc* (avec des raisins rouges), obtenus en faisant fermenter (dans des tonneaux) le moût *séparé des parties solides* (pellicules et râpes).

Les cuves. — 1° *Les cuves en bois.* — Elles ont la forme tronconique et sont construites avec du bois de chêne, de hêtre ou de châtaignier. *Les cuves en chêne sont les meilleures et les plus employées.*

Le bois laisse passer une certaine quantité d'air qui assure l'oxygénation du moût et influe sur la fermentation. De plus, le bois communique rarement un mauvais goût.

A côté des cuves en bois on peut ranger les *foudres*, également en bois. Ceux-ci très employés dans le Midi servent au cuvage et à la conservation du vin.

2° *Les cuves en maçonnerie.* — Dans les cuves en maçonnerie on range :

Les cuves en pierre (forme cubique) ;
Les cuves en briques (de forme cubique ou cylindrique) ;
Les cuves en ciment ;
Les cuves en sidéro-ciment.

Quelques cuves en maçonnerie sont revêtues de *carreaux de faïence* ou de *plaques en verre* (verre de Saint-Gobain).

Avantages et inconvénients des cuves en maçonnerie. — Les cuves en maçonnerie sont plus économiques et plus faciles à nettoyer que les cuves en bois ; mais elles présentent de sérieux inconvénients. Elles ne laissent pas passer l'air comme les cuves en bois ; elles s'échauffent moins vite conservent mieux la chaleur due à la fermentation, il en résulte :

1° Que la température s'emmagasine et s'élève très rapidement pendant la fermentation (ce qui est un grand danger) ;

2° Que le vin se refroidit très lentement après la fermentation (ce qui peut déterminer l'aigrissement et le développement des ferments de maladie).

Le ciment ou la pierre sont attaqués par les acides du vin, et le vin prend un *goût de pierre*. Pour faire disparaitre cet inconvénient on` pratique la silicatisation ou l'acidification des parois (voir page 174).

Dimensions des cuves. — La contenance des cuves ne doit pas dépasser 130 à 140 hectolitres. *Il faut, règle générale, que la cuve ait des dimensions telles qu'on puisse la remplir en une journée au maximum.*

51. Remplissage des cuves. — La vendange, après avoir été

foulée, est jetée dans la cuve. Cette dernière doit être remplie dans la même journée et aux 4/5 de sa hauteur : en la remplissant pendant deux jours, on entraverait la fermentation; en ne laissant pas un certain espace au-dessus des raisins foulés, on risquerait de faire déborder le liquide et la rafle, toujours poussés par l'acide carbonique qui se dégage.

C'est pendant le chargement de la cuve que l'on doit, s'il y a lieu, pratiquer le *levurage* (amélioration du moût par les levures) et l'amélioration chimique du moût.

52. Théorie du cuvage. — La fermentation du jus de raisin

se déclare au **bout** d'un temps plus ou moins long. Sous l'action des levures, le sucre de raisin (glucose) se transforme en alcool, acide carbonique et autres produits (voir *Fermentation*, p. 26).

L'*acide carbonique* se dégage tumultueusement en soulevant la rafle et les pellicules à la surface du liquide sous forme de *chapeau*.

Après quelques jours, la fermentation diminue peu à peu, le bouillonnement cesse; le chapeau, n'étant plus soutenu par le dégagement d'acide carbonique, s'enfonce dans le moût, le cuvage est terminé.

Si l'on étudie d'une manière plus détaillée ce qui se passe pendant l'opération du cuvage, on constate les phénomènes suivants :

1° Le chapeau placé à la partie supérieure du moût, en contact avec l'air, est le siège d'une fermentation très active. Sa température devient plus élevée (5 à 6 degrés en plus que dans le fond de la cuve); l'alcool produit et les levures entraînées par la râpe s'y accumulent.

Les oxydations trop actives et la température trop élevée peuvent nuire aux bonnes levures, amener le développement des mauvais ferments et transformer l'alcool en acide acétique (vinaigre). Le chapeau peut donc, au contact de l'air, se dessécher et s'aigrir; c'est ce qui arrive souvent dans la pratique si l'on ne prend pas la précaution de l'enfoncer tous les jours (une ou deux fois) par un *foulage* énergique, ainsi que nous le verrons plus loin ;

2° Le sucre non transformé tombe au fond de la cuve où le défaut d'oxygène rend bientôt paresseuses le peu de levures qui n'ont pas été entraînées à la partie supérieure du moût par les râpes et pellicules ; la fermentation peut devenir incomplète.

Ce sont ces inconvénients qui ont amené les viticulteurs à adopter différents systèmes de cuvages.

53. Différents systèmes de cuvage. — 1° **Cuvage en cuve ouverte** *et à chapeau flottant* (fig. 22).

— Il consiste à faire fermenter le moût avec les rafles et pellicules dans une cuve, sans aucun dispositif pour empêcher le chapeau de remonter à la surface du liquide.

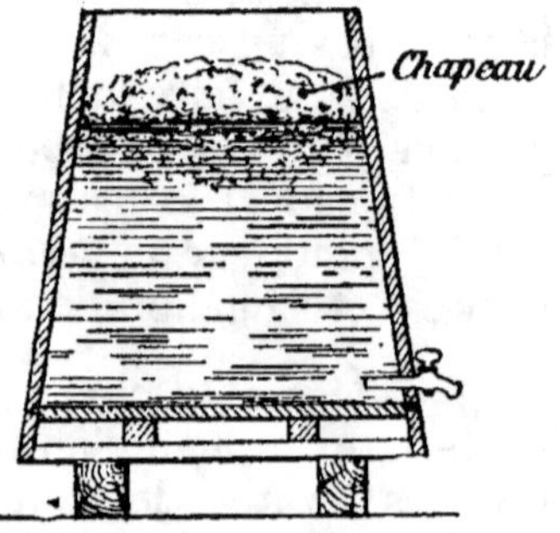

FIG. 22. — CUVAGE EN CUVE OUVERTE, A CHAPEAU FLOTTANT

C'est le premier système qui ait été employé ; il est encore utilisé dans beaucoup de petits vignobles.

Pour faire disparaître les inconvénients que présente le chapeau flottant, on pratique le **foulage :** on refoule de temps à autre le chapeau dans le moût et l'on brasse le mélange de façon à obtenir une égale fermentation dans toute la masse. L'air entraîné par le chapeau aère le moût.

Le foulage, dans la cuve, était effectué, au début, par des hommes nus qui foulaient avec leurs pieds. Cette manière de procéder a causé de graves accidents : l'acide carbonique qui se dégage pendant la fermentation et s'accumule à la partie supérieure de la cuve a asphyxié de nombreux ouvriers.

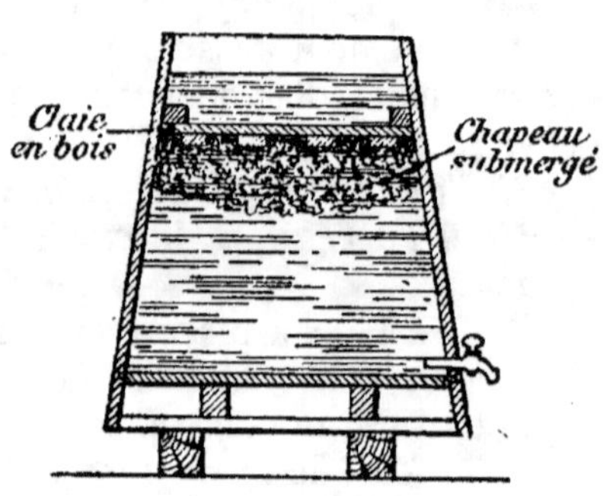

FIG. 23. — CUVAGE EN CUVE OUVERTE, A CHAPEAU SUBMERGÉ.

PRÉCAUTIONS A PRENDRE. — *Aucun vigneron ne doit s'introduire dans la cuve sans en avoir aéré la partie supérieure et sans y avoir introduit, au préalable, une bougie allumée afin de voir si l'acide carbonique a été éliminé ou ne présente aucun danger :* une bougie s'éteint dans l'acide carbonique, ce gaz n'entretenant pas la combustion.

On a eu l'idée de remplacer les hommes par des *fouloirs* en bois (sortes de perches munies à leur extrémité d'une crosse ou d'un disque en bois) : la manœuvre de ces fouloirs est difficile, le foulage est moins complet.

Pour éviter l'altération du chapeau, si la température extérieure est élevée, il est utile de pratiquer trois foulages par jour (le matin, à midi et le soir); si la température extérieure est modérée deux foulages suffisent.

En Bourgogne, le *foulage* journalier des cuves se terminait à la fin de la fermentation par un *fonçage* dans lequel le vigneron, complètement nu, agitateur puissant, mais pas toujours propre, disloquait, émiettait le chapeau. Ce dernier ne se reformait plus et on tirait la cuve deux ou trois jours après.

Les foulages journaliers absolument nécessaires dans le cuvage en cuve ouverte à chapeau flottant est pénible et néces site beaucoup de main-d'œuvre. Aussi a-t-on eu l'idée d'immerger ce chapeau dans le moût; c'est le système suivant que nous allons examiner.

2° Cuvage en cuve ouverte *et à chapeau submergé* (fig. 23). — Dans ce système, lorsque le chargement de la cuve est terminé, on dispose sur la vendange une claie en planches, ou un filet en corde, ou encore une toile métallique étamée, à mailles très larges, fixée aux parois de la cuve.

Le marc étant retenu, le moût passe par les interstices et surnage au-dessus de la claie sur une épaisseur de 6 à 10 centimètres ;

3° Cuvage en cuve fermée *et à chapeau flottant*. — On croyait, dans l'emploi du cuvage en cuve ouverte et à chapeau flottant, qu'en ne remplissant la cuve qu'aux 4/5 de sa hauteur, l'acide carbonique s'accumulait à la partie supérieure de la cuve, formait une couche imperméable et empêchait l'air d'arriver sur le chapeau.

On constata que l'air se mélange à l'acide carbonique, surtout à la fin de la fermentation, lorsque le dégagement de gaz est moins abondant.

Afin de remédier à l'inconvénient de l'exposition du chapeau à l'air, on eut l'idée de fermer la cuve.

Pour fermer la cuve si on pose simplement un couvercle, l'acide carbonique a une issue suffisante par les joints non étanches de ce couvercle. Mais, lorsque le dégagement du gaz cesse, l'air peut pénétrer dans la cuve et exercer son influence sur la conservation du marc. On évite cet inconvénient en obturant avec du plâtre tous les interstices du couvercle; on ne

laisse qu'une petite ouverture munie d'une *bonde bourgui-*
gnonne (fig. 24) ou d'un *siphon* (ou encore d'une bonde Noël)
permettant le dégagement de
l'acide carbonique, mais empêchant l'entrée de l'air. Le chapeau, étant à l'abri de l'air, ne
peut pas s'aigrir.

« Dans la Gironde, pour les vins
fins notamment on préfère pratiquer
l'enfoncement du chapeau (en cuve
ouverte) pendant quelques jours pour
profiter des avantages de cette opération, puis on le laisse flotter et on
ferme la cuve » (Laborde) ;

4° Cuvage en cuve fermée et
à chapeau submergé. — Le

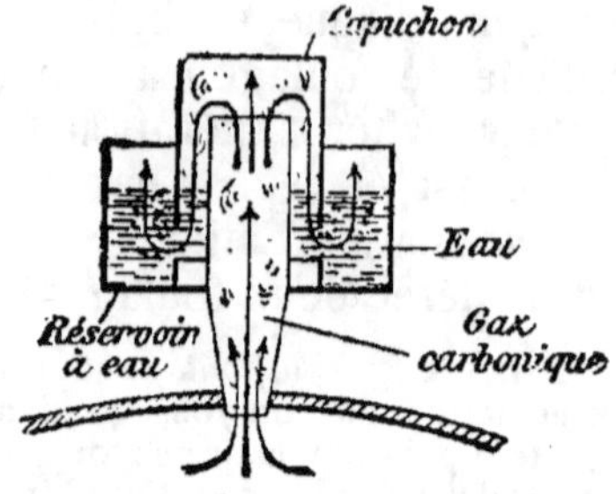

Fig. 24. — Bonde bourguignonne
permettant la sortie du gaz carbonique de la cuve tout en
empêchant l'entrée de l'air.

cuvage en cuve fermée et à chapeau submergé, d'après certains œnologues, serait le meilleur système que l'on puisse
employer : l'épuisement du marc se fait mieux, la température
du moût est plus uniforme (le marc étant immergé, on évite
les refroidissements) et la fermentation est plus régulière.

Dans la pratique, lorsque le chargement de la cuve est terminé, on dispose sur la vendange une cloison en planches
percées de trous ou un filet
en corde, ou encore une toile
métallique étamée, à mailles
très larges, fixée aux parois de
la cuve. Le marc étant retenu,
le moût passe par les interstices et surnage au-dessus. On
ferme ensuite la cuve avec un
couvercle muni d'une ouverture
sur laquelle on dispose une
bonde bourguignonne permettant le dégagement de l'acide
carbonique tout en prévenant

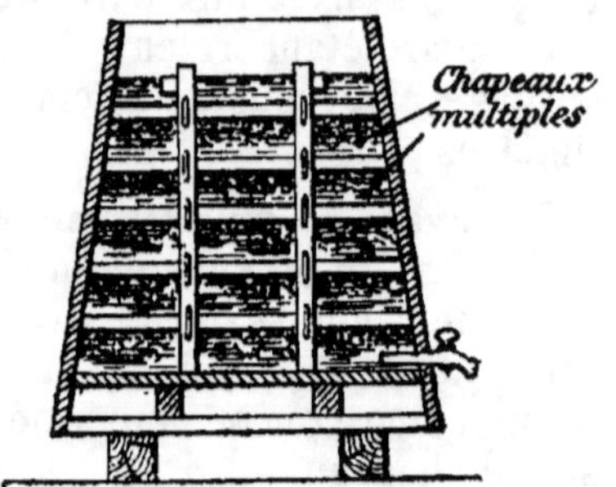

Fig. 25. — Cuvage, système Michel
Perret, a chapeaux multiples.

la pénétration de l'air. Toutes les jointures du couvercle sont
bouchées avec du plâtre gâché.

Dans les cuvages à chapeaux flottants, le marc s'accumule
à la partie supérieure; la température n'est pas absolument
homogène dans toute la masse et la fermentation n'est pas
égale partout.

Pour remédier à cet inconvénient, deux procédés principaux
ont été proposés :

1° **Procédé Michel Perret** (fig. 25). — Il consiste dans la formation de *chapeaux* multiples à l'aide de cloisons discontinues horizontales placées à 0ᵐ,25 les uns des autres. Ces cloisons sont faites avec des échalas disposés à 0ᵐ,05 les uns des autres et maintenus par trois traverses perpendiculaires ; ces traverses sont arrêtées par des crochets qui portent des montants verticaux. Pour charger la cuve, on commence par mettre de la vendange jusqu'à 25 centimètres de hauteur et l'on place la première cloison horizontale, que l'on arrête avec des crochets ; on met par dessus de la vendange sur une hauteur de 25 centimètres, et l'on établit la deuxième cloison horizontale, ainsi de suite. La rafle et les pellicules sont ainsi uniformément réparties dans la cuve et retenues par chaque claie ; elles forment une série de *chapeaux* entièrement submergés, ce qui assurerait une macération beaucoup plus parfaite.

2° **Procédé Coste-Floret** (fig. 26). — Ce procédé est à peu près analogue au précédent. Au lieu d'employer des cloisons horizontales, M. Coste-Floret dispose verticalement deux cloisons parallèles à claires-voies dans le milieu de la cuve, assez espacées l'une de l'autre pour que tout le marc soit contenu dans leur intervalle ; le moût se répartit sur les deux côtés libres de ces cloisons.

On obtient le lavage du marc en faisant passer le moût d'un compartiment dans l'autre. M. Roos ne croit pas que cette lixiviation se fasse ; il pense qu'il se crée entre le marc et le fond de la cuve un certain espace libre par lequel passe le liquide par suite de la moindre résistance en ce point ; le moût passe sous le marc en le léchant, mais sans le traverser.

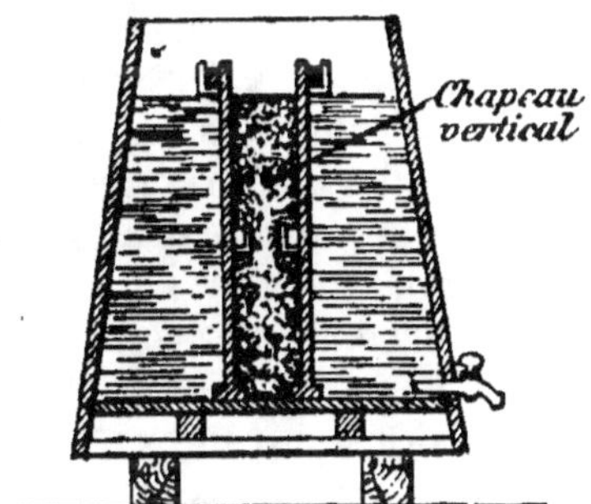

FIG. 26.
CUVAGE, SYSTÈME COSTE-FLORET.

54. Comparaison des différents systèmes de cuvage. —

1° *Chapeau flottant et chapeau submergé*. — Le *cuvage* à cuve ouverte et à **chapeau flottant** ne présente des inconvénients très sérieux que lorsqu'on n'effectue pas ou que l'on effectue insuffisamment les **foulages**, *surtout dans les pays chauds* : le chapeau au contact de l'air se dessèche, des microbes vivant au contact de l'air (notamment le *ferment acétique*) se développent, le marc s'aigrit, le vin se *pique*.

Dans les climats tempérés, comme en Bourgogne, *avec au moins deux foulages* par jour, ce système offre beaucoup moins d'inconvénients, il offre même de sérieux avantages, principalement pour les vins fins : l'exposition du chapeau à l'air insolubilise un peu de matière colorante et de tanin, mais la perte de coloration est très légère ; par contre la matière odorante contenue dans les cellules intérieures de la pellicule se diffuse plus largement par le brassage, les phénomènes d'éthérisation dans le chapeau, véritable éponge imbibée d'un liquide alcoolique et acide, sont plus intenses surtout vers la fin de la cuvaison. Le vin prend un bouquet plus prononcé, il s'affine davantage.

Le cuvage à chapeau flottant et foulages réguliers est tout indiqué pour les vins fins. En Bourgogne il est le plus souvent employé pour les vins fins.

Le cuvage à **chapeau submergé** présente le grand avantage d'éviter beaucoup de main-d'œuvre, puisqu'il épargne deux ou trois foulages par jour (il est vrai comme nous le verrons plus loin qu'il faut alors pratiquer le remontage du moût moins pénible, plus facile). De plus il empêche le chapeau, de s'aigrir : « les germes de moisissures pas plus que le ferment acétique (qui aigrit le chapeau) ne peuvent se développer, soit parce que ces germes manquent de support, soit parce que le mouvement du liquide qui les mouille constamment les soustrait à l'action directe de l'air » (Roos); la couleur est peut-être un peu plus foncée, mais le bouquet est un peu moins développé, le vin s'affine moins. Ce système est tout indiqué dans les régions à vin ordinaire à cause de la cherté de la main-d'œuvre et principalement dans les régions chaudes où le chapeau peut s'aigrir plus facilement (région du Midi).

2° **Cuves ouvertes et cuves fermées.** — Lorsque la *cuve est ouverte* la chaleur intérieure de la cuve se perd plus facilement. Cette perte de chaleur est un avantage dans les années chaudes, mais par contre c'est un inconvénient dans les années froides.

Lorsque la *cuve est fermée* les pertes de chaleur sont moindres (toutes choses égales d'ailleurs), ce qui est un avantage ou un inconvénient suivant la température extérieure. « Un avantage assez marqué réside dans la réduction au minimum des pertes d'alcool et d'aromes qui sont beaucoup plus importantes dans les cuves ouvertes surtout quand la température est élevée et quand on pratique l'enfoncement du chapeau. »

Au point de vue de la marche de la fermentation, sans tenir compte de l'influence des divers modes de cuvage sur la qualité des vins, M. Laborde donne les conclusions suivantes :

1° Si on veut avoir une fermentation aussi rapide que possible, il faut employer le cuvage à chapeau submergé par enfoncements successifs[1] (en d'autrès termes par des *foulages*) : la submersion à poste fixe (c'est-à-dire avec une claie par exemple) serait certainement moins efficace.

2° Dans les années froides, le cuvage à cuves fermées avec vendange foulée est tout indiqué pour favoriser le départ de la fermentation qui sera activée par le foulage du chapeau pratiqué pendant les premiers jours.

3° Dans les années chaudes, la cuve ouverte à chapeau flottant[2] paraît devoir être préférée aux deux modes précédents de cuvage, parce que, la fermentation étant un peu moins active au début, l'élévation de température est moins brusque et par conséquent moins dangereuse. La méthode à cuve fermée et à vendange peu foulée semble présenter encore plus d'avantage à ce dernier point de vue, mais il faut tenir compte des inconvénients de ce procédé qui sont : augmentation considérable de la proportion du vin de presse, nécessité d'une cuvaison assez longue et soins spéciaux pour la conservation du vin de presse.

« En définitive, chaque méthode a ses avantages et ses inconvénients; c'est au viticulteur de choisir celle qui convient le mieux suivant les circonstances extérieures qui président

---

1. M. Laborde entend, par cuvage à chapeau submergé par enfoncements successifs, le cuvage à chapeau flottant, mais que l'on enfonce 2 à 3 fois par jour à l'aide de *foulages*.

2. Mais alors avec 2 ou 3 foulages par jour pour que le chapeau ne s'aigrisse pas.

à la vinification et suivant la nature du produit qu'elle doit donner. »

55. Remontage des moûts.

55. Remontage des moûts. — Lorsque le cuvage se fait avec chapeau submergé ou encore en cuve fermée avec chapeau flottant, en un mot lorsque le chapeau n'est pas enfoncé par un foulage, l'aération insuffisante du moût amène des fermentations languissantes permettant le développement de ferments de maladies ; de plus (quand le chapeau est submergé par une claie) la diffusion des matières colorantes et odorantes se fait mal à travers un chapeau fortement comprimé, que baigne un liquide immobilisé. Il faut alors pratiquer le *remontage des moûts*.

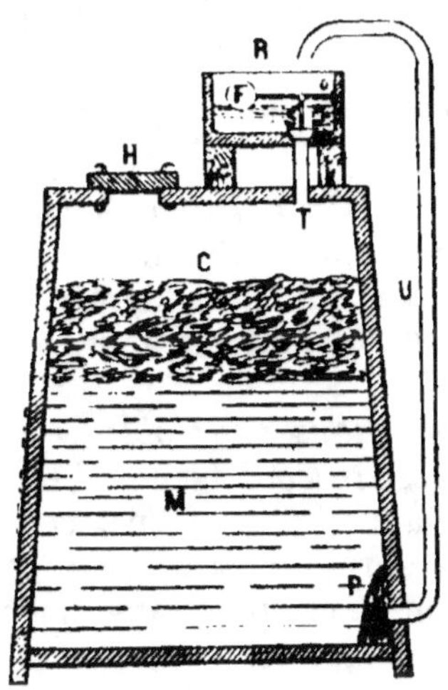

Fig. 27. — Appareil Cambon pour le remontage des moûts.

Pratiquement on peut faire le remontage des moûts de la manière suivante : on fait couler le moût (par un robinet disposé à la base de la cuve) dans un petit cuveau et de là avec une pompe on le renvoie dans la cuve au-dessus de la claie.

Le moût doit couler en jet bien divisé afin qu'il laisse échapper l'acide carbonique qu'il renferme et qu'il s'aère ; pour cela on emploie soit un robinet Trabut (voir fig. 28), soit une simple pomme d'arrosoir. De plus il faut que le moût déversé à la partie supérieure de la claie traverse le marc dans toutes ses parties et renouvelle bien le liquide qui baigne celui-ci.

Remontage automatique des moûts. — M. Cambon a proposé un système de remontage automatique des moûts pour les cuves fermées que nous croyons devoir signaler :

« Cet appareil, dit M. Cambon, peut s'établir de diverses façons, mais il demande au préalable un fonçage hermétique de la face supérieure de la cuve.

Dans ce fonçage, on ménage un trou d'homme pour l'introduction de la vendange, trou d'homme qui doit pouvoir se fermer hermétiquement. Ceci établi, voici une des solutions que le viticulteur peut adopter suivant ses convenances.

Sur la cuve foncée (fig. 27) ou au-dessus du foudre, on dispose un réservoir R en bois, d'une capacité de 1/20ᵉ au moins de la capacité de la cuve. Au fond de ce réservoir, un tube T prend naissance, qui le fait communiquer avec la partie supérieure de la cuve. L'orifice de ce tube dans le réservoir est formé par une soupape S dont la tige est maintenue par un levier pouvant osciller autour du point fixe O et qui se termine à l'extrémité opposée par un flotteur F. Un long tube vertical U part du fond de la cuve ajusté sur le trou de la bonde, et peut venir déverser le liquide dans le réservoir R. Un bouchon P empêche l'introduction des grumeaux dans le tube U.

La cuve étant remplie de vendange foulée par le trou d'homme H, et ce trou d'homme étant refermé, la fermentation commence à s'établir; le gaz carbonique, ne pouvant pas s'échapper, fait pression sur le marc et le moût sous lui et le chasse par le tube U, de telle sorte que ce moût vient se déverser dans le réservoir R.

Lorsque ce liquide atteint à la hauteur du flotteur F, ce flotteur se soulève et la soupape S se lève; aussitôt le moût du réservoir rentre dans la cuve et le gaz carbonique sort en bouillonnant par la même soupape; à ce moment, le tube U cesse de cracher, le flotteur redescend et ferme la soupape et l'opération recommence. •

56. Opérations que l'on fait subir au moût pendant le cuvage :

1° *Aération du moût.* — Nous avons vu (voir Vie des levures, action de l'air, p. 31) que, lorsqu'on veut obtenir des levures, il faut mettre celles-ci en contact avec l'air (vie aérobie) et que, lorsqu'on veut obtenir de l'alcool, il faut les faire vivre à l'abri de l'air (vie anaérobie).

Le viticulteur associe ces deux conditions pour obtenir une bonne fermentation et un vin riche en alcool : au début du cuvage, il aère le moût. En fournissant de l'air et, par conséquent, de l'oxygène aux levures, ces dernières se développent en grande quantité, la fermentation commence plus rapidement; elle a moins de durée et elle est plus complète.

On doit cesser l'aération dès que la fermentation est bien partie pour avoir de l'alcool.

On aère quelquefois le moût pendant le cuvage (lorsque la température est trop élevée) pour le refroidir et ranimer les levures paresseuses.

L'aération a aussi pour effet de contribuer à la précipitation d'une partie des matières albuminoïdes et d'assurer le *dépouillement* [1] du vin.

L'aération du moût est donc excellente, *il faut toutefois s'en servir avec beaucoup de précautions,* car une aération trop prolongée peut oxyder trop fortement la couleur, prédisposer le vin à une maladie appelée la casse et faciliter le développement du mycoderma aceti qui transforme l'alcool en acide acétique (vinaigre).

Pratique de l'opération. — 1° Un procédé appliqué fréquemment consiste à faire écouler le moût dans une comporte et à le remonter sur le chapeau au moyen d'une pompe ordinaire, ou, à défaut de pompes, avec des arrosoirs.

2° Le moût est d'autant plus aéré qu'il est plus divisé à la sortie du robinet. Pour obtenir cette division, on peut inter-

---

1. Un vin se *dépouille* quand il se sépare des particules en suspension qui nuisent à sa finesse, à sa conservation et qui forment les lies.

poser entre le robinet et la comporte une sorte de *crible* qui agit à la manière d'une pomme d'arrosoir.

3° On aère aussi le liquide en le faisant couler sur une *surface plane en nappe mince*, ou bien encore en employant le *robinet aérateur* de M. Trabut (fig. 28) permettant l'introduction d'un filet d'air au milieu du vin qui s'écoule par le robinet.

Pour le remontage et l'aération du moût, on a inventé des *arrose-moûts* (appareils de MM. Cambon, Ros, Vermorel, etc.).

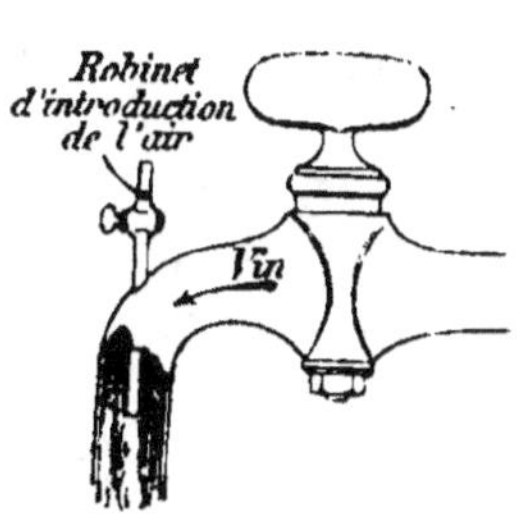

FIG. 28. — ROBINET AÉRATEUR DE M. TRABUT POUR L'AÉRATION DES MOUTS.

2° *Température du moût pendant le cuvage*. — Nous avons vu (Vie des levures, action de la température, p. 28) qu'une bonne fermentation n'est possible qu'entre 22° et 30°.

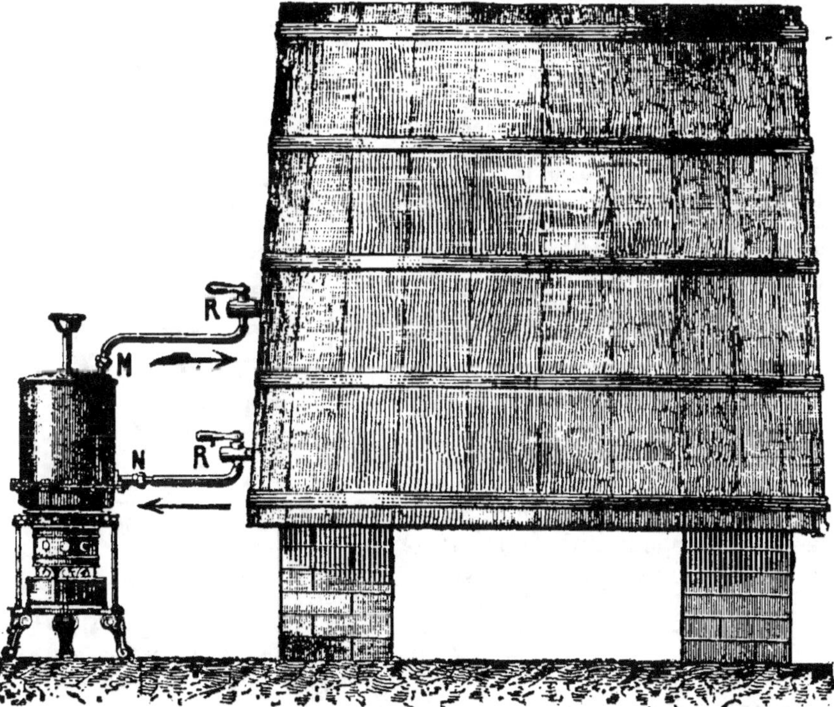

FIG. 29.

CHAUFFE-CUVE AU PÉTROLE DE BESNARD POUR LE RÉCHAUFFEMENT DU MOUT.

Le moût sort de la cuve par R' N, entre dans le bain-marie (voir coupe fig. 24), se réchauffe au contact de l'eau chaude chauffée par le fourneau à pétrole situé au-dessous, et rentre enfin dans la cuve par M R.

Au-dessus de 30°, les levures se développent mal ou périssent. tandis que les ferments de maladie prospèrent ; au-dessous de 20° les levures se développent peu ou pas et la fermentation est entravée.

Dans la pratique, deux cas se présentent qui font obstacle au maintien d'une température convenable :

1° *Dans les régions de l'Est et du Centre*, lorsque la vendange a lieu par un temps humide et froid, le moût accuse une température inférieure à 18°. Il faut alors procéder au *réchauffement du moût*.

2° *Dans les régions méridionales* (Midi et Algérie), la température est souvent très voisine de 30°, et, au début de la fermentation, elle atteint ou dépasse quelquefois 35°. Il est nécessaire de procéder au *refroidissement du moût*.

RÉCHAUFFEMENT DU MOUT. — Pour réchauffer le moût, on peut employer plusieurs procédés :

1° Préparer un *pied de cuve* comme nous l'avons indiqué page 32 (ou faire un levain de levures sélectionnées).

Les levures en pleine fermentation fournies par le vin de cuve sont répandues au fur et à mesure sur la vendange. La chaleur dégagée par la fermentation suffit, si la température n'est pas trop basse, pour maintenir la cuve dans les limites voulues. Une première cuve étant prête et en pleine fermentation on peut la diviser en plusieurs parties pour faire de nouveaux pieds de cuve.

2° Placer dans la cuve un serpentin où circule de l'eau chaude ou mieux de la vapeur ;

Au lieu d'employer un tube en serpentin assez encombrant pour la cuve, on peut utiliser les *drapeaux* très employés en *brasserie* et avec lesquels il est facile de réchauffer ou de refroidir les moûts (fig. 30).

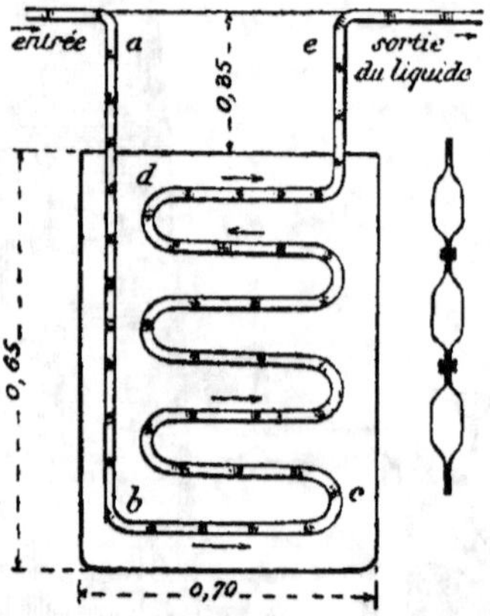

FIG. 30. — « DRAPEAU » POUR REFROIDIR OU CHAUFFER LA CUVE EN FAISANT CIRCULER DE L'EAU FROIDE OU DE L'EAU CHAUDE DANS LE TUBE *a, b, c, d, e*,

Coupe du « drapeau ». Le drapeau est formé par deux tôles ondulées et rivées entre les ondulations qui composent le tube.

Le drapeau se compose d'un long tube plié en plusieurs parties disposées dans le même plan, de façon qu'il puisse s'enfoncer facilement dans la cuve. En réalité ce long tube est formé par les ondulations de deux tôles appliquées l'une contre l'autre et rivées entre ces ondulations. On peut faire circuler dans ce tube soit de l'eau chaude, soit de l'eau froide, pour chauffer ou refroidir la cuve.

3º D'après M. Laborde le moyen le plus commode du chauffage du moût est le *barbotage direct d'un jet de vapeur.*

« En effet, pour élever la température d'un hectolitre de moût de 12 à 18°, il faut seulement 1 kilogramme de vapeur d'eau à 100°. L'eau de condensation reste naturellement dans le moût, mais ce mouillage est insignifiant. Dans les cas les plus difficiles, il pourrait être doublé sans cesser d'être négligeable. »

Nous pensons que ce mouillage de 1 ou de 2 pour 100, quoique impossible à déceler à l'analyse, est contraire à la loi sur les fraudes, car il n'en est pas moins vrai que sur 100 hectolitres de moût on ajoute 1 à 2 hectolitres d'eau.

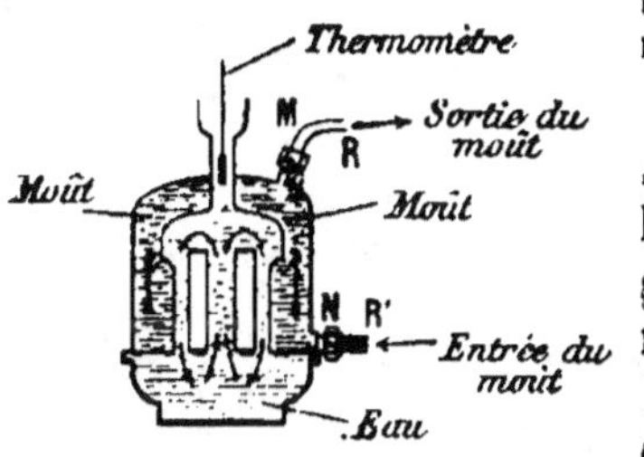

FIG. 31. — COUPE DU BAIN-MARIE DU CHAUFFE-CUVE BESNARD.

Ce bain-marie peut être chauffé par un fourneau à pétrole ou un fourneau quelconque.

4º Chauffer une partie du moût au bain-marie et le rejeter dans la cuve (le chauffage direct, sans grandes précautions, peut donner au moût un goût de brûlé)[1]. Exemple, les chauffe-cuve Besnard (fig. 29 et 31).

Il est bon de remarquer qu'en chauffant une partie du moût pour réchauffer toute la cuve, si l'on veut par exemple relever 50 hectolitres de moût de 12 à 18°, il faudra chauffer environ 6 hectolitres de moût à 70°; c'est un travail assez important si l'on n'a qu'une installation rudimentaire (petite chaudière à feu nu.)

REFROIDISSEMENT DU MOUT. — On peut refroidir le moût à l'aide de plusieurs procédés :

1º En refroidissant la vendange avant sa mise en cuve (on ne met en fermentation que la vendange de la veille refroidie pendant la nuit par rayonnement nocturne).

Quelques œnologues ont proposé de rafraîchir la vendange par un arrosage fait avec une petite quantité d'eau de puits aussi fraîche que possible. « Quoique peu recommandable, *a priori*, ce procédé qui entraîne une dilution du moût est cependant, dit M. Laborde, très rationnel dans les années où la richesse saccharine du raisin dépasse trop la normale. C'est surtout dans ces conditions qu'il est pratiqué depuis longtemps ; d'ailleurs lorsque les pluies abondantes et prolongées surviennent au moment des vendanges, la dilution naturelle du moût peut être supérieure à celle que comporte habituellement le rafraîchissement de la vendange. La proportion d'eau que l'on doit ajouter est variable suivant la concentration du moût, mais il est rare qu'elle atteigne 10 pour 100, donc le mouillage est assez faible, et avec l'abaissement de température qu'il provoque, il suffit souvent pour empêcher que le vin ne reste doux. »

Ce système de rafraîchissement de la vendange, en un mot ce *mouillage*, est contraire à la loi sur les fraudes et nous paraît ne devoir plus être employé.

2º En soutirant le moût à l'air, en l'étalant sur une dalle et en le remontant dans la cuve.

MM. Müntz et Rousseaux qui ont étudié ce procédé opéraient de la manière suivante : « Le moût s'écoulait par le robinet placé à la partie inférieure du foudre et se rendait sur un tamis de 5o centimètres de diamètre, destiné à retenir les grains et à diviser le liquide. Celui-ci tombait sur une dalle de 6o centimètres de largeur et 1 m. 20 de longueur sur laquelle il s'étalait en nappe mince, avant de se rendre dans une petite cuve de 6 hectolitres d'où il était remonté au fur et à mesure, à l'aide d'une pompe, dans le même foudre. » Les expériences faites montrèrent que l'aération ne refroidit pas le moût d'une manière très marquée. D'ailleurs nous verrons plus loin que l'aération n'est pas toujours bonne à être pratiquée.

3° En employant des *réfrigérants* spéciaux (fig. 32).

On peut refroidir les moûts de deux manières différentes : soit en les faisant circuler à l'air sur des tubes dans lesquels circule de l'eau froide (ou

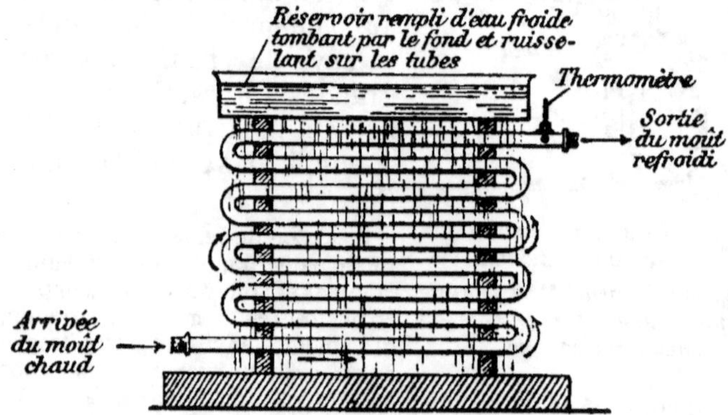

FIG. 32. — PRINCIPE D'UN RÉFRIGÉRANT POUR LE REFROIDISSEMENT DU MOUT.
Le moût circule dans un tube sur lequel on fait ruisseler de l'eau froide.

même en soutirant simplement le moût à l'air et en l'étalant sur une dalle comme nous l'avons indiqué plus haut), soit en les faisant circuler à l'abri de l'air dans des tubes sur lesquels on fait ruisseler de l'eau froide.

C'est le dernier système (refroidissement à l'abri de l'air) qui est le meilleur. En effet « la réfrigération des moûts au contact de l'air et par l'air entraîne comme conséquence inévitable une oxydation énergique du vin. Or si l'oxydation est une excellente chose faite sur la vendange avant le départ de la fermentation, il n'en est plus de même quand il s'agit de l'appliquer à des vins complètement ou partiellement faits. Une fois la fermentation en train, l'aération a encore quelque utilité, mais il faut qu'elle soit prudemment faite, sans excès, si on veut préserver le vin des inconvénients qu'elle entraîne fatalement avec elle. Un vin en fermentation abandonné trop longtemps au contact de l'air s'aplatit, vieillit, devient fade, tout comme un vin complètement fait. » (Roos).

Comme réfrigérant le plus employé nous pouvons citer l'appareil Müntz et Rousseau dont le principe est indiqué par la figure 32.

Les drapeaux employés en brasserie et que nous avons cités plus haut (fig. 3o), sont très pratiques dans les pays tempérés lorsqu'on ne peut pas abaisser beaucoup la température du moût. Nous les avons vu employer en Bourgogne pour empêcher la température des marcs en fermentation d'atteindre 36 degrés.

4° En employant de la glace soit directement par addition pure et simple au moût, soit en mettant la glace dans une caisse percée de trous et qui surnage.

Pour abaisser de 1 degré un hectolitre de moût d'une cuve à 35 degrés il faut 1 kilogramme de glace. Par conséquent si l'on veut abaisser de 4 degrés la température d'une cuve contenant 50 hectolitres de moût il faut employer 200 kilogrammes de glace, d'où un mouillage de 4 pour 100. Ce procédé, recommandé autrefois par quelques œnologues, est contraire à la loi sur les fraudes et nous paraît devoir être abandonné.

57. Durée de la cuvaison. — Décuvaison. — *En principe le moût doit être soutiré, séparé du marc, ou en d'autres termes on doit pratiquer le décuvage quand la totalité du sucre est transformée en alcool*, ce que l'on reconnaît, lorsque, le mustimètre Salleron étant plongé dans le moût, le niveau du liquide arrive à la graduation 1000 (ou au zéro pour le gleucomètre Guyot).

On peut suivre la marche de la fermentation en essayant le moût de temps à autre. À mesure que le sucre se transforme en alcool, la densité diminue ; le décuvage se fait quand la densité ne diminue plus.

Pour les praticiens qui n'ont pas de mustimètre le moment du décuvage est généralement indiqué *lorsque la fermentation tumultueuse cesse* ; c'est-à-dire lorsque le dégagement de l'acide carbonique ne se produit plus, ce que l'on constate quand on ne voit plus de bulles gazeuses à la surface du moût et que l'oreille ne perçoit plus de bouillonnements.

Dans le cas où le cuvage est à chapeau flottant, il ne faut pas attendre pour décuver que le chapeau ne soit plus à la surface du moût et se soit enfoncé dans la cuve (ce qui se produit lorsque tout dégagement d'acide carbonique a absolument cessé) ; il faut avoir bien soin d'enlever soigneusement les parties du chapeau qui sont altérées, aigries ou moisies.

D'après M. Roos, on peut poser en règle, qu'une cuvaison doit être d'autant plus courte que la température de la fermentation est plus élevée.

« Jusqu'à 35°, et pour des vins dont le degré alcoolique ne doit pas dépasser 10, la fermentation part vivement et se termine de même. Si la température dépasse 35°, ou même si, ne dépassant pas 35, il s'agit de raisins riches devant fournir 12° d'alcool et plus, la fermentation devient paresseuse, languissante, s'arrête même tout à fait pour peu que la température monte au-dessus de 35°. Dans ces conditions, si on n'a pas de moyens suffisants de ramener la cuvée à 30°, il faut décuver, et cela, quel que soit le degré observé au mustimètre, quelle que soit la douceur restant dans le vin.

Les fermentations entre 32° et 35° ne sont possibles que pour les vins légers, ce sont les seuls qui n'en éprouvent pas grand dommage, pour la raison qu'avec eux la fermentation marche vite, deux jours, trois jours au plus, et que, dans cette courte macération le moût ne peut guère céder de principes nuisibles au liquide ambiant.

Dans tous les cas, dès que la température dépasse 35°, il faut décuver, si on ne peut réfrigérer. On aura sans doute de la sorte des vins relativement pauvres, mais toujours supérieurs à ce qu'ils eussent été en les laissant plus longtemps en contact avec le marc. Ils auront autant d'alcool, de la franchise, voire même de la finesse et seront en somme payés plus cher que les vins plus étoffés, mais grossiers et toujours souillés de goûts anormaux qui résulteront d'un séjour plus prolongé sur marc à haute température.

Les vins dits *de macération* ne sont possibles que pour des régions relativement froides. Le vin peut, à bonne température, acquérir d'un contact prolongé avec le moût certaines qualités recherchées par le commerce, qualités relatives ; mais à haute température. il n'acquiert que des défauts. *Dans la région méridionale, la durée de la cuvaison est en général suffisante quand elle atteint trois ou quatre jours. Portée à huit jours, mais à la condition expresse de maintenir la température à 30° ou au-dessous, elle corse le vin, augmente sa teneur en extrait sec et fournit, avec le même cépage, un vin plus riche sinon en alcool, du moins en extrait et en couleur. La qualité de cette couleur reste bonne sans trace de plombage, de jaune, de ces nuances rabattues indéfinissables, qui font mal préjuger d'un vin dès qu'on l'aperçoit dans la tasse.* Une cuvaison de huit jours, si elle est bien conduite, donne avec des aramons, même des aramons de plaine, un vin que bien des dégustateurs ne voudraient pas croire exclusivement fait d'aramon. » (Roos.)

D'après M. Laborde « Tous les viticulteurs qui s'inquiètent de faire de la vinification rationnelle cherchent à obtenir des fermentations très rapides pour raccourcir, autant que possible, la durée de la cuvaison. Cette tendance a pour but d'éviter un développement trop intense des microbes anaérobies qui sont si dangereux pour la conservation du vin.

« Mais il y a encore, pour les cuvaisons longues, beaucoup de partisans qui prétendent qu'on doit laisser le vin en cuve pendant trois ou quatre semaines, parce qu'il est nécessaire de faire suivre la fermentation d'une période de macération : à cette condition seulement le vin est considéré comme étant complètement fait, car, avant d'être décuvé, il faut qu'il ait perdu tout son sucre, qu'il ait dissout en quantité suffisante tous les principes qu'il doit emprunter au marc, la couleur notamment, et enfin qu'il soit froid et clair à sa sortie de la cuve.

Les cuvaisons longues sont encore pratiquées très fréquemment dans la Gironde, en Médoc principalement. Grâce aux cépages fins qui sont la base de la production de ces vins, à un triage soigné et à l'égrappage, grâce aussi aux cuves fermées où le chapeau est flottant, la macération donne, en général, une bonne partie des résultats qu'on en attend. •

Il n'en est pas moins vrai, ainsi que le reconnaît M. Laborde, que les cuvaisons longues présentent des dangers au point de vue du développement des ferments de maladie, surtout quand les conditions de la fermentation ont été plus ou moins anormales.

• *En général, dans la Gironde, on ne commence la décuvaison que lorsque les vendanges sont terminées. Donc, quand elles durent deux ou trois semaines, la cuvaison se prolonge pendant tout ce temps pour les cuves remplies les premières. Et, si on veut que toutes les cuves aient une cuvaison de* durée égale, la décuvaison doit durer aussi longtemps que les vendanges. Dans ce cas, on met autant de temps pour vider une cuve de vin et du marc qu'elle contient que pour la remplir de vendange fraîche. » (Laborde.)

D'après M. Mathieu, « si on laisse le chapeau en contact du vin pendant longtemps, les substances amères des rafles passent non seulement dans le vin, qui prend alors un goût désagréable appelé goût de rafle, mais encore le vin s'éclaircit mieux en cuve qu'en cellier et ne risque pas d'aigrir par le chapeau si la cuve est mal close.

On comprend qu'au cas où les raisins sont pourris cette macération prolongée exagère dans le vin la tendance à *casser* par suite du passage dans le vin d'une quantité abondante des principes anormaux engendrés par la pourriture dans les peaux ; aussi pour les vins rouges provenant de raisins pourris, doit-on tirer la cuve *le plus tôt possible*.

Pratique du décuvage. — Avant de décuver et avant que le chapeau soit tombé au fond de la cuve, lorsque le dégagement d'acide carbonique cesse (si le cuvage est à chapeau flottant), il faut avoir le soin de retirer et de rejeter le marc de la partie supérieure du chapeau lorsqu'il présente des altérations, qu'il est aigri ou moisi.

Le soutirage du vin que contient la cuve doit se faire à l'air et non à l'abri de l'air, sauf lorsque le vin est sujet à la casse.

En effet, l'aération détermine le dégagement de l'excès du gaz carbonique et une absorption d'oxygène nécessaire au développement, au rajeunissement des levures pour la transformation du sucre qui reste dans le vin (fermentation secondaire); elle contribue également à la clarification.

Pour constater avant le soutirage si le vin ne *casse* pas on met un peu de vin à essayer dans un verre à l'air et du même vin dans un flacon en verre blanc (bien remplir le flacon) qui servira de témoin. Au bout de un jour ou deux d'exposition à l'air, si le vin dans le verre par comparaison avec le vin du flacon bouché ne se trouble pas, c'est que le vin ne *cassera* pas ; s'il s'est troublé c'est qu'il *cassera*, il faudra alors le soutirer à *l'abri de l'air* (voir *Soutirage à l'abri de l'air*, p. 147).

Comme le fait remarquer M. Laborde, il ne faut pas s'exagérer, dans le cas de la casse, l'influence de l'aération dans le décuvage, car elle est souvent nulle et même utile à la tenue ultérieure du vin.

Dans le cas où le vin a une tendance à casser, il n'est pas utile lorsqu'on le soutire de la cave de *mécher* le fût à remplir; l'acide sulfureux que l'on introduirait pourrait gêner la fermentation secondaire qui s'établit dans le fût lorsque le vin contient encore du sucre. Il est préférable de pratiquer le traitement préventif de la casse (voir p. 191) lorsque les vins ont été séparés de leurs grosses lies, après les grands froids. D'ailleurs, il est bon de se rappeler que le vin qui a une tendance à *casser* n'a rien à craindre tant que le fût reste parfaitement plein et que l'on ne pratique aucun soutirage.

Le vin obtenu par décuvage s'appelle vin de goutte.

II. PRESSURAGE

58. Le pressurage *est une opération qui consiste à presser le marc après le décuvage pour en extraire le vin qu'il renferme*

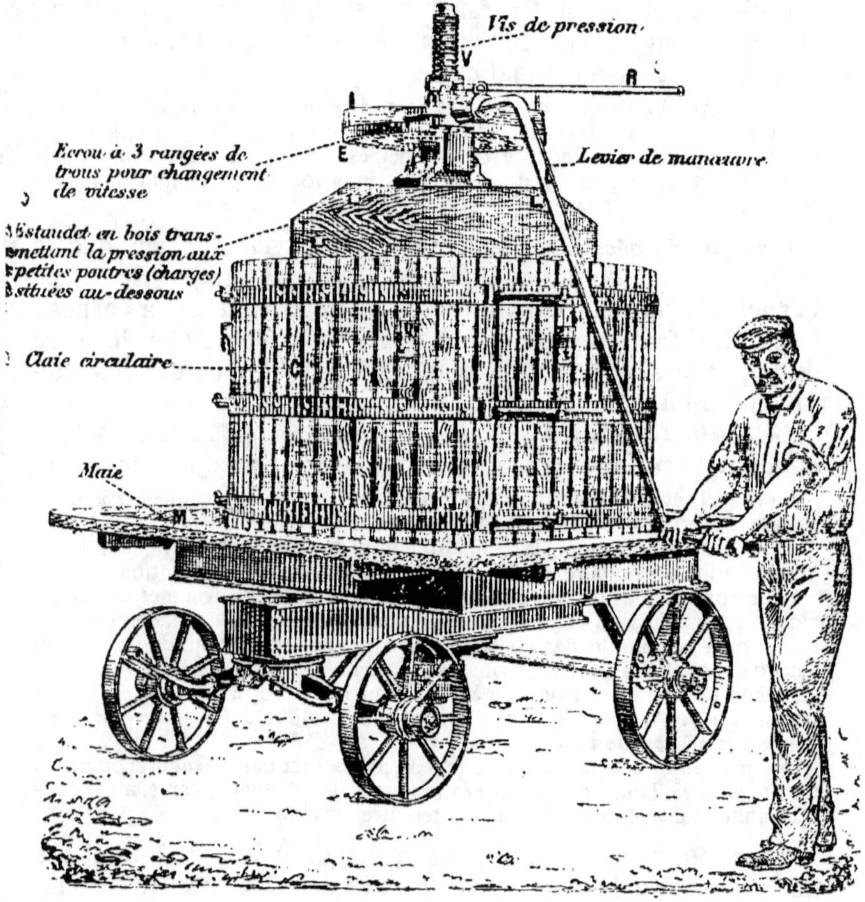

FIG. 33. — PRESSOIR DISCONTINU (SYSTÈME DEMOISY, A BEAUNE).

encore. Le vin obtenu s'appelle *vin de presse*, il représente les 10 à 20 pour 100 du vin de goutte.

On pratique le pressurage à l'aide d'appareils appelés *pressoirs*.

59. Pressoirs. — Les différents pressoirs peuvent être rangés dans deux groupes principaux :

  les pressoirs discontinus,
  les pressoirs continus.

I. **Pressoirs discontinus.** — Les pressoirs discontinus comprennent trois parties principales (fig. 33) :

1° La *maie* M, ou plate-forme en bois, en ciment ou en tôle d'acier, sur laquelle le marc est placé.

Les maies en bois ont l'inconvénient de se disjoindre. Les maies en fonte sont trop fragiles. Les maies en tôle sont les meilleures et les moins chères.

2° Une *vis de pression* V fixée au centre de la maie.

3° Un *écrou* E qui descend sur la vis de pression. L'écrou transmet à une masse en bois de chêne (estaudet E) et à de petites poutres également en bois appelées *charges* situées au-dessous de l'estaudet. En descendant l'écrou on exerce une pression relativement considérable sur un *plateau mobile* en bois disposé au-dessus du marc. Une *claie circulaire* permet d'égaliser la vendange sur la maie.

Les modèles de pressoirs continus sont très nombreux. Ils diffèrent entre eux surtout par le mécanisme de serrage.

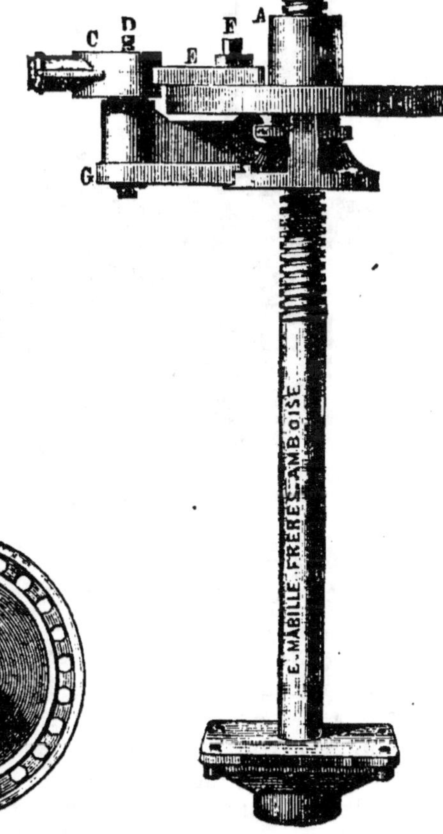

FIG. 34. — MÉCANISME DE PRESSION
(SYSTÈME DE VIS A LEVIERS MULTIPLES DE MABILLE).

1, *Le mécanisme vu par dessus.* — 2, *Le mécanisme vu de profil.* A, *roue écrou*; C, *boîte à bielles*; D, *boulons des bielles*; E_1 E_2, *bielles qui transmettent le mouvement à la roue écrou*; FF, *clavettes en acier*; G, *pièce (dite crapaud) qui supporte la pression.*

Les principaux systèmes de mécanismes de serrage sont :

1° *Le système à percussion*. — Il comprend une vis centrale sur laquelle se meut un écrou très puissant actionné par une roue à volant très lourd sur lequel est fixé un taquet. Ce dernier vient heurter violemment l'écrou par saccades, chaque saccade faisant parcourir à la vis une fraction de son pas. Ce système est employé dans le Midi.

Inconvénient : Les chocs réitérés occasionnent un ébranlement de toute la masse.

2° *Le système à double ou triple engrenage* (fig. 35). — Dans ce système, la roue A servant d'écrou se meut verticalement

FIG. 35. — MÉCANISME DE PRESSION (SYSTÈME A DOUBLE ENGRENAGE).

sur la vis à l'aide du pignon à rochet B qui la fait tourner horizontalement. Le pignon est actionné à l'aide du volant C muni du levier D sur lequel on agit.

3° *Le système de vis à leviers multiples* (fig. 34 et 36) qui remplace presque partout les autres systèmes.

Tous les mécanismes à leviers multiples (de Demoisy, de Gaillot, de Mabille, de Marmonier, de Vermorel à rotule, etc.) sont basés sur le même principe : la transformation du mouvement alternatif du levier en mouvement circulaire continu de l'écrou au moyen de leviers articulés.

EXEMPLES. — 1° Dans le *système Mabille* (fig. 34), le levier G commande deux bielles E_1 et E_2 réunies à l'écrou par des clavettes biseautées F. Au mouvement d'aller du levier, l'une des bielles E_1 agit seule; au retour, c'est E_2 qui fait tourner l'écrou, tandis que E_1 revient à sa place primitive.'

2° Dans le *système américain* (fig. 36) que l'on adopte dans beaucoup de pressoirs le plateau à écrous possède trois rangées de trous. Lorsque la

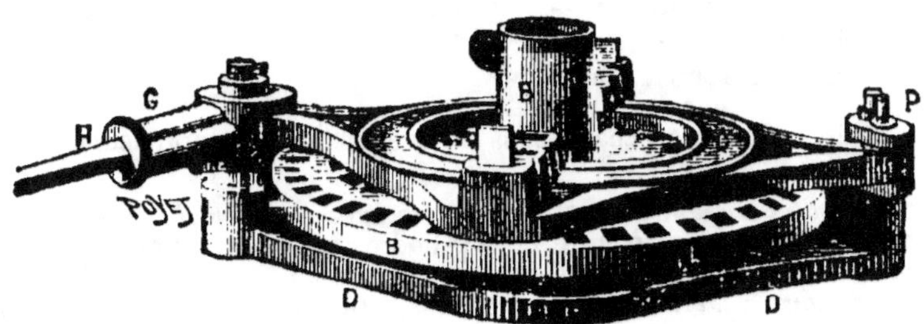

FIG. 36. — MÉCANISME DE PRESSION,
SYSTÈME AMÉRICAIN QUE L'ON ADAPTE A BEAUCOUP DE PRESSOIRS.

B, *plateau et écrou à trois rangées de trous pour changement de vitesse et dans lesquels se logent les clavettes*; C, *collier porte-clavette*; H, *levier de manœuvre.*

clavette passe dans la rangée extérieure on obtient la plus grande puissance et la plus petite vitesse; avec la rangée intérieure on obtient la plus faible puissance et la plus grande vitesse.

Pressoir à vis fixe horizontale. — Ce pressoir de création

relativement récente (fig. 38 et 39) se compose de deux plateaux compresseurs P et P′ se mouvant sur une vis horizontale V et entourés d'une claie rotative G en bois.

Le travail de pressurage s'opère par la rotation de la claie qui entraîne les plateaux P et P′ et les fait rapprocher suivant p et p′ tandis que le moût tombe en dessous. Ex. : pressoir *idéal,* système *Ménard-Naudin.*

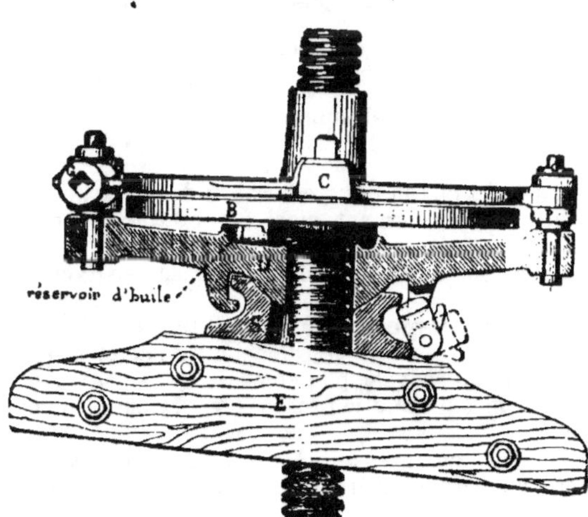

FIG. 37. — SYSTÈME DE VIS A LEVIER MULTIPLE AVEC ROTULE DE MARMONIER.
(La vis reste droite, alors même que le marc n'est pas disposé bien horizontalement sur la maie). Le crapaud S suit la masse en bois E dans toutes les inclinaisons que la charge inégale de marc peut lui faire prendre, la partie concave du crapaud pivotant autour de la partie sphérique de la sellette D.

Pressoirs hydrauliques. — Dans les pressoirs discontinus, on peut ranger les pressoirs hydrauliques. Ce sont des pressoirs analogues à ceux que l'on emploie pour l'extraction des huiles, avec un mécanisme de serrage différent.

II. ***Pressoirs continus.*** — Les pressoirs continus se divisent en quatre grands groupes :

Les pressoirs laminoirs.
Les pressoirs à piston.
Les pressoirs à chaîne sans fin avec plateaux comprimeurs.
Les pressoirs à vis.

1° *Pressoirs laminoirs.* — a) *Pressoirs à cylindres*; dans ces appareils, la vendange est comprimée entre deux cylindres pouvant s'éloigner ou se rapprocher. Exemples : pressoir Coq, pressoir Cassan.

b) *Pressoirs à tabliers.* — Ce pressoir est constitué par deux tabliers sans fin formant entre eux un couloir à section décroissante que doit parcourir le marc avant de s'échapper à l'extrémité la plus étroite.

2° *Pressoirs à piston.* — Les pressoirs à piston comprennent un cylindre à

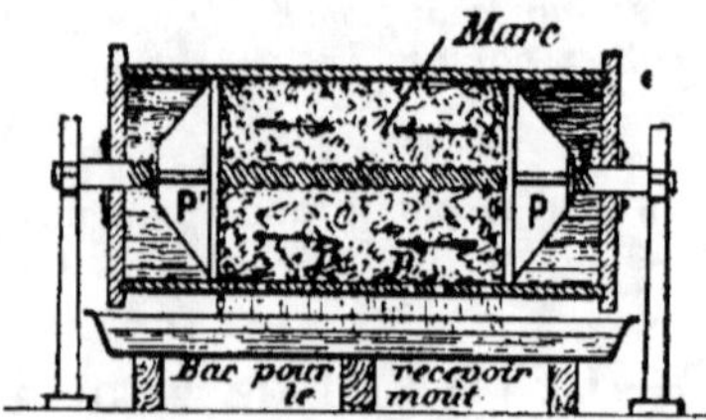

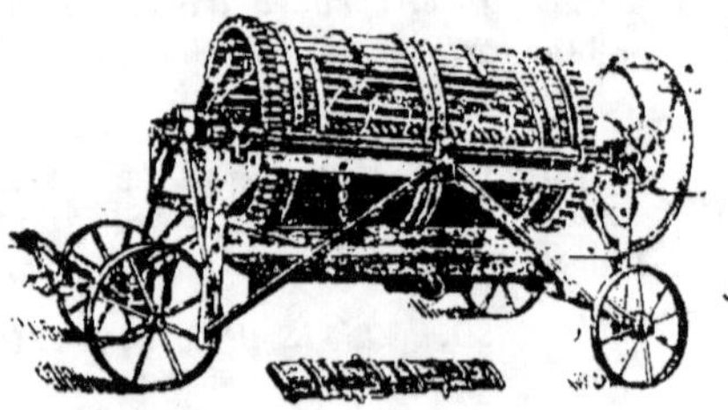

Fig. 38. — Principe du pressoir
à vis fixe horizontale.

Fig. 39. — Vue d'ensemble
du pressoir à vis fixe horizontale.

(Système Ménard-Naudin).

claire-voie terminé par un cône. Un piston pousse le raisin dans le cylindre et le comprime dans la partie conique, formant ainsi un bouchon compact chassé de l'appareil.

3° Les pressoirs à chaîne sans fin avec plateaux compresseurs. Exemple : pressoir Simon.

4° *Pressoirs à vis.* — Presque tous les pressoirs à vis sont basés sur le même principe : division de la masse à presser et entraînement de cette masse à l'aide d'une vis d'Archimède dans une enveloppe percée de trous par lesquels le liquide s'écoule au fur et à mesure que le pressurage devient plus énergique.

Exemple : pressoir Mabille (fig. 40), pressoir à vis Compound, pressoir Paul, pressoir Oberlin à deux vis de pas différentiels, etc.

Les pressoirs continus ne sont intéressants que dans les grandes exploitations.

60. Pratique du pressurage. — Nous n'indiquons les opérations à effectuer qu'avec des pressoirs discontinus (Demoisy, Mabille, etc.), les plus généralement employés : on étale le marc sans laisser aucun vide, *bien horizontalement,* car le

plateau en portant tout l'effort sur un point particulier amène-
rait la rupture de la vis (le système de serrage à rotule de
Marmonier évite cet inconvénient).

Après avoir rempli la claie avec de la vendange et mis la
charge en bois, on descend l'écrou de serrage et on serre par

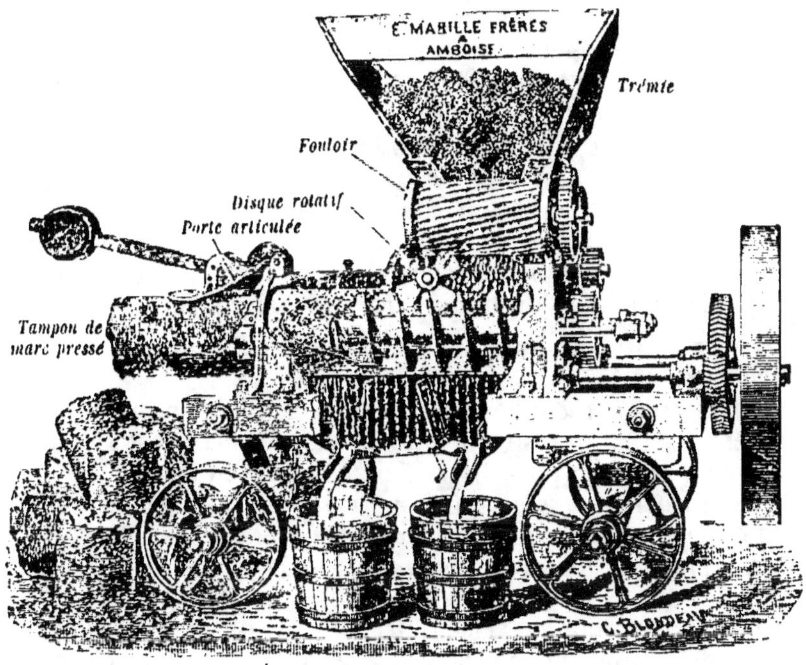

Fig. 40. — Pressoir continu a vis (Système Mabille).

*La vendange est d'abord foulée entre les deux cylindres du fouloir, puis
amenée par le disque rotatif sur la vis d'Archimède, enfin entraînée par cette
vis dans la chambre de compression où elle est agglomérée et pressée. Le
liquide coule à travers l'enveloppe perforée qui entoure la vis d'Archimède.
Lorsque le marc forme un tampon assez dur, il soulève la porte et son
contrepoids pour tomber au dehors.*

intervalles avec la bielle de manœuvre. Lorsque le jus ne coule
plus, on remonte l'écrou, on enlève la charge et l'on donne une
façon au marc. Pour cela on peut opérer de deux manières différentes : 1° bêcher le marc dans l'intérieur de la claie, bien le
remuer et recommencer à serrer ; 2° au lieu de bêcher le marc
à l'intérieur, desserrer la claie et la retirer, puis couper 10 à
15 centimètres de marc sur toute la circonférence, jeter ce
marc vers le centre et recommencer à serrer. Par ce moyen, il
se produit dans la masse un déplacement et un écrasement
général qui donnent de bons résultats pour la sortie du liquide.

On recommence une deuxième opération si on le juge nécessaire.

Dès que le vin ne coule plus et qu'on a laissé le temps nécessaire à l'écoulement, le marc est suffisamment asséché.

Tout le travail depuis le commencement ne doit pas durer plus de trois heures pour les vins rouges de marc cuvé et quatre heures environ pour les vins blancs de vendange non cuvée.

PRÉCAUTIONS A PRENDRE. — 1° *Il ne faut pas donner au marc une trop grande épaisseur*, les effets de la pression se faisant d'autant moins sentir que la surface du plateau est plus éloignée du centre de la masse pressée.

2° *La pression doit être progressive* et *intermittente* : une pression exagérée au début comprime tous les interstices de sortie et empêche l'évacuation du liquide. Il faut exercer d'abord une faible pression et ne continuer à presser que lorsque l'écoulement du liquide devient insignifiant.

61. Produits obtenus. — Le vin obtenu s'appelle *vin de première presse.*

Le marc restant contient encore du vin. L'appareil de pression est remonté au sommet de la vis; le marc est retaillé, c'est-à-dire émietté, puis disposé de nouveau en tas.

Une *deuxième pression* donne un *vin de deuxième presse.* On peut obtenir encore un *vin de troisième presse.*

Rendement en vin de la vendange. — On admet qu'il faut en moyenne de 130 à 140 kilogrammes de raisin, suivant les cépages, pour produire 1 hectolitre de vin, ou encore 3 hectolitres de vendange pour produire 2 hectolitres de vin. Un certain nombre d'auteurs admettent qu'il faut 150 kilogrammes de raisins pour faire 1 hectolitre de vin. Nous pensons que ce chiffre est un peu exagéré.

Comparaison entre le vin de goutte et le vin de presse. — Le vin de pressurage est plus coloré au début de l'opération que le vin de goutte, il l'est moins à la fin.

L'analyse montre que les différences de composition entre les vins de goutte et les vins de presse sont peu importantes en ce qui concerne la majeure partie de leurs éléments constitutifs, *sauf pour le tanin.*

Les vins de presse sont beaucoup plus riches en tanin que les vins de goutte.

Exemple : d'après MM. Coudon et Pacottet

	Pour le Pinot.	
	Vin de presse.	Vin de goutte.
Tanin par litre....	1 gr. 51	0 gr. 44

Doit-on mélanger le vin de presse au vin de goutte ? — Dans les *grands crus,* le vin de goutte est réservé pour être vendu séparément.

Dans les bons crus, les vins de deuxième et troisième presses ne sont jamais mélangés au vin de goutte.

On mélange dans une certaine proportion le vin de première presse au vin de goutte pour enrichir celui-ci en tanin : en général, pour une richesse en tanin de 1 gramme par litre, l'enrichissement dû au vin de presse est de 10 pour 100 en tanin.

III. **MISE EN FUTS**

62. Mise en fûts et fermentation secondaire. — Les vins de presse et de goutte sont mis dans des tonneaux. Ils renferment encore un peu de sucre qu'on doit faire disparaître pour assurer leur conservation.

FIG. 41.
BONDE NOEL.
(COUPÉE
PAR LE MILIEU.)

L'acide carbonique produit pendant la fermentation soulève le petit bouchon métallique B retenu par le ressort R et se dégage à droite et à gauche de la plaque P qui retient le ressort et ne bouche pas complètement l'ouverture.

La fermentation, ranimée par l'aération produite après le cuvage et pendant le pressurage, transforme le sucre en alcool, acide carbonique, etc. : il se produit dans les fûts une fermentation insensible ou secondaire.

On ne doit donc pas boucher hermétiquement les tonneaux qui renferment des vins nouveaux à cause du dégagement de l'acide carbonique. Il est dangereux cependant de laisser le trou de bonde ouvert à cause du contact avec l'atmosphère qui charrie une quantité de ferments de maladie. On ferme simplement le fût avec une feuille de vigne, avec une feuille de papier sur laquelle on met du sable, ou mieux encore avec une *bonde bourguignonne* (fig. 24, p. 63) ou une *bonde Noël* (fig. 41) qui empêchent la pénétration de l'air tout en permettant le dégagement de l'acide carbonique.

Quand la fermentation secondaire a cessé, on ferme le tonneau avec une bonde tronconique en bois de chêne entourée d'une toile pour assurer une meilleure fermeture.

Nettoyage des fûts ayant servi, affranchissement des fûts neufs (voir p. 176).

II. *VINIFICATION DES VINS BLANCS*

CHAPITRE VIII

I. — VIN BLANC FAIT AVEC DES CÉPAGES BLANCS

63. Différence entre la vinification des vins blancs et la vinification des vins rouges. — Dans la fabrication du vin blanc, contrairement à ce qui se pratique pour le vin rouge, le moût ne fermente pas en présence de la râpe et des pellicules. Cette différence influe beaucoup sur les différentes opérations de la fabrication.

64. Vendange. — Le moût de raisin blanc, ne fermentant pas avec les pellicules, ne peut, comme les moûts de raisin rouge, dissoudre par macération dans la cuve les principes sapides et odorants que contiennent les cellules de la pellicule.

Cette dissolution ne peut commencer à se produire que dans le raisin laissé sur souche pendant la surmaturation. *Il faut donc vendanger le raisin blanc à complète maturité et même, si on le peut, laisser dépasser cette maturité.*

Dans certaines régions viticoles, comme dans le Sauternais, on cueille les raisins lorsqu'ils commencent à se dessécher et sont couverts d'une moisissure, le Botrytis Cinerea (voir *Surmaturation*, p. 3). Ce champignon, connu à Sauternes sous le nom de *pourriture noble*, donne un bouquet caractéristique à certains vins blancs de la Gironde, du Rhin et de la Hongrie.

Les vins provenant de raisins blancs vendangés avant complète maturité sont acides, sans finesse.

65. Foulage. — Le foulage des raisins blancs doit être plus complet que celui des raisins rouges, car le moût blanc frais étant visqueux s'échappe difficilement du marc pendant le pressurage.

66. Égrappage. — L'égrappage pour les raisins blancs est inutile et même nuisible, car la rafle facilite le pressurage. Le contact des rafles et du moût est d'ailleurs de peu de durée pour nuire à ce dernier.

67. Pressurage. — Le pressurage a lieu immédiatement après le foulage, avec les pressoirs indiqués p. 75.

La vendange écrasée par le fouloir tombe au fur et à mesure dans la cage du pressoir situé au-dessous; elle *s'égoutte* pendant le remplissage.

Pratique de l'opération. — Le pressurage doit s'opérer rapidement de façon à réduire au minimum le temps de contact du jus avec le marc pour empêcher la coloration en jaune du moût. Le marc blanc frais doit subir une pression assez énergique, car, étant gras, visqueux, il laisse difficilement écouler le liquide. La pression doit être lente au début pour faciliter l'écoulement et la filtration du jus à travers le marc.

68. Égouttage. — Dans les celliers un peu importants on laisse le marc s'égoutter pendant quelque temps dans des

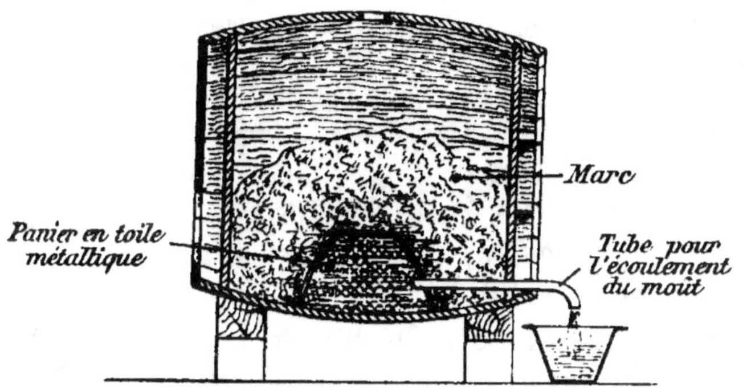

Fig. 42. — Foudre transformé en égouttoir.

cages rectangulaires garnies de toiles métalliques à maille de 1 centimètre : *égouttoir*.

Dans les petites exploitations on peut éviter la dépense d'un égouttoir spécial en transformant un foudre en égouttoir (fig. 42) : on garnit la porte du bas avec une grille pour arrêter le marc et faciliter la sortie du moût. Au milieu du foudre on place un panier en métal grillagé que l'on fait communiquer au dehors par un tuyau allant jusqu'à la porte pour faciliter la circulation du moût.

La première pressée étant faite (au bout de 3 à 4 heures), on ouvre la cage du pressoir, on découpe le marc avec des pioches ou des bêches, on le désagrège à la main et on le rejette sur la maie pour être pressé à nouveau afin d'extraire tout le jus.

69. Débourbage. — *Le débourbage est une opération qui consiste à débarrasser le moût des impuretés qu'il contient :* fragments de pellicules, rafles, terre, matières étrangères en suspension.

On distingue plusieurs procédés de débourbage : le *débourbage par le repos,* le *débourbage par collage,* le *débourbage mécanique.*

Débourbage des moûts par le repos. — Ce procédé est le plus simple et le plus pratique. Le liquide est mis dans une cuve et laissé au repos pendant 6 ou 24 heures suivant les moûts.

Inconvénients. — Si le débourbage dure 24 heures (et même plus de 24 heures quand la vendange est avariée) un commencement de fermentation peut se produire et les bulles de gaz peuvent soulever les lies ou les tenir en suspension.

Pour arrêter toute fermentation on pratique le MUTAGE.

Le mutage est basé sur la propriété qu'a l'acide sulfureux de paralyser les ferments pendant un certain temps.

Le mutage se fait de deux manières :

1° par le *soufrage*;
2° par le *bisulfitage.*

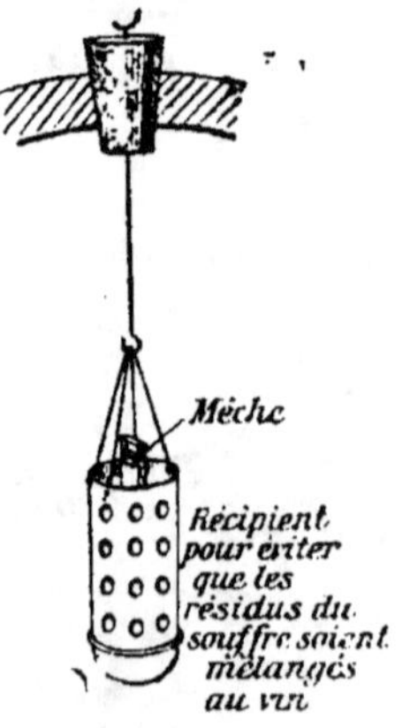

FIG. 43.
BRULE-MÈCHE.

Le *soufrage,* le procédé le plus simple, *consiste à faire passer le moût à travers une atmosphère de gaz sulfureux.* Il suffit de brûler dans les futailles la quantité de mèche soufrée nécessaire, à l'aide d'un brûle-mèche (fig. 43), et d'y faire arriver le moût à l'état divisé pour augmenter la surface d'absorption du liquide.

On transvase le liquide du foudre dans un tonneau rempli à l'avance de gaz sulfureux obtenu en brûlant du soufre. Le transversement se fait à l'aide d'un tuyau terminé par une *pomme d'arrosoir* pour diviser le jet.

On peut pratiquer aussi le *soufrage à la pompe* (fig. 44). Il consiste à brûler le soufre dans un récipient fermé, pour éviter que le gaz ne se perde en partie, et à aspirer le gaz par une pompe qui le refoule dans le moût du foudre.

Le bisulfitage consiste à ajouter 8 à 10 grammes de *bisulfite de potasse* par hectolitre de moût. Les acides du moût décomposent le bisulfite de potasse et il se produit un dégagement de gaz sulfureux.

Débourbage des moûts par collage (voir Collage des vins, p. 150).—C'est un procédé très peu employé, basé sur l'emploi des matières albuminoïdes. L'albumine du blanc d'œuf, du sang, la gélatine se coagulent sous l'action

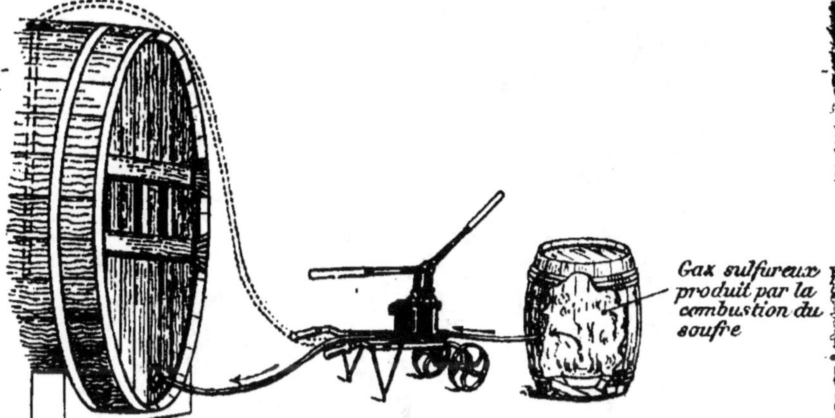

FIG. 44. — SOUFRAGE A LA POMPE.

des matières astringentes (tanin) du vin et constituent un réseau très fin, une *colle* qui se précipite en entraînant les matières en suspension.

La coagulation n'étant possible que si la quantité de tanin est suffisante, comme les moûts de vins blancs sont, en général, pauvres en cette matière, on est obligé, pour obtenir un résultat satisfaisant, d'ajouter 2 à 8 grammes de tanin par hectolitre.

On a employé aussi, pour aider la chute des matières en suspension, le sable, le kaolin, de la terre siliceuse très pure, dont la chute est rapide.

Débourbage mécanique. — Pour débourber mécaniquement les moûts, on peut appliquer *le tamisage, le turbinage.*

Le *tamisage* consiste à faire passer le moût à travers une toile métallique :

EXEMPLE. — *Le débourbeur Mabille* (fig. 45). C'est un cylindre en toile métallique monté sur un arbre horizontal.

L'arbre est commandé, à raison de 40 tours à la minute, par une roue dentée ou une poulie placée à son extrémité du côté de la petite base; à l'autre extrémité, l'arbre, guidé verticalement par une glissière, est supporté par une roue à cames reposant sur une pièce métallique. Dans la rotation, les cames, venant à porter sur la pièce fixe, impriment au cylindre une série de chocs. Les moûts entrent à l'intérieur du cylindre, du côté de la petite base; les jus passent au travers de la toile, les chocs continuels détachent les lies et les font descendre peu à peu, pour les laisser échapper par la grande base du débourbeur.

Le *turbinage* consiste à faire passer du moût dans une turbine analogue à celles que l'on emploie pour l'écrémage du lait. La vitesse de rotation de l'appareil permet de séparer le liquide en couches de densités différentes. Ce procédé ne peut être employé que dans les grandes exploitations à cause du prix des appareils.

70. Correction ou amélioration du moût. (Voir Amélioration des moûts de vin rouge, page 145). — Les vins blancs n'étant

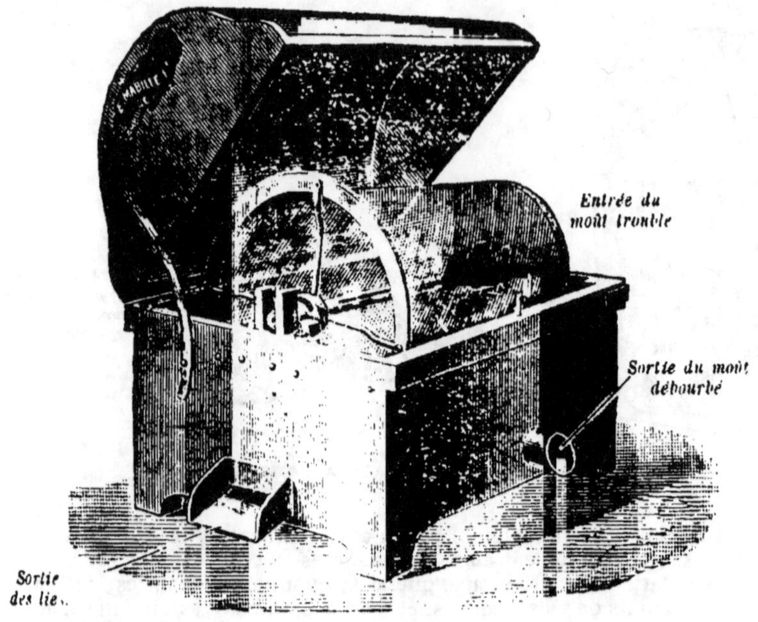

FIG. 45. — DÉBOURBEUR DE MOUTS (SYSTÈME MABILLE).
Tamis cylindrique pour débarrasser le moût des impuretés de lies qu'il contient.

généralement pas assez riches en tanin, le tanisage des moûts (ou du vin) devient absolument nécessaire.

On doit toujours, au moment de la mise en fût ou entonnage, ajouter 5 grammes de bon tanin par hectolitre.

71. Entonnage. — Les moûts, suffisamment éclaircis par le débourbage, sont mis dans des tonneaux où ils subissent la fermentation.

Les tonneaux employés doivent être de petite dimension (de 150 à 200 litres environ) pour les raisons suivantes :

1° Les vins se clarifient mieux et vieillissent plus vite à cause des échanges gazeux qui se font à travers les parois en bois.

2° La fermentation est plus lente et les levures, se trouvant plus longtemps en contact avec le liquide, ont le temps d'absorber les matières jaunâtres entraînées par le jus avec les matières gommeuses pendant le pressurage. Les meilleurs tonneaux à employer sont en chêne.

Les fûts neufs doivent être lavés à l'eau bouillante, non seu-

lement pour faire gonfler le bois et les rendre étanches, mais aussi pour dissoudre une grande partie du tanin et des matières extractives qu'ils cèdent au vin.

D'après MM. Coudon et Pacottet, un fût neuf peut céder près de 100 grammes de tanin par hectolitre à un vin, quantité dix fois supérieure à celle qui est nécessaire.

72. Fermentation. — La fermentation des vins blancs se fait à une température aussi basse que possible, vers 18 à 20 degrés; c'est une *fermentation basse*; elle dure 15 jours à trois semaines. Les moûts soumis à la fermentation basse donnent des vins moins colorés, mais plus fruités, à parfum plus développé et plus délicat que les moûts fermentés à haute température, à 30 et 32 degrés.

Levain (Voir Levures sélectionnées et préparation des levains, vin rouge pied-de-cuve, p. 42).

***Conduite de la fermentation**. — Doit-on laisser échapper l'écume pendant la fermentation des vins blancs?* — Certains vignerons remplissent le fût de façon que l'écume, qui se produit pendant la fermentation tumultueuse du moût, s'échappe au dehors. Ils disent qu'ils purgent le vin. Cette pratique s'appelle *dégorgeage* ou *guillage*.

Pour éviter le départ de l'écume ou *dégorgeage*, il suffit, pendant la fermentation tumultueuse, de ne pas remplir complètement le tonneau, de laisser un vide de 3 à 4 litres.

Les *avantages et les inconvénients du dégorgeage ou guillage* sont très discutés :

Certains œnologues prétendent que les écumes souillent le fût, se répandent sur le sol de la cuverie, s'aigrissent et attirent les moucherons au détriment de la bonne fermentation. Ils font remarquer d'ailleurs que, dans les tonneaux incomplètement remplis, les écumes tombent d'elles-mêmes.

« D'après M. Laborde le dégorgeage a incontestablement les avantages du débourbage, mais il est cause d'une perte de vin quelquefois très importante si la fermentation est trop tumultueuse. A ce point de vue, ce procédé est d'autant plus facile à appliquer que la température est plus basse au départ de la fermentation. Aussi en Bourgogne, en Champagne et autres contrées à climat analogue, le *guillage* est-il plus courant que dans le Bordelais.

Pour les vins de Sauternes, on évite absolument le dégorgeage, car le vin ayant beaucoup de valeur, les pertes qui en résulteraient ne seraient pas compensées par l'augmentation de qualité, assez peu sensible dans ce cas ; d'autre part, il pourrait avoir souvent l'inconvénient de trop ralentir la fermentation. Quand on cherche, en effet, à conserver du moelleux dans les vins qui ont une tendance à perdre complètement leur sucre, le dégorgeage est tout indiqué parce qu'il chasse à l'extérieur une proportion très notable des levures produites.

Tandis que, si on tient à obtenir des vins absolument secs, on doit éviter cette perte de levures, et même, pour activer leur action, il est bon de faire plonger dès le début les écumes de la surface du moût en agitant avec une baguette. »

Lorsque le liquide cesse de bouillonner, c'est-à-dire lorsque la fermentation tumultueuse est terminée, on ajoute du moût fermenté afin que les écumes déposées sur la paroi interne du tonneau soient mouillées et ne puissent s'aigrir.

Au bout de 8 jours de fermentation tumultueuse, on place généralement sur chaque tonneau une *bonde bourguignonne* ou une bonde Noël (fig. 24, p. 63 et fig. 41, p. 82) qui empêche la pénétration de l'air tout en permettant le dégagement de l'acide carbonique. Ces bondes sont laissées 15 à 20 jours et sont remplacées par des bondes ordinaires.

73. Achèvement et maturation du vin blanc. — La fermentation étant terminée, le vin blanc est laissé dans son fût, lequel est placé dans une cave où il se refroidit.

L'action du froid doit, pour être efficace, se faire sentir de trois semaines à un mois ; *la température ne doit pas être inférieure à 4 degrés.* Sous l'action du refroidissement, le vin se clarifie, les lies, les levures, les cristaux de tartre en suspension tombent au fond du tonneau.

74. Soutirages. — Lorsque la clarification a eu lieu, on sépare le vin de sa grosse lie par un soutirage. Deux cas peuvent se présenter :

1° *les moûts ont été débourbés* : le premier soutirage peut se faire en février ;

2° *les moûts n'ont pas été débourbés* : le premier soutirage doit avoir lieu en décembre.

Le premier soutirage, pour la séparation du vin blanc d'avec ses grosses lies, se fait à l'air libre. Les autres soutirages se font autant que possible à l'abri de l'air et dans des fûts légèrement mèchés pour éviter le jaunissement du liquide (voir Soutirage, page 141).

II. — VIN BLANC FAIT AVEC DES CÉPAGES ROUGES.

Pour obtenir des vins blancs avec des raisins rouges, il suffit de séparer vivement le jus du raisin qui est incolore d'avec les pellicules dont les cellules intérieures contiennent la matière colorante (voir Pellicule, page 2).

Rappelons que la matière colorante est très peu soluble dans le moût et l'eau, sauf à chaud à partir de 50 degrés ; elle est soluble dans l'eau alcoolisée et dans l'alcool qui se produit pendant la fermentation. La séparation du jus de raisins d'avec les pellicules doit donc se faire : 1° En évitant de déchirer les cellules internes de la pellicule qui laissent échapper une partie de la matière colorante; 2° avant tout commencement de fermentation qui produirait de l'alcool.

75. Foulage. — Les raisins aussitôt cueillis sont foulés avec un fouloir à cylindres assez écartés pour ne pas écraser les pellicules et mettre la matière colorante en liberté.

76. Égouttage. — La vendange foulée est égouttée dans la cage du pressoir ou dans des claies-égouttoirs. On la remue souvent pour faciliter le départ du liquide. Ce dernier est peu ou pas coloré. Il est susceptible de donner des vins blancs sans aucun traitement.

77. Pressurage. — La vendange égouttée est pressée rapidement en faible épaisseur (1 mètre au maximum) pour que le moût reste le moins de temps possible en contact avec le marc.

Le moût obtenu est légèrement coloré en rouge. Il est nécessaire de le décolorer, comme nous l'indiquons plus loin.

Le marc restant sur le pressoir est divisé et pressé à nouveau (2° pressurage). Le moût qui s'écoule est trop coloré pour qu'il puisse servir à faire du vin blanc, on le fait fermenter à part, de façon à obtenir du vin rouge.

D'ailleurs, on peut pratiquer, si on le désire, une *vinification mixte* qui consiste à fabriquer à la fois du vin blanc et du vin rouge, le vin blanc étant fourni par le moût provenant de l'égouttage seulement et le vin rouge par le moût restant dans la vendange égouttée.

78. Débourbage. — Le moût provenant du premier pressurage est soigneusement débourbé pour qu'il ne contienne pas des fragments de pellicules rouges qui abandonneraient, dès le début de la fermentation, leur matière colorante au vin.

Avec l'*Aramon*, d'après M. Pacottet, 100 kilogrammes de moût donnent :

65 à 70 litres de moût blanc;
10 à 15 — — peu coloré;
5 à 8 — — très coloré.

En Champagne, le moût d'égouttage et de premier pressurage (réunis), si *la vendange n'est pas très mûre*, est presque incolore et le peu de coloration qu'il possède disparaît par suite d'oxydation résultant de son transvasement dans les fûts. On obtient ainsi un vin blanc généralement incolore. Le rendement est relativement faible : il faut pratiquement 200 kilogrammes de raisin pour avoir 1 hectolitre de vin d'égouttage et de pressurage.

Si les raisins sont très mûrs ou si l'on veut obtenir par pressurage une plus grande quantité de moût, on produit un vin trop coloré, un vin *taché* qu'il faut ensuite décolorer.

79. Décoloration des moûts rosés. — Le mélange du moût provenant de l'égouttage et du premier pressurage est rosé. Il est nécessaire de le décolorer ou de décolorer seulement le moût du premier pressurage.

La décoloration se fait de plusieurs manières :

Décoloration.
- par l'acide sulfureux. { sous forme de gaz. / sous forme de bisulfite de potasse.
- par le noir animal et l'acide sulfurique.
- par l'emploi simultané de l'aération et du noir animal (procédé Martinand).
- par aération et sulfitage (procédé Martinand et Semichon).

1° *Décoloration par le gaz sulfureux*. — Le gaz sulfureux, à la dose de 0 gr. 2 à 0 gr. 3 par litre, a la propriété de décolorer les moûts, *mais cette décoloration n'est que passagère*. Lorsque le gaz sulfureux disparaît par évaporation ou combinaison, la coloration réapparaît. Il faut alors constamment réintroduire dans le vin de l'acide sulfureux pour que la décoloration se maintienne. L'emploi de l'acide sulfureux *seul*, soit libre, soit sous forme de bisulfite de potasse, n'est donc pas très pratique. Mais, combiné, comme nous le verrons plus loin, avec l'emploi du noir animal (en faisant agir d'abord l'acide sulfureux puis le noir animal), il devient alors très pratique. L'expérience a montré, en effet, que le noir animal entraîne mieux la matière colorante en combinaison incolore avec l'acide sulfureux que la matière colorante libre, de plus que l'acide sulfureux favorise la précipitation du noir, lequel disparaît ensuite facilement par soutirage.

2° *Décoloration par le noir animal*. — Le noir animal (charbon d'os) a la propriété d'absorber les matières colorantes sans les détruire.

Expérience : Filtrons du vin à travers un papier filtre contenant du noir animal. Au bout de deux filtrations, le vin obtenu est incolore (fig. 47). En goûtant ce vin on s'aperçoit qu'il a perdu sa saveur et son bouquet par suite de l'absorption des matières minérales ou des éthers odorants. Le noir animal ne contient pas, en effet, que du charbon, mais aussi du phosphate de chaux et du carbonate de chaux qui diminuent l'acidité du vin.

Pour faire disparaître ces inconvénients on emploie du *noir animal lavé* qui se prépare en traitant le noir animal par de l'acide chlorhydrique, le noir obtenu est lavé à grande eau jusqu'à disparition de toute acidité.

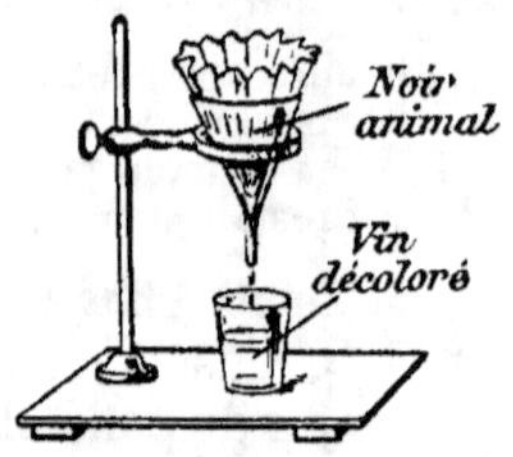

FIG. 46. — DÉCOLORATION DU VIN PAR LE NOIR ANIMAL.

Le vin décoloré par le noir animal lavé ne perd plus sa saveur, mais perd une partie de son bouquet. Dans ces conditions, *il vaut mieux décolorer*, quand on le peut, *le moût que le vin fait*.

En pratique on opère sur le moût au sortir du pressoir (ou sur le moût d'égouttage réuni au moût de premier pressurage). On pourrait n'employer que le noir animal, mais il vaut mieux, comme nous l'avons indiqué plus haut, faire agir d'abord l'acide sulfureux et enfin le noir animal :

Bisulfiter le moût avec du métabisulfite de potasse à la dose de 10 à 15 grammes par hectolitre, puis délayer la dose de noir nécessaire à la décoloration du moût.

Cette dose est variable suivant la couleur du moût : 50 grammes de noir lavé en pâte, si le moût est peu coloré ; 150 grammes s'il est très coloré et provient de vendange très mûre ou altérée par la pourriture.

Au bout de 10 à 12 heures on soutire en l'aérant le moût clair et débourbé, complètement incolore dans les fûts où doit se faire la fermentation.

3° *Décoloration par l'emploi simultané de l'aération et du noir animal* (*procédé Martinand*). — Si dans un moût de raisin plus ou moins coloré on fait barboter de l'air, on observe le brunissement et la précipitation de la matière colorante. Une aération prolongée donne au moût une coloration jaune pouvant aller jusqu'au brun.

Pour enlever tout reste de coloration ou la coloration jaune du moût quand l'aération a été trop prolongée, on fait agir du noir animal.

Pratique de l'opération. — Avec une pompe on refoule de l'air dans le bas de la cuve, quelques minutes, toutes les heures pendant 24 heures et le soir on ajoute le noir. On peut aussi faire écouler le moût dans une grande cuve en le précipitant sur un tamis qui le fait couler en pluie dans la cuve; on agite toutes les heures le liquide et le soir on ajoute le noir.

4° *Décoloration par aération et sulfitage* (*procédé Martinand et Semichon*).— D'après MM. Martinand et Semichon, les moûts sains et surtout les moûts de vendanges pourries contiennent des diastases oxydantes susceptibles de fixer l'oxygène de l'air sur les matières colorantes du moût et de les rendre insolubles. On aère donc comme dans le procédé précédent, jusqu'à ce que le moût commence à jaunir. Puis, pour éviter que la diastase oxydante ne continue son action après la fermentation, on le détruit ou on empêche son action par de l'acide sulfureux sous forme de bisulfite de potasse (6 à 10 grammes par hectolitre).

Remarque. — La suite des opérations concernant la fabrication des vins blancs avec des raisins rouges est la même que dans la fabrication des vins blancs avec des raisins blancs.

80. Décoloration des vins tachés. — Lorsque les vins obtenus, malgré les précautions prises, sont *tachés*, c'est-à-dire colorés un peu en rouge, on les décolore à l'aide de l'emploi combiné de l'acide sulfureux et du noir animal :

On bisulfite le vin à la dose de 10 à 15 gr. de métabisulfite de potasse par hectolitre, puis on ajoute la dose nécessaire de noir animal en pâte. Cette dose est variable suivant la coloration : de 30 à 100 grammes de noir animal par hectolitre de vin (on peut d'ailleurs faire un essai préalable qui indique juste la dose suffisante). On délaye le noir avec la main dans une petite quantité de vin, de façon à avoir une bouillie bien homogène, et on l'incorpore au vin à décolorer par un fouettage énergique renouvelé pendant 3 ou 4 jours. On laisse ensuite déposer le noir et pour que la précipitation de ce noir se fasse mieux on opère un léger collage (voir *Collage*, p. 150).

81. Vins gris et vins rosés. — *Les vins gris* sont des vins blancs un peu colorés faits avec des raisins rouges comme il est indiqué ci-dessus, mais complètement pressurés (vins d'égouttage et de presse réunis) : le moût, obtenu par foulage des raisins et recoupage des marcs sur le pressoir, est mis à fermenter sans débourbage préalable, le vin qui en provient est sensiblement coloré.

• *Les vins rosés* s'obtiennent généralement de la manière suivante : les raisins rouges mélangés ou non à moins d'un cinquième de raisins blancs sont foulés et mis en cuve de fermentation. On cherche à obtenir un départ rapide de la fermentation. Quand cette dernière est bien établie, tumultueuse, mais avant que la matière colorante ait eu le temps de se dissoudre, c'est-à-dire lorsque les sensations sucrée et spiritueuse se compensent, on met rapidement le moût en fûts où la fermentation s'achève comme s'il s'agissait de vins blancs. Les vins rosés obtenus se distinguent des vins rouges faits avec les mêmes raisins par leur finesse et leur bouquet.

CHAPITRE IX

NOUVEAUX PROCÉDÉS DE VINIFICATION

I. MÉTHODE D'EXTRACTION DU VIN PAR DIFFUSION

L'*extraction du vin des marcs par pressurage* (vin de presse)
que nous venons d'indiquer n'est pas la seule méthode actuellement employée pour obtenir le vin restant dans les marcs
après l'écoulement du *vin de goutte*. Il existe une méthode
d'extraction du vin par *déplacement* et *diffusion*, préconisée
par M. *Roos*, qui est employée dans le Midi (ainsi que dans
d'autres régions viticoles, Gironde, Haute-Garonne, Tarn, etc.)
et qui donne de bons résultats. Elle ne s'applique qu'aux *marcs
fermentés*, aussi ne faut-il pas songer à l'employer pour les marcs
frais de raisins blancs. Mais, quand on vinifie en blanc des cépages
colorés en laissant dans le marc une certaine proportion de moût
qui fermente, elle peut parfaitement servir à en extraire le vin.
Cette méthode est *légale*. Tout viticulteur qui désire l'utiliser
doit se conformer à la loi de finances
du 13 juillet 1911 qui la régit (voir
page 217 *la loi et l'extraction, par
le procédé de diffusion, du vin
contenu dans les marcs de vendanges*).

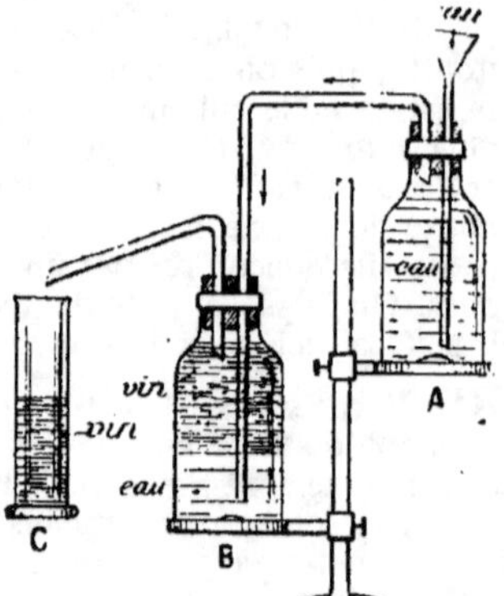

82. Principe de la méthode. —
L'extraction du vin se fait par
déplacement et *diffusion* :

1° *Par déplacement* (fig. 47) : *Expérience.*
— Au fond d'un flacon B plein de vin faisons arriver lentement par le tube T un
filet d'eau venant du flacon A entièrement rempli d'eau et poussé par de l'eau
que l'on verse régulièrement dans l'entonnoir E.

Le vin du flacon B est soulevé par l'eau,
sans que la ligne de séparation des deux
liquides perde sensiblement de sa netteté,

FIG. 47. — DÉPLACEMENT MÉCA-
NIQUE DU VIN AVEC DE L'EAU.

*L'eau du flacon A pousse le vin
du flacon B dans le vase C.*

si le temps de l'expérience n'est pas trop prolongé. Ce vin s'écoule dans le
vase C. D'après M. Roos, en opérant sur un flacon de trois litres, on peut

aisément chasser dans le vase V situé au-dessous les 95 pour 100 du vin qui le remplissait, *sans mélange d'eau*. Dans le cas où le vin est mélangé avec le marc, comme cela a lieu pour des marcs non pressés lorsqu'on a simplement enlevé le vin de goutte, il n'y a pas seulement un déplacement du vin : il y a aussi une diffusion.

2° Par diffusion : Expérience. — Prenons un verre de lampe et fermons la plus grande ouverture par une membrane de parchemin ou encore par de la peau de gant (fig. 48). Mettons ensuite de l'eau ordinaire dans ce verre ; nous pouvons constater que l'eau est parfaitement retenue et qu'elle ne passe pas à travers la membrane.

Plongeons alors le verre dans un récipient quelconque contenant, non pas de l'eau ordinaire, mais de l'eau salée. Au bout de très peu de temps nous constaterons que l'eau ordinaire du verre contient du sel et qu'une partie du sel du récipient a disparu. Le sel en dissolution a donc passé à travers la membrane. C'est ce phénomène qui constitue la diffusion.

Quand on met des marcs dans de l'eau, ces marcs composés d'une infinité de petites cellules microscopiques constituent une infinité de petits vases contenant du vin et cédant ce vin à l'eau dans laquelle on les plonge.

FIG. 48.
EXPÉRIENCE MONTRANT LA DIFFUSION.

Au bout de peu de temps l'eau ordinaire du verre V contient du sel et une partie du sel du récipient R a disparu.

Déplacement et diffusion. — Une troisième expérience nous fera comprendre *l'importance de la diffusion* par *rapport au déplacement* :

Expérience. — Prenons une certaine quantité de marc de raisin pressé, malaxons-le rapidement avec de l'eau, égouttons cette eau ; recommençons une deuxième, une troisième fois la même opération, mais en procédant rapidement. On peut constater que la première eau de lavage possède un titre alcoolique faible, mais cependant notable, que la seconde et la troisième n'accusent que des quantités négligeables. Maintenant, couvrons notre marc lavé d'une certaine quantité d'eau égale à celle employée dans nos premiers lavages et laissons macérer, c'est-à-dire attendons un certain temps (2 à 3 heures).

Au bout de ce temps, le liquide de diffusion que nous recueillerons sera *beaucoup plus riche en alcool* que la première eau de lavage. *Les eaux de lavage* ont agi par simple déplacement, tandis que la *diffusion* est intervenue dans la *macération*. *On voit donc la très grande prépondérance de la diffusion sur le déplacement*.

83. Pratique de la diffusion. — *Pour avoir une idée de la diffusion* on peut utiliser des demi-muids ou des fûts de 200 litres.

Conseils de M. Roos. — On défonce un demi-muid ou des tonneaux de 200 litres (fig. 49), puis, à 15 centimètres environ du bord de l'ouverture ainsi faite, on pratique deux trous de 5 centimètres de diamètre disposés en face l'un de l'autre si on peut installer la *batterie* (ensemble de tous les tonneaux nécessaires) suivant une ligne droite, ou faisant un certain angle si on se propose de les ranger en cercle, en fer à cheval ou de toute autre manière.

Dans l'un des trous passe un tube A, B, C, la partie traversant la paroi de la futaille étant soudée en T sur B C. Le tube ouvert à ses trois extrémités repose sur le fond du demi-muid, la partie inférieure a été dentelée pour permettre un facile écoulement du liquide.

L'ouverture supérieure B arrive un peu au-dessous du bord de la futaille.
pour permettre de mettre le marc à l'abri de l'air en plaçant le fond du tonneau en guise de cou-
vercle. Le tout est fixé
dans la paroi au moyen
d'un bouchon perforé en
caoutchouc. Le second
trou pratiqué dans la fu-
taille reçoit un tube D
également ouvert à ses
deux extrémités, fixé comme le premier par un bou-
chon en caoutchouc et
pouvant être coiffé à l'extrémité d'une crépine E
faisant saillie à l'intérieur.
Une claie de fond, en
deux parties semi-circu-
laires, est disposée dans la
futaille. Elle est destinée à
supporter la charge de
marc, de manière à lais-

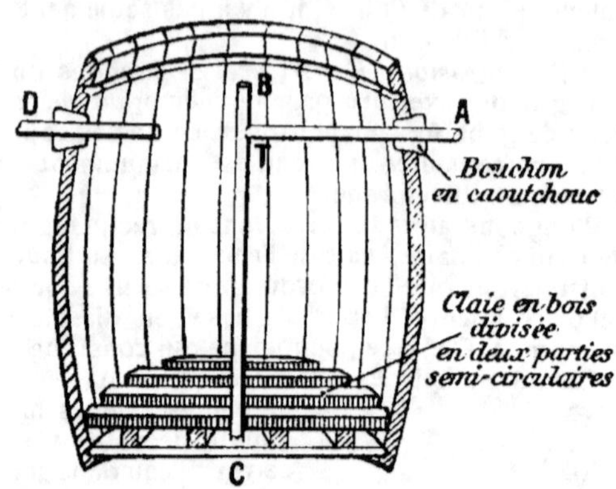

FIG. 49. — DEMI-MUID TRANSFORMÉ EN CUVE
DE DIFFUSION.

ser au-dessous d'elle un vide permettant une bonne répartition du liquide.
On prépare une dizaine de tonneaux formant batterie (fig. 5o).

Marche de l'opération. — On introduit de l'eau dans le tonneau 1 par l'intermédiaire du tube plongeur B C ; elle s'imprègne d'alcool et des autres éléments du vin ; après un séjour de quelques heures on fait arriver une nou
velle quantité d'eau qui force la première à monter à la surface du tonneau,
grâce à sa faible densité, et on la fait passer dans le deuxième tonneau. On
recommence l'opération autant de fois qu'il est nécessaire pour que l'eau
passe successivement sur le marc de tous les tonneaux. Arrivé au dernier
tonneau, si le liquide est assez riche, on le recueille.

En réalité dans la pratique on introduit constamment de l'eau dans le premier tonneau de façon que le mouvement de l'eau dans les autres tonneaux
soit continu, mais cette introduction d'eau est très lente ; l'essentiel est que la

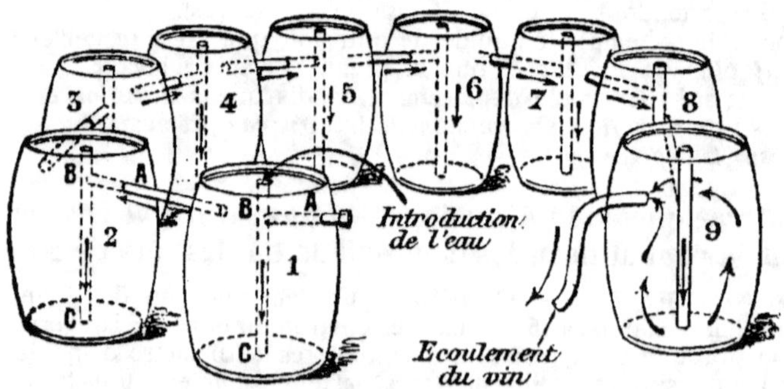

FIG. 5o. — BATTERIE DE DIFFUSION (D'APRÈS ROOS).

vitesse ascensionnelle du liquide dans chaque tonneau soit assez faible pour
que la diffusion ait le temps de se faire, l'expérience a démontré qu'en introduisant à l'heure 18 à 25 litres d'eau dans chaque élément de la batterie (c'est-
à-dire dans chaque tonneau) par 100 kilogr. de marc contenu, on opérait dans
de bonnes conditions.

Le marc du premier tonneau, lavé autant de fois qu'il y a de tonneaux en communication, est épuisé ; on l'enlève et on le remplace par du marc frais. L'eau est alors ajoutée dans le deuxième tonneau qui devient *tonneau de tête* et on la fait passer par additions successives dans tous les autres tonneaux jusqu'au tonneau 1 plein de marc frais qui est devenu *tonneau de queue*.

Chaque tonneau est tour à tour tonneau de tête et devient tonneau de queue lorsque, déchargé de son marc épuisé, il est chargé à nouveau de marc frais.

Établissement d'une batterie de diffusion. — Une batterie de diffusion faite comme nous l'avons indiqué ci-dessus peut donner une idée de l'extraction du vin par diffusion. Au point de vue pratique elle laisse à désirer, la circulation des liquides se fait difficilement, et comme conséquence on constate qu'il se produit une élévation de ce liquide au-dessus des ouvertures d'écoulement, d'autant plus grande qu'on veut marcher plus vite.

Pour obtenir des résultats satisfaisants et faire disparaître la résistance qu'éprouve le liquide à circuler par suite du frottement du au tassement du marc, il est bon d'employer des cuves disposées comme l'indique M. Roos.

La forme cylindrique des cuves est la meilleure, mais on prend habituellement sans inconvénient la forme parallélépipédique (les angles étant arrondis) qui utilise mieux la place.

Le ciment armé permet de faire des installations très légères et très pratiques.

Les cuves présentent les dispositions indiquées par la figure 51. Le fond n'est pas horizontal, il présente quatre pans légèrement inclinés formant une pyramide régulière renversée au sommet de laquelle se trouve un orifice qui est en relation avec le canal d'arrivée du liquide. Un double fond horizontal en bois perforé C supporte la masse de marc. Une claie D empêche le marc d'être soulevé par la poussée du liquide. Le liquide entre par l'orifice B et sort par l'orifice A.

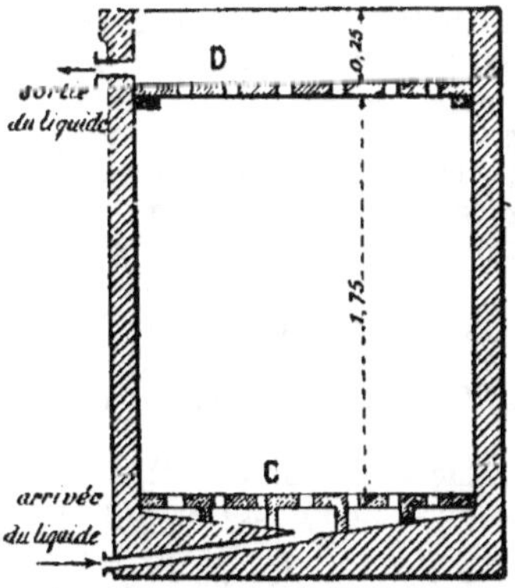

Une batterie de diffusion se compose généralement de 12 cuves dont l'une, la dernière, est en charge ou en décharge pour ne pas avoir à interrompre la marche (9 cuves en travail sont suffisantes pour avoir un épuisement complet sans qu'il y ait mélange d'eau). Ces cuves sont disposées les unes par rapport aux autres d'une manière quelconque, pourvu que les communications de l'une à l'autre puissent être facilement établies : soit en une seule, soit en deux rangées parallèles comme nous l'indiquons figure 52, etc. Le liquide circule dans le sens des flèches sortant par l'orifice supérieur d'une cuve pour entrer dans la suivante par l'orifice inférieur. Il est nécessaire que le tube AB soit vertical et non oblique comme on le disposait au début (suivant

FIG. 51.

COUPE D'UNE CUVE DE DIFFUSION

la ligne pointillée CB) afin que le dégagement des bulles de gaz ne puisse entraver la marche régulière du liquide et se fasse régulièrement par l'orifice supérieur du tube vertical.

Quand une cuve est épuisée, on supprime sa communication avec la suivante en dévissant le tube horizontal EF et l'on met le tube vertical AB en communication avec l'arrivée de l'eau. Pour recueillir le liquide

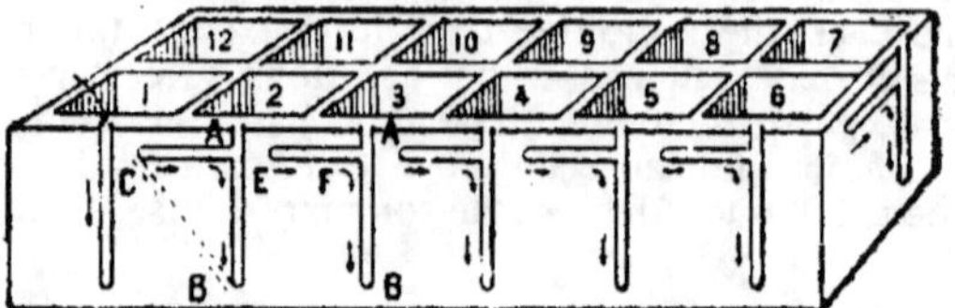

FIG. 52. — BATTERIE DE DIFFUSION.

sortant de la dernière cuve il suffit de relier son orifice supérieur avec un tuyau en caoutchouc plongeant dans un fût.

84. Avantages que présente la méthode d'extraction du vin par diffusion.

— Nous résumerons mieux les avantages que présente la méthode d'extraction du vin par diffusion en citant l'opinion de M. Laborde sur cette question :

« On admet que les marcs simplement égouttés peuvent perdre environ 70 o/o de leur poids par évaporation complète du liquide vineux qui les imprègne. La diffusion ne permet pas l'extraction complète de cette proportion de vin, mais le rendement que l'on peut obtenir ne s'en écarte pas beaucoup. La différence est constituée par la piquette que l'on obtient en queue de l'opération et qui correspond, dans les conditions ordinaires du fonctionnement des appareils, à 8 litres de vin pour 100 kilos de marc. Le rendement de la diffusion est donc d'environ 62 o/o. Ce chiffre est évidemment un peu variable suivant le degré d'égouttage du marc et suivant la nature même de ce marc, mais en général il ne descend guère au-dessous de 60 o/o, et il peut aller jusqu'à 65 o/o.

Avec les marcs pressés qui contiennent encore 5o o/o de leur poids de vin, on peut atteindre 45 o/o sans que le vin soit mouillé, à la condition cependant que le marc ait été parfaitement émietté. Mais, d'après les résultats obtenus sur les marcs égouttés, le traitement des marcs pressés n'a pas sa raison d'être, il est inutile de faire les frais d'un pressurage préalable.

Si on compare maintenant le rendement de la diffusion au rendement du pressurage, on trouve une différence très importante. Ainsi, un bon pressoir permettant, à l'aide d'un ou deux remaniements du marc, d'extraire 40 à 45 o/o de vin chargé de lie dans une proportion qui s'élève souvent jusqu'à plus de 5 o/o, son rendement doit être abaissé à 40 o/o, au plus, en vin clair. Donc la différence avec la diffusion est d'au moins 20 o/o en faveur de ce dernier procédé, car il ne faut pas oublier que le vin de diffusion sort de l'appareil parfaitement clair.

Au point de vue économique, la diffusion prime d'une manière très sérieuse la méthode ordinaire d'épuisement des marcs, pressurage et lessivage pour la fabrication des piquettes. En effet, les calculs de M. Roos, établis sur plusieurs exploitations d'importance variable, montrent que le bénéfice est d'au moins 4 o/o sur le produit total de la récolte. C'est donc un résultat fort important, surtout en présence des bénéfices de plus en plus faibles que laisse la viticulture. »

Nota. — Pour avoir des détails techniques sur l'établissement et la marche des batteries de diffusion, consulter l'ouvrage de M. Roos « *La diffusion appliquée aux marcs de raisins* ». (Librairie Coulet à Montpellier.)

II. PROCÉDÉ DE VINIFICATION PAR SULFITAGE
VINIFICATION DES VENDANGES AVARIÉES

85. But du procédé de vinification par sulfitage. —
On utilise beaucoup l'acide sulfureux en vinification pour les
vins communs et principalement pour les vendanges de mauvaise qualité (vendanges avariées, non complètement mûres, etc.),
afin d'obtenir des vins plus colorés (d'une couleur plus vive,
plus stable), plus rapidement limpides, ayant plus de finesse et
surtout ne contenant aucun germe de maladie pouvant les
altérer à un moment donné, en un mot des vins d'excellente
tenue.

86. Principe du procédé. — Le principe du procédé de vinification par sulfitage consiste à *mettre dans un moût, avant toute
fermentation, une certaine quantité d'anhydride sulfureux désigné
le plus souvent sous le nom d'acide sulfureux (7 gr. 5 à 12 gr. 5
par hectolitre pour la vinification en rouge et 10 à 25 grammes
pour la vinification en blanc), de façon à produire une véritable
sélection favorable aux meilleures levures en éliminant les germes
de maladie.* Nous verrons que cet acide sulfureux influe également-
ment favorablement sur la qualité des vins obtenus, au point
de vue de leur valeur marchande et de leur conservation.

Quand on met de l'acide sulfureux dans un moût il ne reste
pas toujours à *l'état libre* : une partie se combine avec différents corps que contient le moût (principalement avec le sucre),
on dit qu'il est à *l'état combiné* et l'autre partie qui reste à
l'état libre pendant un temps plus ou moins long s'oxyde ou se
décompose peu à peu, finit en un mot, en grande partie, par
disparaître plus ou moins lentement. Or, l'expérience a démontré que *l'acide sulfureux à l'état libre est le seul qui ait
une action sur les microbes; l'acide sulfureux à l'état combiné
n'a qu'une action insignifiante.*

*La sélection des levures pour être pratique doit être faite
avant le départ de la fermentation et non pendant la fermentation.*

Il n'y a pas accoutumance de levures pour l'acide sulfureux,
comme on le croyait, les levures ne s'accoutument pas à des
doses progressives et de plus en plus fortes d'acide sulfureux.

Les doses d'acide sulfureux indiqués ci-dessus sont suffisantes
pour détruire les ferments de maladie sans détruire les bonnes
levures, il y a simplement un retard dans la fermentation. Mais
il y a des *doses mortelles* pour les levures, de sorte que l'acide

sulfureux agit soit comme *stérilisateur*, soit comme *purificateur* selon que les doses employées sont mortelles ou non.

Nous avons vu (p. 36) que les différents auteurs qui se sont occupés de l'action de l'acide sulfureux sur les levures n'ont pas toujours été d'accord sur la valeur de la *dose mortelle*. Pour les uns, cette dose était relativement faible et excédait rarement 40 à 50 milligrammes par litre; pour les autres elle atteignait 300 milligrammes.

On a reconnu que la dose mortelle était variable avec le milieu dans lequel les microorganismes subissaient l'action de l'acide sulfureux, avec la durée du contact et avec les divers ferments.

Ce qu'il importe de connaître, au point de vue pratique, ce sont les doses nécessaires et suffisantes, soit pour *stériliser* le milieu (cas des moûts mutés par l'acide sulfureux), soit pour retarder plus ou moins longtemps le départ de la fermentation (cas général). Mais la dose d'acide sulfureux, *libre* pour une même dose initiale d'acide sulfureux, varie dans des proportions relativement étendues avec certains facteurs dont il est bon d'étudier l'influence.

Action de la richesse en sucre. — Le sucre peut se combiner à l'acide sulfureux et la limite de combinaison dépend des masses respectives des deux corps mis en présence. La quantité d'acide sulfureux libre (seul actif), en équilibre dans le milieu, est donc forcément variable avec la quantité de sucre qui s'y trouve en même temps. Plus le moût est riche en sucre et plus la dose initiale d'acide sulfureux doit être élevée. C'est ainsi par exemple, fait remarquer M. Ventre, qu'une dose initiale de 500 milligrammes par litre, suffisante pour stériliser complètement un moût à 160 grammes de sucre par litre, est à peine retardatrice dans un moût à 300 grammes de sucre (toutes choses étant égales d'ailleurs).

Influence de la vitalité du ferment. — La résistance des levures à l'action de l'acide sulfureux est *maximum* quand les levures ont atteint leur plein développement, c'est-à-dire quand elles sont en pleine activité; cette résistance est très atténuée quand les levures sont à l'état de germes, ou à l'état de vie ralentie, comme dans les lies déposées après fermentation. La pratique montre, en effet, qu'une levure en voie de développement résiste à des doses qui à tout autre moment seraient mortelles; il y a simplement un retard plus ou moins long dans la fermentation.

« Cela explique pourquoi, dans la préparation des moûts mutés, on est souvent obligé de recourir à des doses atteignant et même dépassant 1 gramme par litre. En effet, si on employait des doses plus faibles d'acide sulfureux, on ne stériliserait pas le milieu qui contient presque toujours des germes en activité, soit que ceux-ci aient pris naissance sur des raisins altérés, soit qu'ils se soient développés au cours des opérations de foulage et de pressurage. Cela explique également pourquoi les retards très grands de fermentation, observés dans la pratique, peuvent être évités par l'emploi de levains actifs. Enfin, cela explique pourquoi la méthode du sulfatage basé sur l'emploi de doses fractionnées d'acide sulfureux au cours de la fermentation, est erronée et inopérante. En résumé, on peut dire que la résistance des germes est d'autant plus grande qu'ils sont plus actifs et que si l'on veut obtenir une stérilisation complète du milieu, on devra faire appel à des doses d'acide sulfureux très élevées; enfin, que l'addition d'acide sulfureux à un moût en pleine fermentation n'a aucune action et cela au double point de vue de la sélection des levures et de la purification du milieu. L'acide sulfureux étant d'ailleurs très volatil, est entraîné mécaniquement par le gaz carbonique qui se dégage pendant la fermentation » (Ventre).

Influence de la masse des ferments. — Si on ensemence un moût renfermant des doses croissantes d'acide sulfureux, avec un nombre de plus en plus grand de germes en pleine activité, on constate, toutes choses égales d'ailleurs, que des quantités 5 à 10 fois plus fortes de levures déterminent la fermentation en présence de doses généralement considérées comme mortelles dans les conditions ordinaires d'ensemencement.

« L'action marquée de la masse de ferments explique les retards variables apportés dans les départs de fermentation par l'emploi d'une même dose d'acide sulfureux et cela, selon les années. En effet, on observe généralement un retard plus grand les années où des pluies torrentielles ont marqué le début des vendanges ou encore quand au cours de la maturation, l'insolation et la température ont atteint une valeur maximum. Ces retards sont imputables à une diminution dans le nombre des ferments et à un manque de vitalité. Ces anomalies justifient alors l'emploi, dans la pratique, de *levains actifs.* »

Influence de la température. — « L'influence de l'acide sulfureux sur les ferments s'ajoute à celle de la température, de sorte que la dose mortelle d'acide sulfureux augmente ou diminue avec elle. Cela explique pourquoi, en pratique et dans les pays froids, on constate des retards très grands dans les départs des fermentations, pour des doses très faibles d'acide sulfureux, et aussi pourquoi on observe un ralentissement marqué dans la fermentation, quand on effectue des remontages des moûts sulfités, par des températures basses. »

D'après M. Ventre, on peut admettre, en pratique, que toutes les fois que la température du milieu n'est pas inférieure à 20 degrés, on se sera assuré d'un départ spontané de fermentation, même à des doses inférieures à 150 milligrammes par litre. Ce n'est que dans le cas où la température serait inférieure à 20 degrés que l'on pourrait craindre des retards relativement grands dans les départs de fermentation. On remédiera facilement à cet inconvénient en n'employant que des doses inférieures à 100 milligrammes.

Influence de la masse de liquide. — « Elle paraît tenir à une question de température, les grosses masses de liquide se mettant moins facilement en équilibre avec l'air ambiant, qu'un petit volume. Pour de grosses masses de moût, l'emploi de doses égales ou inférieures à 200 milligrammes par litre, peuvent être employées. » (Ventre.)

En résumé, on voit que l'action de l'acide sulfureux sur le moût, se traduit toujours par des retards plus ou moins longs dans le départ des fermentations. Ces retards, fait remarquer M. Ventre, pour si légers qu'ils soient, peuvent néanmoins occasionner des perturbations dans le travail du cellier et la rentrée de la vendange, en immobilisant pendant un temps plus ou moins long qu'on ne le pensait, la vaisselle vinaire servant au cuvage. Aussi a-t-on, dès l'origine de la méthode de sulfitage, cherché à pallier cet inconvénient, en faisant appel aux *levains actifs* constitués, en partie, soit de levures indigènes, soit de levures sélectionnées (voir page 41 et 103).

Action de l'acide sulfureux sur la fermentation alcoolique. — Nous avons vu (page 33 et page 36) que l'acide sulfureux mis dans la vendange (vinification en rouge) ou dans *le moût* (vinification en blanc) à des doses déterminées, exerce une *action sélectionnante* ou en d'autres termes joue un rôle de *purificateur* en détruisant les germes de maladies tout en permettant le développement de la levure alcoolique vraie (levure elliptique).

En employant l'acide sulfureux, on réalise d'abord une sélection de ferments alcooliques et ensuite un assainissement du milieu.

M. Ventre a fait des essais intéressants en vue de déterminer l'action de l'acide sulfureux sur la fermentation alcoolique et sur la constitution du vin. Ces essais ont porté sur de la vendange d'Aramon en partie atteinte de pourriture grise, c'est-à-dire présentant le maximum de défectuosité :

L'examen des liquides fermentés a montré que, d'une façon constante, les échantillons témoins sont presque toujours de couleur fausse et de goût défectueux. Les vins provenant de moûts sulfités étaient, au contraire, brillants, fins et fruités, et cela d'autant mieux que la dose d'antiseptique était plus grande.

L'examen microscopique des liquides et des dépôts a révélé généralement la présence dans le témoin, de bactéries nombreuses et de mycodermes (acescence et tourne), alors que les vins issus de vendanges ou de moûts sulfités en étaient complètement indemnes. Le dosage de l'acidité volatile confirma d'ailleurs les résultats de l'examen microscopique.

Enfin, dans tous les essais sulfités, la fermentation, même aux doses très élevées d'antiseptiques, était intégralement terminée.

Le tableau suivant permet de suivre, d'une façon claire, l'action purificatrice de l'acide sulfureux (voir p. 102).

De l'examen de ce tableau, on peut tirer deux enseignements : le premier, que l'acide sulfureux détruit les bactéries (germes de maladies); le second, qu'il peut agir préventivement sur la casse brune des vins en détruisant l'oxydase.

Action de l'acide sulfureux sur la qualité des vins. — L'acide sulfureux provoque toujours (que la vendange soit saine ou altérée) une amélioration générale de la qualité des vins. D'après M. Ventre, cette amélioration, très nette pour les vins blancs, est particulièrement sensible pour les vins rouges, notamment en ce qui concerne la *couleur*, le *goût* et la *constitution*.

ACIDE SULFUREUX PAR LITRE.	ACIDITÉ VOLATILE (en SO⁴H²).	DÉGUSTATION	EXAMEN MICROSCOPIQUE	
			Liquide.	Dépôt.
Témoin	16 gr. 10	Cassé et piqué.	Bactéries de tourne et d'aigre.	Levures et bactéries.
0 gr. 050	0 — 76	Jaune, brun, assez limpide, léger goût de moisi.	Quelques bactéries.	Levures assez pures.
0 — 100	0 — 52	Légèrement rosé, brillant, droit de goût.	Sain.	Levures pures.
0 — 150	0 — 47	Rose vif, brillant, droit de goût.	—	—
0 — 200	0 — 45		—	—
0 — 250	0 — 36		—	—

Couleur. — « Longtemps on a considéré l'acide sulfureux comme un décolorant énergique capable d'être utilisé pour obtenir des vins blancs de raisins rouges. Mais, outre que pour obtenir ce résultat, il faut employer des doses considérables d'acide sulfureux, la décoloration n'est que temporaire et la couleur reparaît dès que l'action cesse. Dans certaine condition, la matière colorante réapparaît non seulement avec une intensité plus grande, mais encore une nuance exempte de jaune. L'augmentation de couleur est effective et cela qu'il s'agisse ou non de vendanges entières; quand à l'intensité, elle croît avec les doses d'acide sulfureux jusqu'à une certaine limite au delà de laquelle elle reste stationnaire, ou même décroît.

Les gains de couleur sont variables avec les cépages et pour des doses spécifiques d'acide sulfureux, comprises entre 100 et 150 milligrammes par litre, ils se tiennent entre 11 p. 100 (grand noir de la calmette) et 52 p. 100 (aramon). Il serait intéressant de déterminer, pour chaque région et pour chaque cépage coloré la dose limite d'acide sulfureux susceptible de produire le maximum de couleur.

Quand à la nuance, elle est toujours reportée vers le violet-rouge et la gamme chromatique de Chevreul, tandis que dans le témoin elle se trouve dans les rouges ou les derniers violets-rouges, ce qui revient à dire que l'acide sulfureux a sur la matière colorante, non seulement une action conservatrice, mais encore amélioratrice, au double point de vue de l'intensité et de la nuance. »

Goût. — L'amélioration apportée au goût est d'autant plus sensible que la matière première mise en œuvre est plus défectueuse et de nature à l'impressionner défavorablement, dans le cas d'une vinification ordinaire. L'influence de l'acide sulfureux se traduit par une fraîcheur et un fruité, voire même une finesse, qui paraît augmenter avec la dose d'acide sulfureux. Les produits obtenus par sulfitage sont également plus corsés.

D'une façon générale, l'emploi d'acide sulfureux a pour résultat de faire disparaître tous mauvais goûts originels, terroir ou fox, que l'on rencontre toujours dans les vins témoins et qui paraissent tenir au développement, dans le milieu, d'une flore microbienne très abondante.

Action sur la constitution des vins. — Les vins provenant de vendanges ou de moûts traités par l'acide sulfureux sont mieux équilibrés et plus riches en certains éléments que les vins provenant de vendange ou de moûts non traités. Les modifications observées portent principalement sur *l'alcool, l'acidité fixe, l'extrait sec* et les *matières minérales*.

Alcool. — « L'influence de l'acide sulfureux se traduit par un gain en alcool variant entre 2 et 4 dixièmes de degré. Ce fait est général et il est confirmé par la diminution d'acidité volatile, ordinairement supérieure dans les vins témoins. Le gain en alcool est dû à une pureté plus grande de la fermentation et partant à une meilleure utilisation du sucre.

Acidité fixe. — L'acidité fixe des vins sulfités est toujours supérieure de près de 1 gramme à celle que l'on rencontre dans les vins non traités. Cette augmentation tient à deux causes, dont l'une est due à *l'action dissolvante* de l'acide sulfureux, et dont l'autre, *bactéricide*, assure une conservation plus grande de certains acides organiques (malique, citrique), qui existent normalement dans les moûts et qui sont détruits dans le cas de fermentations impures.

Extrait sec. — L'augmentation de cet élément est constant dans les vins sulfités et peut varier entre 3 et 4 grammes par litre. Ce gain dans les matières extractives tient encore *la propriété dissolvante* de l'acide sulfureux, celui-ci aidant à l'extraction d'une partie des éléments renfermés dans les matériaux solides de la vendange (rafles, peaux, pépins). Cette action dissolvante est d'ailleurs connue depuis longtemps dans l'industrie tartrique, où on y fait appel dans le travail des marcs de raisins.

Matières minérales. — Pour les mêmes raisons, la proportion de cendres est plus grande dans les vins sulfités que dans les vins témoins. Il en est de même de leur alcalin. Il y a donc encore ici, action dissolvante.

En résumé, l'emploi de l'acide sulfureux se traduit toujours par une amélioration du produit, tant au point de vue organoleptique qu'au point de vue constitution. En outre, comme son action antiseptique a joué à l'origine de la fermentation un rôle important comme purificateur du milieu, on peut être assuré de la conservation et de la tenue ultérieure des produits obtenus. »

Pratique du sulfitage. — Elle est sensiblement la même, qu'il s'agisse de la vinification en rouge ou de la vinification en blanc ou en rosé; elle ne diffère que par certains points de détails que nous examinerons. Elle comprend deux opérations :

1º *La préparation du levain*, pour remédier aux retards qui peuvent se produire dans les départs de fermentation;

2º *Le sulfitage proprement dit* et l'ensemencement du milieu (levurage).

Préparation du levain ou pied de cuve. — Elle est toujours la même, que l'on doive utiliser le levain à l'ensemencement de la vendange entière (vinification en rouge) ou du moût (vinification en blanc).

D'après M. Ventre, la proportion de levain qui donne les meilleurs résultats, dans tous les cas, varie entre 2 litres et 2 litres 50 pour 100 kilogrammes de vendange ou pour 100 litres de moût à ensemencer, il devra toujours être de 100 litres au moins; autrement dit, si on n'a qu'une petite quantité de matière première à ensemencer, il faudra toujours prévoir 100 litres de levain.

Le volume du levain étant fixé, voyons comment il devra être préparé pour présenter le maximum de pureté et d'activité.

Représentons par N, le nombre de quintaux métriques de vendange ou d'hectolitres de moût à traiter par jour; d'après ce qui précède, il faudra $N \times 2$ litres de levain; mais ce volume, suffisant pour l'ensemencement de la matière première récoltée dans une journée, n'est plus suffisant, si on veut faire une culture continue. Dans ce cas, il faut prendre deux fois plus de liquide, soit $N \times 4$ litres; une partie, la moitié, devant servir à l'ensemencement de la vendange ou du moût, l'autre moitié étant destinée à la mise en fermentation d'une égale quantité de liquide.

Des récipients (bordelaises, demi-muids), de capacité variable avec l'importance de la rentrée journalière, sont préparés à l'avance, défoncés et mis sur chantiers, à proximité des cuves ou des foudres à traiter. Dans les grandes exploitations, on se sert de cuviers en maçonnerie. Tous ces récipients seront munis de deux cannelles, dont l'une servira au soutirage des liquides, l'autre à la vidange complète des récipients.

Deux jours avant la vendange, on choisira un lot de raisins sains et pas très mûrs, suffisant pour donner $N \times 4$ litres, dont on a besoin. Le moût seul sera mis dans les tonneaux préparés comme il a été dit.

De l'ensemble du moût ainsi recueilli, on distraira environ le dixième qui sera, ou abandonné à la fermentation spontanée, dans le cas où on voudrait utiliser à l'ensemencement les ferments indigènes, ou chauffé à 32-35 degrés, et ensemence avec des levures sélectionnées du commerce; les neuf dixièmes restant sont sulfités à raison de 20 grammes d'acides sulfureux par hectolitre et cela, dans le but d'obtenir une clarification et une purification du milieu.

Dès que le moût abandonné à lui-même, ou ensemencé, est en pleine fermentation, on ajoute le moût sulfité en quantité telle que les ferments n'en soient jamais gênés dans leur évolution. Cependant, on ne devra, en aucun cas, ajouter le liquide sulfité avant que la fermentation soit répartie. En opérant ainsi, le levain sera prêt à être employé le jour même où commencera la cueillette du raisin.

Sulfitage et levurage de la vendange (*vinification en rouge*). — D'une manière générale, d'après M. Ventre, les doses d'acide sulfureux à employer pour le sulfitage de la vendange varient entre 7 gr. 5 et 12 gr. 5 par hectolitre, selon l'état de la vendange. Il est inutile, quelquefois même nuisible, d'avoir recours à des doses massives de 30, 40 et 50 grammes par hectolitre, comme l'ont conseillé certains auteurs, l'utilisation de ces doses se traduisant toujours par des arrêts très longs de la fermentation, des diminutions dans l'intensité de la couleur et la production des sulfates en proportion relativement élevée.

« Le choix de la dose d'acides sulfureux étant fait, il ne

reste plus qu'à incorporer l'antiseptique dans la vendange.

« Deux moyens peuvent être employés dans ce but, le premier consiste à ajouter l'acide sulfureux, mis en solution dans un peu d'eau, au fur et à mesure de la rentrée de la vendange. C'est la méthode usitée dans les pays chauds, où on a toujours à craindre des départs rapides et spontanés de fermentation. Il faudra, dans ce cas, verser la solution après le passage de la vendange au fouloir, afin d'éviter la production d'hydrogène sulfuré (odeur d'œufs pourris).

« Dans les régions tempérées, le sulfitage peut être effectué en une seule fois, par un remontage du moût, en fin de journée. Dans ce cas, la vendange est considérée comme parfaitement sulfitée quand le moût a pris uniformément la teinte caractéristique de bouillon de châtaigne.

« Dans le cas de sulfitage en fin de journée, on a intérêt à augmenter la dose d'acide sulfureux si le récipient n'est pas plein et doit encore recevoir de la vendange. On ajoute alors, en une fois, les quatre cinquièmes de la quantité totale.

« Le levurage de la vendange suit le sulfitage et s'effectue de la même manière que celui-ci, soit au fur et à mesure, soit en fin de journée. La quantité nécessaire de moût en pleine fermentation est prélevée sur le levain, en ayant soin de l'agiter au moment du prélèvement, de façon à l'aérer pour aider au développement des levures, et ensuite à mettre en suspension les ferments vieillis qui, formant un dépôt abondant, rendraient le levain paresseux et languissant.

« On remplace, dans le levain, quand l'opération d'ensemencement est terminée, le volume utilisé par une égale quantité de moût sulfité, mis chaque jour en réserve et sulfité à 20 grammes d'acide sulfureux par hectolitre. Ce moût est recueilli au début du remplissage du récipient de cuvage. »

Sulfitage et levurage du moût (*vinification en blanc*). — Les doses d'acide sulfureux à employer sont plus fortes que dans le cas de la vinification en rouge.

« Elles varient entre 10 et 25 grammes par hectolitre, selon l'état du raisin qui a produit le moût. Dans ces vinifications, on met en œuvre deux autres propriétés de l'acide sulfureux : *débourbante* et *coagulante*. En effet, quand on examine, dans une éprouvette, un moût traité par l'acide sulfureux, on constate qu'il laisse déposer certains produits qui se classent par densité :

« Au fond, les matières étrangères (terres grasses, etc.); audessus, les débris organiques, provenant du raisin; enfin, en troisième lieu, un dépôt floconneux, constitué par les matières pectiques et mucilagineuses. L'acide sulfureux partage, avec l'alcool seulement, ces deux propriétés.

« Le sulfitage s'effectue de façon un peu différente de celle étudiée précédemment; une partie de l'acide sulfureux est mise directement dans le moût, une deuxième partie, sur les chambres d'égouttage; enfin, le reste sur les pressoirs et cela, dans le but d'éviter tout départ spontané de la fermentation et d'empêcher l'oxydation de la matière colorante.

« Quant au levurage, il se fait après le débourbage des moûts. »

Conseils à observer dans l'emploi de l'acide sulfureux. — Il arrive souvent que, par suite d'une application défectueuse de la méthode, le vin présente l'odeur et le goût d'œufs pourris. On remédie à cet inconvénient en aérant fortement le moût, soit par le remontage à la pompe, soit par agitation, au cours de la fermentation et pendant les deux premières journées. On procédera à une nouvelle aération au moment du décuvage. Ces aérations successives ont pour but de combattre l'action réductrice des levures, de détruire les produits sulfurés formés, et enfin d'intensifier la matière colorante.

En résumé, le sulfitage, est susceptible de donner toujours, que le raisin soit sain ou malade, des produits sinon parfaits, du moins infiniment supérieurs à ceux fournis par les différentes méthodes recommandées jusqu'ici pour améliorer la qualité des vins.

Nous rappelons que, *d'après le décret du 19 août 1921, pour les moûts, on ne peut employer les bisulfites alcalins cristallisés purs qu'à une dose inférieure à 20 grammes par hectolitre, tandis que l'emploi de l'acide sulfureux pur est sans limitation de quantité.*

Ce décret ne permet pas d'employer plus de 20 gr. de métabisulfite de potasse par hectolitre de moût, soit 13 gr. 35 d'acide sulfureux, quantité insuffisante pour la vinification en blanc si l'on se reporte aux chiffres donnés ci-dessus. On peut tourner la difficulté en employant de l'acide sulfureux pur dont le décret permet l'emploi à des doses plus que suffisantes (voir page 36 les formes sous lesquelles l'acide sulfureux est susceptible d'être employé).

ÉTUDE ET AMÉLIORATION DES VINS

CHAPITRE X

COMPOSITION ET ANALYSE DES VINS

ALCOOL, ACIDITÉ, EXTRAIT SEC, TANIN

Le vin est un liquide de composition très complexe. On y trouve, d'après M. Ordonneau, plus de 10 alcools différents, plus de 25 acides libres ou combinés, 15 éthers, etc.

Au point de vue pratique, il importe de déterminer surtout :

L'*alcool*; l'*acidité*; l'*extrait sec* comprenant les sels (tartrates, sulfates, etc.), le tanin, l'albumine, gommes, etc.; le *tanin*.

I. ALCOOL

92. L'alcool dans les vins. — L'alcool est un élément puissant de conservation du vin. Nous verrons, page 181, que dans les vins faibles, débiles une augmentation de 1 à 2 degrés en alcool suffit à les rendre stables et de bonne conservation. On dit qu'un vin *dose* ou *pèse* 9 degrés d'alcool, par exemple, lorsqu'il contient 9 pour 100 d'alcool en volume, soit 9 litres d'alcool pour 100 litres de vin.

On admet qu'un vin ordinaire de consommation courante doit peser *au moins* 8 degrés d'alcool pour être de consommation facile et 10 degrés pour se conserver pendant plusieurs années.

Au dessous de 7 degrés le vin est dit faible, il ne peut ni voyager, ni se mettre en bouteille.

Il est à remarquer qu'un vin ne peut avoir naturellement plus de 15 à 16 degrés d'alcool. L'alcool, en effet, sert d'antiseptique à la levure qui l'a produit et la fermentation en cuve cesse dès que le liquide contient 15 à 16 degrés.

Pour déterminer la quantité d'alcool que contient un vin, on peut employer deux procédés : *le procédé des alambics ou procédé par distillation; le procédé des ébulliomètres ou ébullioscopes.*

***Détermination de l'alcool par distillation. — Emploi de l'alambic
Salleron. —*** PRINCIPE. — *On extrait par distillation tout l'alcool
d'un volume déterminé de vin, de façon à obtenir un mélange
unique d'alcool et d'eau dans lequel on plonge un instrument
appelé alcoomètre, lequel indique directement le tant pour 100
en volume d'alcool pur que renferme le mélange.*

L'appareil le plus employé est l'alambic Salleron (fig. 53).

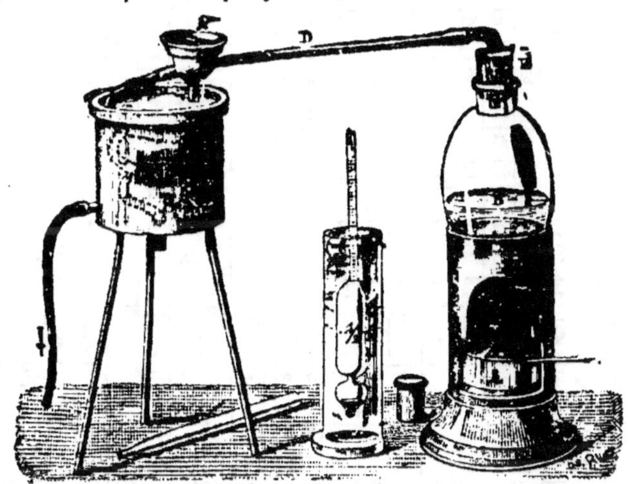

FIG. 53. — ALAMBIC SALLERON POUR LA DÉTERMINATION DE L'ALCOOL
B. *ballon en verre*, E, *bouchon en caoutchouc*, D, *tube à dégagement*,
C, *réfrigérant.*

Il se compose : 1° d'*un ballon en verre* B qui sert de chaudière
pour distiller. Ce ballon est chauffé par une *lampe à alcool* ;

2° D'*un serpentin* contenu dans un *réfrigérant* C ; le serpentin communique avec la chaudière au moyen d'un tube en caoutchouc D, relié à un bouchon E qui s'adapte au col du ballon B.

L'alambic est accompagné : 3° d'*une éprouvette* E portant
un trait *a* qui limite le volume du vin soumis à la distillation ;

4° D'*un alcoomètre* ; 5° d'*un thermomètre.*

Manière d'opérer. — On remplit deux fois l'éprouvette L
avec du vin jusqu'au trait *a* (on amène exactement le niveau
devant le trait *a* avec une pipette), et l'on verse le liquide dans
la chaudière.

Il reste dans l'éprouvette quelques gouttes de vin ; on y
ajoute un peu d'eau, on rince, et l'on verse de nouveau cette
petite quantité de liquide dans le ballon. On met enfin un peu
d'alcali (soude ou potasse caustique ou mieux magnésie caustique) dans le vin jusqu'à ce qu'un morceau de papier de tournesol rouge touché par le liquide devienne bleu, afin de neu-

Table des richesses alcooliques depuis 1 jusqu'à 20 o/o.

INDICATIONS DE L'ALCOOMÈTRE.

INDICATIONS DU THERMOMÈTRE.

	1	2	3	4	5	6	7	8	9	10	11	12	13	14	15	16	17	18	19	20
10	1,4	2,4	3,4	4.5	5.5	6,5	7,5	8,5	9,5	10,6	11,7	12,7	13.8	14,9	16,0	17,0	18,1	19,2	20,2	21,3
11	1,3	2,4	3,4	4,4	5,4	6.4	7,4	8.4	9,4	10.5	11,6	12,6	13,6	14,7	15.8	16.8	17,9	19,0	20,0	21,0
12	1,2	2,3	3,3	4,3	5.3	6,3	7,3	8,3	9.3	10,4	11,5	12,5	13.5	14.6	15.6	16,6	17,6	18,7	19.7	20.7
13	1.2	2,2	3,2	4,2	5,2	6.2	7.2	8,2	9,2	10.3	11,4	12,4	13,4	14,4	15,4	16,4	17,4	18,5	19,5	20,5
14	1.1	2.1	3,1	4.1	5.1	6,1	7.1	8,1	9.1	10,2	11,2	12,2	13,2	14,2	15.2	16.2	17,2	18.2	10,2	20,2
15	1	2	3	4	5	6	7	8	9	10	11	12	13	14	15	16	17	18	19	20
16	0,9	1,9	2.9	3,9	4,9	5,9	6,9	7.9	8,9	9,9	10,9	11,9	12,9	13,9	14 9	15,9	16,9	17,8	18,7	19.7
17	0,8	1,8	2.8	3.8	4,8	5,8	6,8	7,8	8.8	9.8	10,8	11.7	12,7	13,7	14,7	15,6	16,6	17.5	18,4	19,4
18	0,7	1,7	2.7	3.7	4,7	5.7	6,7	7.7	8,7	9,7	10.7	11,6	12,5	13 5	14,5	15,4	16.3	17.3	18,2	19.1
19	0,6	1,6	2.6	3.6	4,5	5.5	6.5	7,5	8.5	9.5	10,5	11,4	12,4	13,3	14,3	15,2	16,1	17.0	17,9	18.8
20	0.5	1,5	2,4	3,4	4.4	5.4	6.4	7,3	8,3	9.3	10.3	11,2	12,2	13,1	14,0	14.9	15.8	16.7	17,6	18.5
21	0.4	1,4	2,3	3,3	4,3	5,2	6 2	7,1	8,1	9.1	10,1	11,0	11,9	12,8	13,7	14,6	15,5	16,4	17,3	18,2
22	0,3	1,3	2.2	3.2	4.1	5,1	6,1	7,0	7.9	8,9	9,9	10,8	11,7	12,6	13,5	14.4	15,3	16 2	17,0	17,9
23	0.1	1.1	2,1	3 1	4.0	4,9	5,9	6.8	7,8	8,7	9,7	10,6	11.5	12,4	13.3	14,1	15,0	15 9	16,7	17,6
24	0,0	1,0	1.9	2.9	3,8	4.8	5,8	6.7	7,6	8,5	9,5	10,4	11,3	12,2	13 1	13,9	14,8	15,7	16,5	17,4
25	0,0	0,8	1.7	2.7	3,6	4,6	5.5	6,5	7.4	8,3	9.3	10,2	11,1	12.0	12,8	13.6	14,5	15,4	16 2	17.1
26	0,0	0,7	1,6	2.6	3.5	4,4	5,4	6,3	7,2	8,1	9.0	9.9	10,8	11.7	12.6	13,4	14,2	15.1	15.9	16,7
27	0,0	0,5	1,5	2.4	3,3	4,3	5,2	6,1	7,0	7,9	8,8	9,7	10,6	11.5	12 3	13,1	13.9	14,8	15,6	16,4
28	0,0	0,3	1,3	2.2	3.1	4.1	5 0	5,9	6.8	7.7	8,6	9.5	10.3	11 2	12.0	12,8	13.6	14,4	15,2	16,0
29	0,0	0,1	1,1	2,0	2,9	3,9	4,6	5.7	6,6	7,5	8,4	9,2	10,1	11,0	11.7	12,5	13,3	14,1	14,9	15,7
30	0,0	0,0	0,9	1,9	2.8	3,7	4.6	5,5	6,4	7,3	8,1	9.0	9.8	10,7	11.5	12,3	13,0	13,8	14,6	15,4

EXEMPLE : L'alcoomètre marque 8, le thermomètre 19. La richesse alcoolique du liquide est 7,5, c'est-à-dire que 100 litres de ce liquide contiennent 7 litres et 5 décilitres d'alcool pur.

Table des richesses alcooliques depuis 21 jusqu'à 40 o/o.

INDICATIONS DE L'ALCOOMÈTRE.

INDICATIONS DU THERMOMÈTRE.

	21	22	23	24	25	26	27	28	29	30	31	32	33	34	35	36	37	38	39	40
10	22,4	23,5	24,6	25,8	26,9	28	29,1	30,1	31,1	32,1	33,1	34,1	35,1	36,1	37,1	38,1	39,1	40,1	41,1	42,1
11	22,1	23,2	24,3	25,4	26,5	27,7	28,7	29,7	30,7	31,7	32,7	33,7	34,7	35,7	36,7	37,7	38,7	39,7	40,7	41,7
12	21,8	22,9	24	25,1	26,1	27,2	28,2	29,2	30,2	31,2	32,2	33,2	34,3	35,3	36,3	37,3	38,3	39,3	40,3	41,3
13	21,5	22,6	23,7	24,7	25,7	26,8	27,8	28,8	29,8	30,8	31,8	32,8	33.8	34,8	35,8	36,8	37,8	38,8	39,8	40,9
14	21,2	22,3	23,3	24,3	25,3	26,4	27,4	28,4	29,4	30,4	31,4	32,4	33,4	34,4	35.4	36,4	37,4	38,4	39,4	40,4
15	21	22	23	24	25	26	27	28	29	30	31	32	33	34	35	36	37	38	39	40
16	20,7	21,7	22,7	23,7	24,7	25,7	26,6	27,6	28,6	29,6	30,6	31,6	32,5	33,5	34,5	35,5	36,5	37,5	38,5	39,5
17	20,4	21,4	22,4	23,4	24,4	25,4	26,3	27,3	28,2	29,2	30,2	31,2	32,1	33,1	34,1	35,1	36,1	37,1	38,1	39,1
18	20,1	21,1	22	23	24	25	25,9	26,9	27,8	28,8	29,8	30,8	31,7	32,6	33.6	34,6	35,6	36,6	37,6	38,6
19	19,8	20,8	21,7	22,7	23,6	24,6	25,5	26,4	27,3	28,3	29,3	30,3	31,2	32,2	33,2	34,2	35,2	36,2	37,2	38,2
20	19,5	20,5	21,4	22,4	23,3	24,3	25,2	26,1	27	27,9	28,9	29,9	30,8	31,8	32,8	33,8	34,8	35,8	36,8	37,8
21	19,1	20,1	21,1	22,1	22,9	23,9	24,8	25,6	26,6	27,5	28,5	29,5	30,4	31,4	32,4	33,4	34,4	35,4	36,4	37,4
22	18,8	19,8	20,7	21,6	22,5	23,5	24,3	25,2	26,2	27,1	28,1	29,1	30	31	32	33	34	35	36	36,9
23	18,5	19,4	20,3	21,3	22,2	23,1	24	24,9	25,8	26,7	27,7	28,7	29,6	30,6	31,6	32,6	33,5	34,5	35,5	36,5
24	18,2	19,1	20	21	21,8	22,7	23,6	24,5	25,4	26,3	27,3	28,3	29,2	30,2	31,1	32,1	33.1	34,1	35,1	36,1
25	17,9	18,8	19,7	20,6	21,5	22,4	23,2	24,2	25,1	26	26,9	27,9	28,8	29,7	30,7	31,7	32,7	33,7	34,7	35,7
26	17,6	18,5	19,4	20,3	21,2	22,1	22,9	23,8	24,7	25,6	26,5	27,5	28,4	29,3	30,3	31,3	32,3	33,3	34,3	35,3
27	17,3	18,2	19,1	20	20,8	21,7	22,6	23,5	24,3	25,2	26,1	27,1	27,9	28,9	29,9	30,9	31,9	32,9	33,9	34,8
28	16,9	17,9	18,8	19,6	20,5	21,4	22,2	23,1	23,9	24,8	25,7	26,6	27,5	28,5	29,5	30,5	31,5	32,5	33,5	34,4
29	16,6	17,5	18,4	19,3	20,2	21	21,8	22,7	23,6	24,4	25,2	26,2	27,1	28,1	29,1	30,1	31,1	32,1	33,1	34
30	16,3	17,2	18,1	19	19,8	20,7	21,5	22,4	23,2	24	24,9	25,8	26,7	27,7	28,7	29,7	30,7	31,6	32,6	33,6

traliser les acides qui passeraient avec l'alcool à la distillation.

On ferme la chaudière avec le bouchon E, puis on verse de l'eau froide dans le réfrigérant C; on allume la lampe à alcool et on place l'éprouvette sous le serpentin pour recueillir les vapeurs condensées d'eau et d'alcool qui proviendront du ballon.

Le vin ne tarde pas à entrer en ébullition; la vapeur s'engage dans le serpentin, s'y condense et tombe dans l'éprouvette. On renouvelle de temps à autre l'eau du réfrigérant au moyen de l'entonnoir; l'eau chaude s'écoule par le tuyau de trop plein.

On distille jusqu'à ce que le liquide recueilli dans la burette atteigne le trait *a*. On y plonge simultanément l'alcoomètre et le thermomètre.

On note les indications des deux instruments et l'on détermine la richesse réelle du produit distillé au moyen du *tableau* ci-dessus, p. 107.

On cherche dans la première colonne horizontale du tableau le nombre correspondant à l'indication de l'alcoomètre, et dans la première colonne verticale à gauche le degré indiqué par le thermomètre. On suit la ligne verticale partant de l'indication

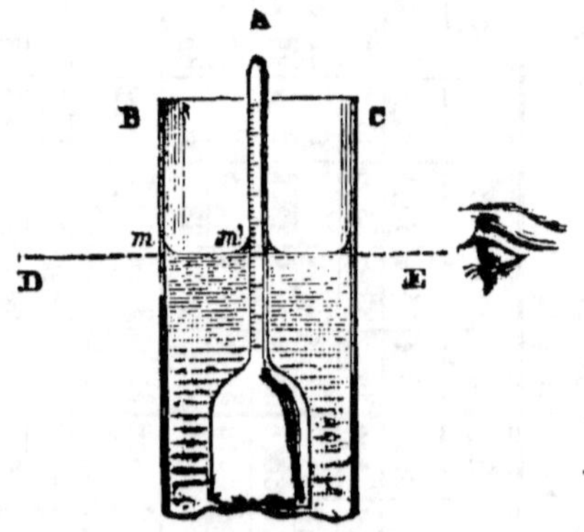

FIG. 54. — COMMENT ON DOIT FAIRE LA LECTURE DE L'ALCOOMÈTRE.

alcoométrique et la ligne horizontale du degré thermométrique : au croisement de ces lignes on trouve la richesse alcoolique du liquide distillé, soit la quantité d'alcool pur qu'il renferme exprimée en centièmes de son volume.

Mais il faut remarquer que tout l'alcool du liquide soumis à la distillation occupe maintenant un volume moitié moindre que dans le liquide lui-même : la richesse trouvée est donc double de la richesse du vin essayé; il faut donc prendre la moitié du résultat obtenu.

Exemple. — L'alcoomètre marque 21 degrés et le thermomètre 17, la richesse alcoolique correspondante est 20,4 et celle du liquide essayé $\frac{20,4}{2} = 10,2$.

Précautions à prendre. — 1° Pour que les indications de l'alcoomètre soient rigoureusement exactes, il faut que le liquide mouille parfaitement la tige graduée, laquelle ne doit pas être grasse; pour cela il est utile de nettoyer l'alcoomètre en passant sa tige entre deux feuilles de papier buvard sur laquelle on a déposé un peu de lessive de soude ou de potasse, ou encore laver au savon.

2° Pour effectuer la lecture de l'alcoomètre, on place l'œil au-dessous de la surface du liquide suivant la ligne DE (fig. 54).

Lorsqu'on opère sur des vins relativement nouveaux il se produit beaucoup de mousse qui gêne la distillation. On ajoute alors aux vins un petit morceau de beurre ou de suif qui

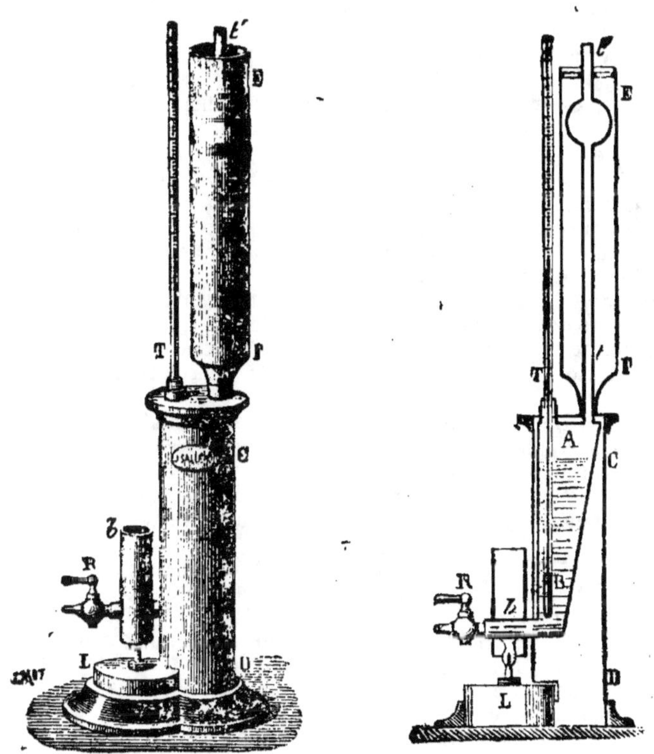

FIG. 55.

ÉBULLIOMÈTRE SALLERON			COUPE DE L'ÉBULLIOMÈTRE
POUR LA DÉTERMINATION DE L'ALCOOL.			SALLERON.

produit à la surface du liquide une nappe huileuse empêchant toute formation de mousse et permettant à l'opération de se faire régulièrement.

Remarque. — Pour les vins de liqueur très alcooliques on verse dans la chaudière une seule éprouvette de liquide à essayer et l'on ajoute un volume égal d'eau. Après la distillation, l'indication de l'alcoomètre, corrigé de l'influence de la température, donne immédiatement la richesse cherchée, et il n'est pas besoin de prendre la moitié du résultat trouvé.

93. Procédé des ébulliomètres. — Ce procédé repose sur ce fait que le point d'ébullition de l'eau et de l'alcool étant sensiblement différents, le point d'ébullition de leur mélange indique leurs proportions respectives dans ce mélange.

M. Salleron a déterminé l'influence des matières extractives des vins sur le point d'ébullition et il a découvert que ces matières sont sans influence directe, mais qu'elles agissent sur le résultat par leur volume.

D'autres corps viennent modifier également la température d'ébullition du liquide, notamment les sucres, les éthers, l'acide acétique, etc.; de là l'impossibilité de calculer une échelle exacte pour régler les ébulliomètres. Leur échelle est empirique.

Description de l'ébulliomètre Salleron. — L'ébulliomètre Salleron (fig. 55) se compose :

1° D'*une chaudière* contenant le liquide à essayer; cette chaudière A est protégée contre le refroidissement par une enveloppe extérieure CD;

2° D'*une lampe à alcool* L à flamme constante chauffant un *petit tube vertical* situé à l'avant de la chaudière et protégé, vers le milieu de sa longueur, par un manchon. A l'extrémité de ce tube, se trouve un robinet R permettant de vider la chaudière;

3° D'un réfrigérant EF fixé sur le sommet de la chaudière et qui sert à condenser les vapeurs alcooliques s'élevant dans un serpentin intérieur;

4° D'un thermomètre T divisé en dixièmes de degré et fixé au moyen d'un bouchon de caoutchouc dans la tubulure de la chaudière.

L'appareil est accompagné d'une échelle ébulliométrique à coulisse (fig. 56), qui sert à transformer en richesse alcoolique les températures amenées en degrés centigrades par le thermomètre; et enfin d'une éprouvette graduée destinée à mesurer le volume du vin sur lequel on doit opérer.

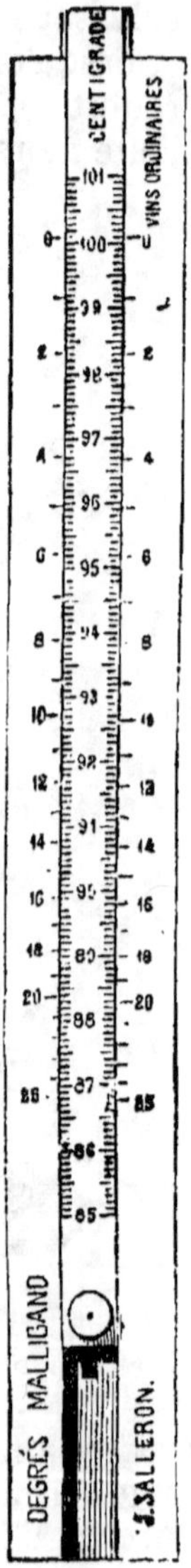

Marche de l'opération. — 1° *Détermination de la température d'ébullition de l'eau.* — a) On verse dans la chaudière, par la tubulure T du thermomètre, la quantité d'eau mesurée au moyen du tube gradué jusqu'au trait *eau* (15 centim. cubes)'

b) On place le thermomètre dans ladite tubulure T.

c) On chauffe le thermo-siphon au moyen de la lampe à alcool,

Lorsque la colonne de mercure, après être montée graduellement, s'arrête et devient fixe, on lit la division du thermomètre qui coïncide avec le sommet du mercure, soit 100°,1, par exemple.

d) On prend la règle à coulisse de l'ébulliomètre; on desserre le petit écrou qui se trouve derrière l'échelle, on fait mouvoir la réglette centrale qui représente les degrés thermométriques et on amène la division 100°,1 en face de la division o (zéro) des échelles fixes de droite et de gauche. On serre l'écrou, l'instrument est réglé et on peut alors faire plusieurs essais sans déterminer à nouveau la température d'ébullition de l'eau, les changements barométriques ne se produisant généralement qu'avec une certaine lenteur.

Essais des vins. — On vide la chaudière et on la rince avec le vin à essayer

FIG. 56.
RÈGLE DE L'ÉBULLIO-MÈTRE SALLERON.

Lorsque la chaudière est refroidie, on y verse une mesure complète de vin (5o centimètres cubes) et on y place le thermomètre, on remplit d'eau le réfrigérant et on chauffe comme précédemment.

Quand le point d'ébullition fixe est obtenu, sans rien changer à la disposition de la règle, soit 92°,1, par exemple, on se reporte à ce chiffre sur l'échelle *vins ordinaires*, et, en face, on lit 10°,7, ce qui veut dire que le vin essayé contient 10,7 pour 100 d'alcool pour un volume.

Précautions à prendre. — 1° La mèche doit être toujours de même dimension.

2° La lampe à alcool doit être maintenue pleine autant que possible.

3° On doit bien rincer la chaudière avec le vin à essayer et souffler dans le tube du réfrigérant pour chasser la vapeur d'eau.

4° On ne doit pas plonger le thermomètre chaud dans le liquide froid, pour éviter toute rupture.

5° Si la colonne de mercure du thermomètre se trouve divisée, on fait redescendre les fragments en secouant le thermomètre à la façon d'un pendule, mais sans le frapper sur un corps dur.

II. ACIDITÉ

94. L'acidité dans les vins. — Les vins contiennent, outre les acides que renfermait le moût (voir p 46) les acides qui se sont formés pendant la fermentation.

Tous ces acides, soit à l'état libre, soit à l'état de combinaison, peuvent être classés au point de vue pratique de la manière suivante :

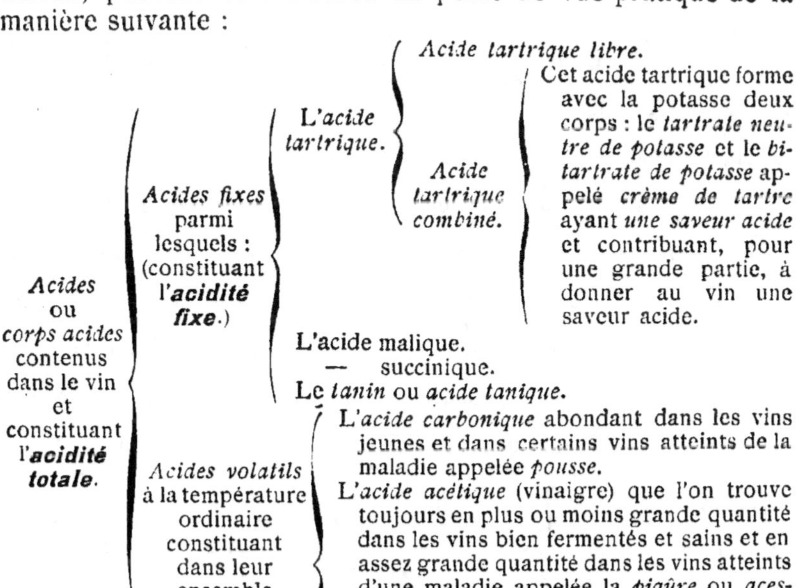

*L'*acidité totale est égale à l'acidité fixe augmenté de l'acidité volatile.

Acidité totale = acidité fixe + acidité volatile.

Au point de vue pratique, ce qu'il importe de connaître, c'est non pas chacun de ces acides en particulier, mais leur ensemble, c'est-à-dire l'ACIDITÉ TOTALE.

Nous allons examiner succinctement
1° les *acides fixes.*
2° les *acides volatils du vin.*

Les acides fixes du vin. — L'acide fixe le plus important dans le vin est l'*acide tartrique* soit à *l'état libre,* soit à l'état combiné sous forme de *bitartrate de potasse* ou *crème de tartre* sel acide

L'acide malique est en très petite quantité et on ne le rencontre que dans les vins provenant de raisins incomplètement mûrs. L'acide succinique existe également dans le vin à une dose relativement faible.

Acide tartrique. — L'acide tartrique à l'état pur se présente sous forme de gros cristaux blancs à saveur acide. Il est soluble dans l'eau et dans l'alcool.

Si un vin est trop *vert* (excès d'acidité due principalement à l'acide tartrique) et si on lui ajoute du tartrate neutre de potasse, ce sel se combine avec de l'acide tartrique du vin pour former de la crème de tartre ou bitartrate de potasse qui tombe au fond du fût. On élimine ainsi une certaine quantité d'acide tartrique et par suite on diminue l'acidité du vin. (Voir désacidification des vins, p. 131.) Nous verrons que ce procédé n'est guère pratique.

Si au contraire le vin n'est pas assez acide et qu'on lui ajoute de l'acide tartrique, cet acide décompose le sulfate de potasse que contient le vin et il se forme du bitartrate de potasse ou crème de tartre insoluble qui tombe au fond du fût. On comprend dès lors qu'en acidifiant les vins avec de l'acide tartrique une grande partie de cet acide disparaisse sous forme de crème de tartre précipitée. C'est une des raisons pour lesquelles on a conseillé d'acidifier les moûts et les vins avec de l'acide citrique. (Voir p. 52 et 133.)

Bitartrate de potasse ou *crème de tartre.* — La crème de tartre est un sel acide qui est insoluble dans l'alcool. C'est ce qui explique qu'il y ait moins de crème de tartre dans les vins que dans les moûts ; la crème de tartre tombe en partie au fond de la cuve au fur et à mesure de la fermentation pendant laquelle il se forme de l'alcool.

La crème de tartre est moins soluble à froid qu'à chaud, c'est ce qui explique que, pendant l'hiver, dans les fûts ou les bouteilles il se dépose un peu de crème de tartre, ce qui diminue l'acidité du vin, comme nous le verrons plus loin.

Nous verrons, à propos de la maladie de la tourne, p. 185, que, sous l'action du ferment de la tourne, la crème de tartre du vin se décompose en acides volatils (acide acétique, acide propionique) donnant au vin une saveur acide particulière et en tartronate de potasse donnant au vin un goût de fade.

Acides volatils. — Les principaux acides volatils que l'on peut trouver dans les vins sont : l'acide acétique, l'acide propionique, l'acide butyrique.

Les acides volatils peuvent exister dans les vins sains, mais à une dose ne dépassant pas 0 gr. 5 à 0 gr. 6 (exprimée en acide sulfurique) ; si cette quantité augmente c'est que les vins sont malades, comme nous le verrons plus loin (page 116).

Acide acétique. — L'acide acétique (qui est l'acide du vinaigre) est certainement le plus important des acides volatils. Il se forme en grande quantité dans la *maladie de la piqûre* ou *acescence* (voir p. 183).

On constate sa présence dans presque toutes les maladies des vins (maladies de la tourne, de l'amer de la mannite, etc.).

Acide propionique. — i. rappelle un peu l'acide acétique ; il se forme principalement dans la *maladie de la tourne* (voir p. 185) : les ferments de la tourne décomposent la crème de tartre ou bitartrate de potasse en acides volatils (acide acétique, acide propionique) qui donnent au vin une saveur acide.

Acide butyrique. — Cet acide a une odeur de beurre rance On le trouve un peu plus rarement que les acides précédents dans les vins malades. Il se forme principalement dans la *maladie de l'amertume* (voir p. 188); les ferments de l'amer produisent une décomposition partielle de la glycérine pour former de l'acide acétique et de l'acide butyrique.

Le bouquet est formé par des substances volatiles originaires du raisin, mais il commence à prendre naissance, pendant la fermentation par suite de la combinaison des acides avec les alcools pour former des éthers. La formation de ces éthers est assez lente, c'est ce qui explique pourquoi le bouquet ne se développe bien qu'après plusieurs années.

D'après M. Mathieu « les éthers les plus fins sont donnés par l'action. sur les alcools du vin, des acides volatils, c'est-à-dire de ceux qui proviennent de maladies. Il ne s'en suit pas que les vins fins sont des vins malades, seulement on a vu des dégustateurs préférer des vins ayant un commencement de maladies à d'autres vins sains, précisément parce que les acides volatils provenant du commencement de la maladie, s'étaient éthérifiés et avaient donné au vin un bouquet plus agréable ; l'excès de l'acidité volatil n'est donc pas un défaut dans tous les cas, l'important est d'arrêter sa production à la limite convenable ».

95. Influence de l'acidité (acidité totale). — 1° L'acidité des vins favorise leur conservation ;

2° L'acidité favorise la formation du *bouquet.*

Dans le commerce on vend quelquefois sous le nom d'*œnocyanine* une substance colorante extraite des pellicules de raisins : c'est une dissolution concentrée de la matière colorante contenue dans les pellicules à l'aide de l'alcool et de l'acide tartrique ; la couleur n'est fixe qu'en milieu très acide, car, dans un vin qui n'est pas très acide, elle est instable et disparaît en partie.

3° L'acidité influe sur la fixation de la matière colorante du vin : la couleur est d'autant plus fixe que les vins sont plus acides.

96. Détermination de l'acidité totale d'un vin. — Pour déterminer l'acidité totale d'un vin on peut employer le *procédé Bernard* avec le *calcimètre* ou le *procédé des liqueurs titrées* ou encore du procédé Dujardin (tube acidémétrique, v. Compléments p. 236).

Procédé du calcimètre. — *On opère de la même manière que pour les moûts.* (Voir p. 12.)

Mais alors on chauffe le vin (surtout les vins nouveaux) pour faire dégager l'acide carbonique, sans faire bouillir cependant, car les acides volatils se dégageraient aussi. Lorsqu'on emploie le calcimètre on peut se dispenser de chauffer ; il suffit de remuer les 20 centim. cubes de vin dans la fiole jusqu'à ce qu'il n'y ait plus de dégagement d'acide carbonique, on débouche et on introduit ensuite la jauge contenant le bicarbonate de soude ; l'opération est continuée comme pour les moûts.

Procédé des liqueurs titrées. — On opère de la même manière que pour les moûts (voir p. 15) ; mais, au préalable, comme nous l'avons dit plus haut, on chauffe le vin pendant quelques minutes sans faire bouillir.

Résultats. — L'acidité totale pour les vins français varie de 2 à 7 grammes par litre exprimée en acide sulfurique.

En moyenne, les bons vins jeunes ont une acidité totale de 4 à 6 grammes par litre exprimée en acide sulfurique.

Si le vin n'est pas assez acide, il a un *goût de plat*.

Si le vin est trop acide par suite de l'insuffisance de la maturité des raisins, le vin est dit *vert, astringent*, l'acidité totale peut atteindre alors 10 et même 15 grammes par litre.

97. L'acidité des vins (acidité totale) par rapport à celle des moûts. — L'acidité des vins est approximativement les trois quarts de celle des moûts. Ainsi, un moût qui dose 10 grammes d'acidité donne un vin dosant 6 à 7 grammes d'acidité. Cette diminution d'acidité tient à l'insolubilisation de la crème de tartre ou bitartrate de potasse qui tombe abondamment au fond du tonneau à mesure que le titre alcoolique s'élève et que le vin se refroidit. Il se précipite aussi de l'acide tartrique sous forme de tartrate de chaux. (Voir Acidité des moûts p. 46.)

98. L'acidité totale des vins diminue avec le temps. — Cette diminution est due surtout à la précipitation du bitartrate de potasse ou *crème de tartre* dont la saveur est acide.

Dans les vins, le tartre se précipite : 1° par le refroidissement; 2° par la présence de l'alcool. Ceci explique pourquoi les lies renferment toujours de la crème de tartre.

L'insolubilisation du bitartrate ou crème de tartre, et par suite la diminution de l'acidité, se produit non seulement pendant le premier hiver qui suit la fabrication du vin, mais pendant plusieurs années et même en bouteille.

Les grands crus de Pinot de Bourgogne, dosant 6 grammes d'acidité totale au début, arrivent à ne plus doser que 4 à 5 grammes d'acidité au bout de 2 à 3 ans, et 2 à 3 grammes (exprimés en acide sulfurique) au bout de quelques années de bouteille.

D'où la conclusion pratique : les vins de conservation doivent être plus acides que ceux de consommation immédiate.

99. Acidité volatile des vins. — L'acidité volatile est due aux acides volatils que contient le vin (voir plus haut page 114). Ces acides sont odorants, ils contribuent à former le bouquet.

L'acidité volatile dans un vin sain est environ de o gr. 5 à o gr. 6 par litre, exprimé en acide sulfurique.

Lorsque les vins deviennent malades, la quantité d'acidité volatile augmente. L'acidité volatile peut donc renseigner sur l'état du vin. C'est, selon l'expression de Bernard, « le pouls donnant à tout moment l'état de santé du vin. »

Si l'acidité volatile dépasse o g. 7 à o gr. 8, c'est que le vin commence à être malade ; à 1 gr. 2 par litre, le vin est franchement malade, et on peut dire que o gr. 7 d'acidité volatile proviennent de la maladie.

100. Influence des acides volatils sur la qualité des vins. — Les acides volatils (dans leur ensemble) à une dose peu élevée, c'est-à-dire ne dépassant pas o gr. o6 à o gr. o8 exercent une bonne influence : le bouquet paraît plus développé. A dose plus élevée ils donnent au vin une odeur et une saveur plutôt désagréables.

L'acidité volatile à la dégustation paraît d'autant moindre que l'alcool, par rapport à l'acidité fixe, prédomine davantage ; elle se sent également d'autant moins que la quantité de sucre non fermenté restant dans le vin est plus forte. « Voilà pourquoi les vins d'Algérie et du Roussillon, qui sont très alcooliques et qui renferment quelquefois du sucre, ont une acidité volatile à peine perceptible, bien qu'elle dépasse souvent 1 gr. Il résulte encore de là que le dosage de l'acidité volatile des vins demeurés sucrés est important à faire, car on

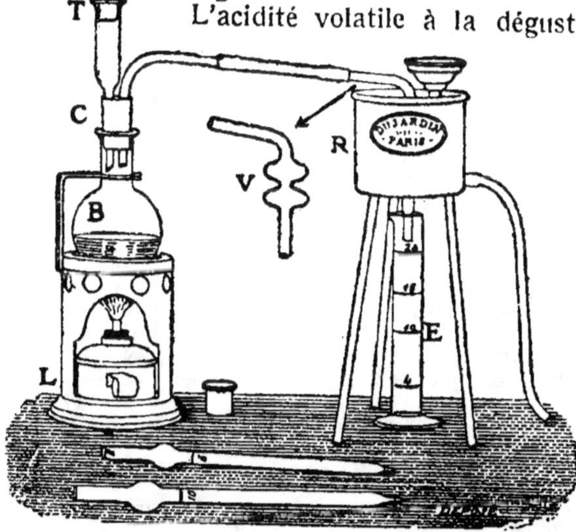

Fig. 57. — Appareil pour le dosage rapide de l'acidité volatile des vins.

B, ballon. — T, tube à entonnoir. — C, bouchon de caoutchouc à deux trous. — L, lampe à alcool. — R, réfrigérant à tube V à deux lentilles en verre. — E, éprouvette graduée.

risque de se tromper par la seule dégustation et de trouver un vin non piqué alors qu'il est séjà sensiblement atteint. » (Mathieu.)

101. *Dosage de l'acidité volatile.* — Pour doser l'acidité volatile dans les vins on peut employer le procédé Mathieu qui est très simple et à la portée de tout le monde.

1º On se sert d'un appareil Dujardin ressemblant à l'alambic Salleron (fig. 57) que nous avons décrit page 108 : la chaudière en verre est remplacée par un *ballon B fermé* à l'aide d'un bouchon de caoutchouc à deux trous. Dans l'un de ces trous passe un *tube à entonnoir T* fermé par un autre bouchon de caoutchouc, dans l'autre un tube adbucteur légèrement incliné reliant le ballon B au réfrigérant R dans lequel passe le tube V à deux lentilles en verre.

2º La *lampe à alcool* L a une mèche disposée de manière à donner une flamme touchant au plus la partie mouillée du ballon quand le volume du liquide est le plus réduit.

3º Sous le réfrigérant on dispose une éprouvette graduée en centimètres cubes.

4º Pour le dosage on se sert d'une *solution de potasse* ou *de soude titrée* de telle façon que 1 litre de cette solution alcaline soit neutralisée exactement par 1 gramme d'acide sulfurique (l'acide sulfurique étant pris comme unité), ou, en d'autres termes, corresponde à 1 gr. d'acide sulfurique. Un centim cube de cette solution correspond donc à 0,001 d'acide sulfurique. C'est en somme la solution qui nous a servi au dosage de l'acidité totale des moûts (voir p. 15), mais diluée au dixième.

5º Comme dans le dosage, de l'acidité totale, on se sert aussi d'une burette graduée en centim. cubes et dixièmes de centim. cubes (fig. 58), d'une pipette jaugée de 10 centim. cubes d'un verre et d'un peu de teinture de phtaléine de phénol.

On opère de la manière suivante :

Avec la pipette on met dans le ballon 10 centim. cubes de vin dont on veut mesurer l'acidité volatile ; on bouche le ballon avec le bouchon à deux tubulures et on chauffe de manière à recueillir par distillation 6 centim. cubes de liquide dans l'éprouvette graduée E.

A ce moment, sans arrêter le chauffage on prend à l'aide d'une pipette 6 cent. d'eau distillée ou d'eau de pluie, on débouche le tube à entonnoir T et on y introduit ces 6 cent. cubes d'eau (si l'on ne possède pas de pipette de 6 centim. cubes on pourra se servir de la burette graduée dans laquelle on aura mis de l'eau).

On rebouche le tube et on continue la distillation de façon à avoir encore dans l'éprouvette graduée 6 centim. cubes de liquide, lesquels ajoutés aux 6 centim. cubes déjà obtenus donneront 12 centim. cubes de liquide.

On ajoute comme précédemment 6 centim. cubes d'eau distillée et on continue la distillation jusqu'à ce qu'on ait encore obtenu, dans l'éprouvette graduée, 6 centim. cubes de liquide soit au total 18 *centim. cubes.*

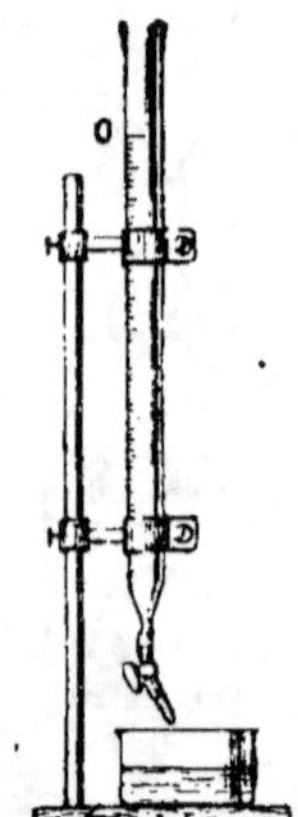

Fig. 58.
Burette
graduée.
(Burette de
Mohr.)

On répète une quatrième fois la même opération de façon à avoir enfin 24 centim. cubes.

En résumé on fait quatre distillations successives de façon à obtenir dans l'éprouvette graduée 6, 12, 18, 24 centim. cubes, en ayant soin de mettre chaque fois (après la première distillation) 6 cent. cubes d'eau.

Le distillat ou liquide recueilli dans l'éprouvette graduée est alors versé dans un verre et on y ajoute 2 ou 3 gouttes de teinture de phtaléine de phénol. (Cette teinture a la propriété de rester incolore dans un milieu acide et de devenir rouge dans un milieu alcalin.)

On remplit la burette graduée avec la solution alcaline de potasse ou de soude titrée, jusqu'au zéro de la graduation. Puis on verse peu à peu cette solution dans le liquide distillé que contient le verre jusqu'à ce que le mélange prenne une légère teinte rose (en ayant soin après chaque addition de remuer ce mélange).

On lit alors sur la burette le volume de solution alcaline employée. Supposons que l'on ait versé 7^{cc} 5 de solution. Un centim. cube de cette solution correspondant à o gr. oo1 d'acide sulfurique, les 7^{cc},5 correspondent à 7^{cc},5 × 0,001 = o gr. oo75 d'acide sulfurique.

Comme l'on a opéré sur 10 cent. cubes de vin, l'*acidité volatile* d'un litre de vin est donc o, gr. oo75 × 100 = o gr. 75 exprimée en acide sulfurique.

Il faut ajouter à ce nombre son dixième, car par la distillation on n'a extrait que les 10/11 de l'acidité volatile.

En résumé, avec la solution alcaline que l'on a employée, on lit simplement sur la burette le nombre des centim. cubes versés, on divise ce nombre par 10 et l'on ajoute au résultat son dixième ; on a ainsi le nombre exprimant l'acidité volatile en grammes de vin essayé.

Exemple ; on a versé 7^{cc}, 5 de la solution alcaline, l'acidité volatile est 0,75 + 0,075 = ogr. 825 (exprimée en acide sulfurique).

Remarque : Si l'on veut exprimer l'acidité volatile en acide acétique, il suffit de multiplier le résultat précédent par le coefficient 1, 22.

Dosage de l'acidité fixe. — Pour déterminer l'acidité fixe du vin essayé ci-dessus, on transvase dans un verre le liquide que contient le ballon après les distillations successives du dosage de l'acidité volatile. On détermine ensuite l'acidité de ce liquide comme on le ferait pour l'acidité totale d'un moût, page 15. Mais on retranche du nombre obtenu $\frac{1}{11}$ de l'acidité volatile. Exemple : Supposons que la lecture de la burette donne pour l'acidité fixe 4 gr. 2. cette acidité est en réalité trop forte, il faut en retrancher le 1/11 de l'acidité volatile déterminée précédemment, soit : $4,2 - \frac{0}{11} = 4,2 - 0,075 = 4$ gr. 12.

Remarque. — Il est tenu compte de l'acidité volatile dans le calcul de la somme alcool acide fixe de M. Halphen, de M. Blarez (voir compléments page 240).

III. EXTRAIT SEC

102. Extrait sec du vin. — *On appelle extrait sec ou matières extractives les produits qui restent comme résidus quand on a évaporé du vin pendant plusieurs heures à 100 degrés dans une capsule.*

La connaissance de l'extrait sec d'un vin est importante au point de vue commercial et au point de vue des falsifications, lorsqu'on veut examiner sa valeur marchande ou rechercher si le vin a été *mouillé, viné* ou *sucré.* (Voir p. 140, Mouillage et vinage.)

TABLE I

Table indiquant l'augmentation de densité en grammes, causée par la diminution de la température au-dessus de 15°. Ces quantités sont à RETRANCHER des nombres fournis par l'extracto-œnomètre.

DEGRÉ ALCOOLIQUE DU VIN

INDICATION DU THERMOMÈTRE	5	6	7	8	9	10	11	12	13	14	15
5	0,66	0,77	0,87	0,84	0,94	1,03	1,24	1,30	15,0	1,80	1,87
6	0,66	0,77	0,87	0,84	0,94	1,03	1,24	1,20	1,40	1,70	1,77
7	0,66	0,77	0,87	0,84	0,94	1,03	1,24	1,10	1,30	1,48	1,67
8	0,66	0,77	0,87	0,84	0,94	1,03	1,24	1,10	1,18	1,37	1,46
9	0,66	0,77	0,87	0,84	0,94	1,03	1,24	1	1,08	1,16	1,25
10	0,66	0,64	0,62	0,60	0,60	0,70	0,79	0,77	0,86	0,95	1,05
11	0,53	0,51	0,50	0,48	0,47	0,57	0,68	0,66	0,65	0,74	0,84
12	0,40	0,36	0,37	0,36	0,35	0,46	0,56	0,56	0,43	0,42	0,63
13	0,26	0,23	0,25	0,24	0,23	0,34	0,45	0,44	0,43	0,42	0,42
14	0,13	0,13	0,12	0,12	0,12	0,23	0,22	0,22	0,21	0,21	0,21

TABLE II

Table indiquant la diminution de densité en grammes, causée par l'élévation de la température au-dessus de 15°. Ces quantités doivent être AJOUTÉES aux chiffres fournis par l'extracto-œnomètre.

DEGRÉ ALCOOLIQUE DU VIN

INDICATION DU THERMOMÈTRE	5	6	7	8	9	10	11	12	13	14	15
16	0,13	0,13	0,13	0,12	0,12	0,12	0,11	0,11	0,11	0,10	0,10
17	0,27	0,26	0,25	0,25	0,24	0,23	0,23	0,33	0,33	0,32	0,31
18	0,40	1,39	0,38	0,37	0,36	0,35	0,34	0,45	0,55	0,54	0,52
1	0,69	0,66	0,64	0,62	0,60	0,59	0,57	0,67	0,66	0,75	0,74
20	0,81	0,79	0,77	0,87	0,84	0,82	0,80	0,90	0,88	0,97	1,06
21	0,95	1,05	1,03	1,11	1,09	1,06	1,03	1,13	1,21	1,30	1,38
22	1,22	1,18	1,16	1,25	1,33	1,30	1,26	1,36	1,43	1,52	1,60
2	1,36	1,45	1,42	1,50	1,46	1,54	1,50	1,59	1,66	1,74	1,81
24	1,63	1,59	1,55	1,63	1,71	1,78	1,74	1,81	1,88	1,96	2,03
25	1,91	1,86	1,94	1,89	1,95	2,02	1,97	2,05	2,11	2,18	2,35
26	2,05	2.13	2,08	2,15	2,21	2,26	2,32	2,40	2,45	2,57	2,57
27	2,33	3,37	3,34	2,41	2,46	2,51	2,57	2,63	2,68	2,74	2,90
28	2,61	2,54	2,60	2,67	2,71	2,76	2,81	2,86	2,03	3,08	3,23
29	2,89	2,91	2,88	2,93	2,98	3,01	3,05	3,22	3,26	3,30	3,57
30	3,03	3,10	3,15	3,20	3,23	2,26	2,41	3,55	3,61	3,65	3,80

1. Ces tables sont calculées par degré seulement parce que les différences entre les degrés sont elles-mêmes très minimes.

DENSITÉ à l'Extracto- Œnomètre Dujardin.		DEGRÉ 7° ALCOOL									
		0	1	2	3	4	5	6	7	8	9
995	0	11,41	11,66	11,91	12,16	12,41	12,66	12,91	13,16	13,41	13,66
	2	11,81	12,01	12,31	12,50	12,81	13,01	13,31	13,56	13,81	14,06
	4	12,21	12,46	12,71	12,06	13,21	13,46	13,71	13,96	14,21	14,46
	6	12,61	12,86	13,11	13,36	13,61	13,81	14,11	14,36	14,61	14,86
	8	13,01	13,26	13,51	13,76	14,01	14,26	14,51	14,76	15,01	15,26
996	0	13,41	13,66	13,91	14,16	14,41	14,66	14,91	15,16	15,41	15,66
	2	13,81	14,06	14,31	14,56	14,81	15,06	15,31	15,56	15,81	16,06
	4	14,21	14,46	14,71	14,96	15,21	15,46	15,71	15,96	16,21	16,46
	6	14,61	14,86	15,11	15,36	15,61	15,86	16,11	16,36	16,61	16,86
	8	15,01	15,26	15,51	15,76	16,01	16,26	16,51	16,76	17,01	17,26
997	0	15,41	15,66	15,91	16,16	16,41	16,66	16,91	17,16	17,41	17,66
	2	15,81	16,06	16,31	16,56	16,81	17,06	17,31	17,36	17,81	18,06
	4	16,21	16,46	16,71	16,96	17,21	17,46	17,71	17,96	18,21	18,46
	6	16,61	16,86	17,11	17,36	17,61	17,86	18,11	18,36	18,61	18,86
	8	17,01	17,26	17,51	17,76	18,01	18,26	18,51	18,76	19,01	19,26
998	0	17,41	17,66	17,91	18,10	18,41	18,66	18,91	19,16	19,41	19,66
	2	17,81	18,06	18,21	18,56	18,81	19,06	19,21	19,56	19,81	20,06
	4	18,21	18,46	18,71	18,96	19,21	19,46	19,71	19,96	20,21	20,46
	6	18,61	18,86	19,10	19,36	19,61	19,86	20,11	20,36	20,61	10,86
	8	19,01	19,26	19,51	19,76	20,01	10,26	20,51	20,76	21,01	21,26
999	0	19,41	19,66	19,91	20,16	10,41	20,66	20,91	21,16	21,41	21,66
	2	19,81	20,06	20,21	20,56	20,81	21,06	21,31	21,56	21,81	22,06
	4	20,21	20,46	20,71	20,96	21,21	21,46	21,71	21,96	22,21	22,46
	6	20,61	20,86	21,11	21,36	21,62	21,86	22,11	22,36	22,61	22,86
	8	21,01	21,26	21,51	21,76	22,01	22,26	22,51	22,76	23,01	23,20
1 000	0	21,41	21,66	21,81	22,16	22,41	22,66	22,91	23,16	23,41	23,66
	2	21,81	22,06	22,21	22,56	22,81	23,06	23,31	23,56	32,81	24,06
	4	22,21	22,46	22,71	22,96	23,21	23,46	23,71	23,96	24,21	24,46
	6	22,61	22,86	23,11	23,36	23,61	23,86	24,11	24,36	24,61	24,86
	8	23,01	23,26	23,51	23,76	24,01	24,26	24,51	24,76	25,01	25,20
1 001	0	23,41	23,66	23,91	24,16	24,41	24,66	24,91	25,16	25,41	25,66
	2	23,81	24,06	24,31	24,56	24,81	25,06	25,31	25,56	25,81	26,06
	4	24,21	24,46	24,71	24,96	25,21	25,46	25,71	25,96	26,21	26,46
	6	24,61	24,86	25,11	25,36	25,61	25,86	26,11	26,36	26,61	26,86
	8	25,01	25,26	25,51	25,76	26,01	26,26	26,51	26,76	27,01	27,26
1 002	0	15,41	25,66	25,91	26,16	26,41	26,66	26,91	27,16	27,41	27,66
	2	25,81	26,06	26,31	26,56	26,81	27,06	27,31	27,56	27,81	28,06
	4	26,21	26,46	26,71	26,96	27,21	27,46	27,71	27,96	28,21	28,46
	6	26,61	26,86	27,11	27,36	27,61	27,86	28,11	28,36	28,61	28,86
	8	27,01	27,26	27,51	27,76	28,01	28,26	28,51	28,76	29,01	29,26
1 003	0	27,41	27,66	29,71	28,16	28,41	28,66	28,91	29,16	29,41	29,66
	2	27,81	28,06	28,31	28,56	28,81	29,06	29,31	29,56	29,81	30,06
	4	28,21	28,46	28,71	28,96	29,21	29,46	29,71	29,96	30,21	30,46
	6	28,61	26,86	29,11	29,36	29,61	29,86	30,11	30,36	30,61	30,86
	8	29,01	29,26	29,51	29,76	30,01	30,26	30,51	30,76	31,01	31,26

Spécimen des tables permettant de calculer l'extrait sec d'un vin avec l'extracto-œnomètre Dujardin.

DENSITÉ à l'Extracto-Œnomètre Dujardin.		DEGRÉ 8° ALCOOL									
		0	1	2	3	4	5	6	7	8	9
995	0	13,91	14,15	14,39	-4,63	14,87	15,11	15,35	15,59	15,83	16,07
	2	14,31	14,55	14,79	15,03	15,27	15,51	15,75	15,99	16,23	16,47
	4	14,71	14,95	15,19	15,43	16,57	15,91	16,15	16,29	16,63	16,87
	6	15,11	15,35	15,59	15,83	16,07	16,31	16,55	16,79	17,03	17,27
	8	15,51	15,71	15,99	16,23	16,47	16,71	16,95	17,19	17,43	17,67
996	0	15,91	16,15	16,39	16,63	16,87	17,11	17,32	17,59	17,83	18,07
	2	16,31	16,55	16,79	17,03	17,27	17,51	17,75	17,99	18,23	18,47
	4	16,71	16,95	17,19	17,43	17,67	17,91	18,15	18,39	18,63	18,87
	6	17,11	17,35	17,59	17,83	18,07	18,31	18,55	18,79	19,03	19,27
	8	17,51	17,75	17,99	18,28	18,47	18,71	18,95	19,19	19,43	19,67
997	0	17,91	18,15	18,39	18,63	18,87	19,11	19,35	19,59	19,83	20,07
	2	18,31	18,55	18,79	19,03	19,27	19,51	19,75	19,99	20,23	20,47
	4	18,71	18,95	19,19	19,43	19,67	19,91	20,15	20,39	20,63	20,87
	6	19,11	19,35	19,59	19,83	20,07	20,31	20,55	20,79	21,03	21,27
	8	19,51	19,75	19,99	20,23	20,47	20,71	20,95	21,19	21,43	21,67
988	0	19,91	20,15	20,39	20,63	20,87	21,11	21,35	21,59	21,83	22,07
	2	20,31	20,55	29,70	21,03	21,27	21,51	21,75	21,99	22,23	22,47
	4	20,71	20,95	21,19	21,43	21,67	21,91	22,15	22,15	22,39	22,87
	6	21,11	21,35	21,99	22,23	22,47	22,71	22,95	23,19	23,43	23,27
	8	21,51	21,75	21,99	22,2	22,47	22,71	22,95	23,19	23,48	23,67
999	0	21,91	22,15	22,39	22,6	22,87	23,11	23,35	23,59	23,83	24,07
	2	22,31	22,55	22,79	23,02	23,27	23,51	23,75	23,99	24,23	24,47
	4	22,71	22,95	23,19	23,43	23,67	23,91	24,15	24,39	24,63	24,87
	6	23,11	23,35	23,59	23,83	24,07	24,31	24,55	24,79	25,03	25,27
	8	23,51	23,75	23,99	24,23	24,47	24,71	24,95	25,19	25 43	25,67
1 000	0	23,91	24,15	24,39	24,63	24,87	25,11	25,35	25,59	25,83	26,07
	2	24,31	24,55	24,79	25,03	25,27	25,51	25,75	25,99	26,23	26,47
	4	21,71	24,95	25,19	25,43	25,67	25,91	26,15	26,39	26,63	26,87
	6	25,11	25,35	25,59	25,83	26,07	26,31	36,55	26,79	27,03	27,27
	8	25,51	25,75	25,99	26,23	26,47	26,71	26,95	27,19	27,43	27,67
1 001	0	25,91	26,15	26,39	26,63	26,87	27,11	27,35	27,59	27,83	28,07
	2	26,31	26,55	26,79	27,03	27,27	27,51	27,75	27,99	28,23	28,47
	4	26,71	26,95	27,19	27,43	27,67	27,91	28,15	28,39	28,63	28,87
	6	27,11	27,35	27,59	27,83	28,07	28,31	28,55	28,79	29,93	29,27
	8	27,51	27,75	27,99	28,23	28,47	28,71	28,95	29,19	29,43	29,67
1 002	0	27,91	28,15	28,39	28,63	28,87	29,11	29,35	29,59	29,83	30,07
	2	28,31	28,55	28,79	29,03	29,27	29,51	29,75	29,99	30,23	30,47
	4	28,71	28,95	29,19	29,43	29,67	29,91	30,15	30,29	20,63	30,87
	6	29,11	29,35	29,59	29,93	20,07	30,31	30,55	30,79	31,03	31,27
	8	29,51	29,75	29,99	30,23	30,47	30,71	30,95	31,19	31,43	31,67
1 003	0	29,91	30,15	30,39	30,63	39,87	31,11	31,35	31,59	31,83	32,07
	2	30,31	30,55	30,79	31,03	31,27	31,51	31,75	31,99	32,23	32,47
	4	30,71	30,95	31,19	31,43	31,67	31,91	32,15	32,39	32,63	32,87
	6	31,11	31,35	31,59	31,83	32,07	32,31	32,55	32,79	33,03	33,27
	8	31,51	31,75	31,99	32,23	32,47	32,71	32,95	33,19	33,43	33,57

L'extrait sec d'un vin renferme :

1° Des substances acides : acides libres (acide tartrique, malique quand les raisins sont verts, acide succinique, etc., voir Acidité des vins, p. 112), du bitartrate de potasse ou crème de tartre sel acide, du tanin, etc.;

2° Des substances gommeuses, de la glycérine, du sucre si la fermentation secondaire n'est pas complètement terminée;

3° Des sels minéraux que contenaient déjà le moût : les sulfates, les phosphates, les chlorures, etc., de potasse, de soude, de chaux, de magnésie, de fer et d'alumine.

Les sulfates du vin dont les principaux sont les sulfates de potasse, de soude et de magnésie, peuvent provenir de différentes sources :

a) du sol; dans ces conditions le sulfate de potasse ne dépasse guère o gr. 5 à o gr. 8.

b) du plâtrage : nous avons vu en effet qu'en plâtrant les vins (voir p. 51) on forme une certaine quantité de sulfate de potasse. D'après la loi le vin ne doit pas contenir plus de 2 grammes de sulfate de potasse ; cette précaution a été prise pour empêcher un plâtrage excessif.

c) du sulfitage des vins (introduction d'acide sulfureux contre la casse, voir p. 188) et des fûts (méchage) : une partie de l'acide sulfureux introduit se transforme en acide sulfurique lequel réagissant sur certains sels du vin se transforme enfin en sulfate de potasse. La dose de sulfate de potasse que contient le vin peut alors (si le sulfitage des vins a été très important) dépasser la dose limite de 2 gr. par litre exigée par la loi, bien que le vin n'ait pas été plâtré.

Chlorures dans les vins. — Les vins renferment divers chlorures alcalins en quantité d'autant plus élevée qu'ils proviennent de vignes ayant poussé dans des terrains plus salés (vignobles sur les bords de la mer). L'introduction du sel à la vendange, le salage des matières albuminoïdes (blanc d'œuf, sang, etc.) au moment du collage, etc., introduisent des chlorures dans le vin. La loi interdit la vente des vins ayant plus de 1 gramme de chlorures (par litre) évalué en chlorure de sodium.

L'extrait sec varie approximativement de 17 à 3o grammes par litre ; il est relativement plus élevé pour les vins rouges que pour les vins blancs.

Pour un même vin l'extrait sec ne reste pas invariable ; il diminue sous l'influence de plusieurs causes : une partie de la matière colorante par suite d'oxydation se précipite, la crème de tartre sous l'action du froid se précipite également ; les collages peuvent diminuer un peu l'extrait ; la crème de tartre, la glycérine (voir p. 188), sont la proie de certains ferments de maladies.

Si au vin on ajoute de l'eau, de l'alcool, ou même une piquette qui en augmentent le volume et ne contiennent eux-mêmes aucune ou très peu de matière extractive, l'extrait de ce vin se trouve nécessairement diminué. Si, par exemple, on ajoute à ce vin 20 pour 100 d'eau, son extrait sec est diminué de 20 pour 100.

103. Détermination de l'extrait sec des vins. — Les deux procédés les plus employés pour la détermination de l'extrait sec des vins sont :

1° Le procédé par évaporation au bain-marie à la température de 100 degrés :

On évapore au bain-marie d'eau bouillante 20 centim. cubes de vin place dans une capsule de platine à fond plat, de diamètre tel que la hauteur du liquide ne dépasse pas 1 centimètre. La capsule réglementaire a 55 millim. de diamètre et 3o millim. de hauteur. On la plonge dans la vapeur ; elle émerge seulement de 1 centim. de la plaque sur laquelle elle est supportée. Les capsules sont placées sur le bain préalablement porté à l'ébullition, et l'évaporation est continuée pendant six heures. On pèse ensuite la capsule dont on a fait préalablement la tare ; le poids de l'extrait obtenu est multiplié par 5o (puisqu'on a opéré sur 20 centim. cubes) pour avoir le poids de l'extrait sec par litre. (*Procédé officiel du Comité des Arts et Manufactures.*)

2º Le procédé par l'extracto-œnomètre de Dujardin.

Procédé par l'extracto-œnomètre. — Le procédé par évaporation au bain-marie est plutôt du domaine du laboratoire. Pour les besoins de la pratique courante le procédé par l'extracto-œnomètre de Dujardin est plus simple, plus rapide et donne des résultats d'une approximation suffisante.

Il est basé sur l'emploi d'un densimètre spécial étalonné d'après le densimètre légal (fig. 5o). Cet instrument est gradué en grammes chaque petite division représente 1 décigramme.

Pratique de l'opération. — 1º On détermine le degré alcoolique du vin comme il a été indiqué (voir page 68).

2º On verse le vin à essayer dans une éprouvette assez large, on attend que les bulles d'air produites par l'agitation aient complète-

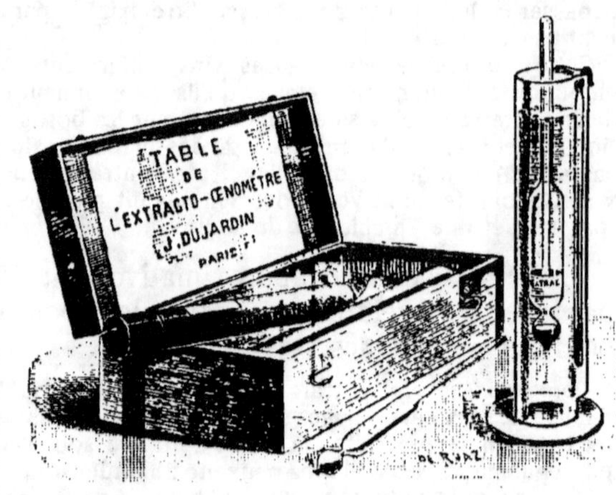

FIG. 59.
EXTRACTO-ŒNOMÈTRE DUJARDIN.

ment disparu, puis on y plonge un *thermomètre*, et enfin l'extracto-œnomètre dont la tige et le cylindre doivent être dans le plus grand état de propreté.

3º Quand la température est devenue constante et que l'extracto-œnomètre reste fixe, on lit sur la tige au sommet du ménisque, c'est-à-dire à l'endroit où le liquide cesse de mouiller le verre (fig. 61). On note la température indiquée par le thermomètre.

Ces résultats étant inscrits, on cherche, au moyen des tables I et II, la correction due à la température que l'on doit faire subir au chiffre indiqué par l'extracto-œnomètre.

Exemple. — Soit 8° degré alcoolique, 17 degrés la température et 996 gr. 4 la densité indiquée par l'extracto-œnomètre.

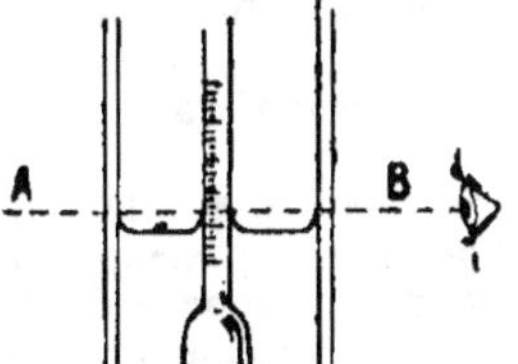

FIG. 60.

COMMENT ON FAIT LA LECTURE DE L'EXTRACTO-ŒNOMÈTRE.

La table II indique que la correction à faire pour un degré alcoolique de 8° et une température de 17 degrés est de o gr. 25.

La densité vraie donnée par l'extracto-œnomètre est donc de 996 gr. 4 + o gr. 25 = 996 gr. 65. (Si la température était au-dessous de 15 degrés la correction devrait être diminuée.)

La table III (spécimen des 12 tables accompagnant l'extracto-œnomètre) indique que pour 996 gr. 65 de l'extracto-œnomètre et un degré alcoolique de 8°, l'extrait sec est de 17 gr. 2 par litre.

PRÉCAUTIONS A PRENDRE. — 1° Il est indispensable d'opérer sur du vin filtré, exempt de particules solides et insolubles qui pourraient en augmenter la densité.

2° Il faut opérer, autant que possible, à la température de 15 degrés ou voisine de 15 degrés, car le froid a une grande influence sur la richesse extractive des vins.

Le froid occasionne une précipitation abondante de crème de tartre et de matières extractives, de sorte que le vin riche en extrait sec, pesé à l'extracto-œnomètre à une température ordinaire, accuse une richesse en extrait sec beaucoup moins élevée s'il a été exposé au froid.

FIG. 60 *bis.*

DISQUE EXTRACTO-ŒNOMÉTRIQUE REMPLAÇANT LES 12 TABLES DONT UN SPÉCIMEN EST DONNÉ PAGE 122.

Remarques. — Pour éviter l'emploi des tables accompagnant l'extracto-œnomètre, et par conséquent les calculs qui sont parfois une cause d'erreur M. Dujardin a établi un disque extracto-œnométrique (fig. 60 bis) très simple évitant toute difficulté : par exemple on tourne le cadran mobile *(degré alcool)* de façon à amener la flèche en face de la *densité corrigée* (996,65) trouvée comme nous l'avons indiquée précédemment; puis on lit en face de la division correspondante au degré alcoolique du vin (8°), la richesse en extrait sec, par litre, en grammes et décigrammes (une division égale 2 décigrammes) soit 17 gr. 2.

2° L'extracto-œnomètre est surtout destiné à doser l'extrait sec dans les vins de consommation courante, complètement fermentés et exempts de sucre. « Lorsque l'instrument plongé dans un vin s'y enfonce complètement et que sa graduation y disparaît, on peut suspecter qu'il a été viné. Au contraire, lorsqu'il ne s'y enfonce pas assez pour que le niveau du vin atteigne la graduation, c'est que le vin est encore sucré, il faut alors doser le sucre et le déduire de la richesse en extrait sec, ou attendre la fermentation complète, car le sucre, en aucun cas ne peut être considéré comme de l'extrait sec, puisqu'il est appelé à disparaître par fermentation. Le vin fait ou le vin *sec* n'est considéré comme tel que lorsqu'il est complètement fermenté. »

3° L'extracto-œnomètre, permet non seulement de connaître la densité ou encore le poids en grammes, d'un litre de vin, mais aussi d'appliquer ce résultat au *jaugeage d'un fût* sans le vider et à la vente du *vin au poids*; de calculer le rapport *alcool-extrait* ou tout autre rapport; d'utiliser ce résultat pour reconnaître le mouillage ou le vinage du vin (voir page 140) ou encore pour identifier immédiatement deux échantillons contrôlés des fûts.

104. Extrait sec réduit. — Dans le calcul de l'extrait sec réel du vin pour connaître si le vin a été *mouillé* ou *viné*, il faut tenir compte du *sucre* que peut contenir encore ce vin ainsi que des *sulfates* en excès ne provenant pas du raisin.

En ce qui concerne le sucre : on retranche du poids de l'extrait brut le poids du sucre par litre. Mais comme dans la recherche du poids du sucre certains composés agissent comme le sucre sur la liqueur de Fœhling (liqueur dont on se sert pour le dosage du sucre), il est convenu de retrancher du poids du sucre obtenu 1 gramme. De sorte qu'en réalité *pour obtenir le poids de l'extrait sec en tenant compte du sucre il faut retrancher de l'extrait sec total* le poids du sucre diminué de 1 gramme.

Exemple: l'extrait sec total d'un vin est de 26 grammes, le poids du sucre est de 4 gr. L'extrait sec réel est

$$26 \text{ gr.} - (4 \text{ gr.} - 1) = 23 \text{ gr.}$$

En ce qui concerne le sulfate. — Le Comité des Arts et Manufactures a convenu que, pour un vin donné, toutes les fois que la dose de sulfates (exprimée en sulfate de potasse) dépasse 1 gramme, il faut retrancher de l'extrait en total le poids de ces sulfates excédant 1 gr.

Exemple : l'extrait sec total d'un vin est de 26 gr., ce vin contient 1 gr. 62 de sulfates exprimés en sulfates de potasse. L'extrait sec réel est de 26 gr. — (1 gr. 62 — 1 gr.) = 25 gr. 38.

S'il y a à la fois dans le vin du sucre et des sulfates en excès, on doit faire à la fois les deux corrections. Ainsi par exemple si l'extrait en total d'un vin est 26 gr., le poids du sucre qu'il contient étant 4 gr. et le poids des sulfates étant 1 g. 62 (comme nous avons indiqué dans les deux exemples choisis ci-dessus), l'*extrait sec réduit est égal* :

$$26 \text{ gr.} - [(4 \text{ gr.} - 1) + (1 \text{ gr. } 62 - 1)] = 22 \text{ gr. } 38.$$

105. Rapport Alcool-Extrait. — Pour un vin donné il existe une certaine relation entre le poids de l'extrait et le poids de l'alcool ; ce qui permet de reconnaître si un vin a été mouillé ou viné.

Le Comité des Arts et Manufactures a admis que *pour les vins rouges* le poids de l'alcool est au maximum 4 fois et demi celui de l'extrait $\left(\dfrac{\text{Poids de l'alcool}}{\text{Poids de l'extrait}} = 4,5\right)$. Lorsque ce rapport est dépassé on doit conclure au vinage.

Pour les vins blancs, beaucoup moins riches en extrait, le poids de l'alcool est au maximum 6 fois et demie celui de l'extrait $\left(\dfrac{\text{Poids de l'alcool}}{\text{Poids de l'extrait}} = 6,5\right)$ (voir p. 137, détermination du vinage, et du vinage accompagné de mouillage).

Dans le commerce on vend quelquefois sous le nom d'*extrait sec factice* ou sous un nom similaire un produit à base de *glycérine* que l'on ajoute au vin dans le but de masquer son défaut d'extrait sec et de le « remonter » afin de donner au vin mouillé la composition moyenne exigée par la règle alcool extrait que nous venons de citer.

L'addition de glycérine au vin constitue une fraude tombant sous le coup de la loi. Elle exerce une action grave sur les reins et le Conseil d'hygiène, en 1893, a décidé « qu'un produit alimentaire glycériné doit être exclu de la consommation. »

III. — TANIN ET MATIÈRE COLORANTE DU VIN

106. Tanin. — Le tanin du vin est fourni par les pellicules, les rafles et les pépins pendant la fermentation. Le tanin entre en dissolution à mesure que le liquide s'enrichit en alcool.

Détermination du tanin. — (Procédé Aimé Girard) basé sur l'absorption du tanin par la gélatine ou la peau). On opère de la manière suivante : on emploie des cordes à violon non huilées (que l'on trouve chez les fabricants de produits œnologiques) et parfaitement sèches. On en prend trois ou quatre que l'on détord et que l'on divise en petits filaments. On pèse avec soin une quantité déterminée de ces filaments (de 3 à 5 grammes) ; on les fait tremper dans l'eau 4 à 5 heures, puis on les immerge dans 100 centimètres cubes de vin. Au bout de 24 heures, en général, de 48 heures au plus, toute la coloration du vin a disparu, et quelques gouttes de perchlorure de fer dans le vin décoloré ne produit aucune coloration. Les fragments de corde colorés sont lavés deux ou trois fois à l'eau distillée ou à l'eau de pluie, puis desséchés vers 100°, et enfin pesés. L'augmentation de poids qu'ils ont acquis, donne le poids du tanin, contenu dans les 100 cent. cubes de vin essayé. (Voir page 238, procédé pratique pour déterminer la quantité de tanin à ajouter dans le collage des vins).

Proportions de tanin que contiennent les vins. — Les proportions de tanin que l'on trouve dans les vins sont extrêmement variables suivant les cépages, l'état de la vendange et les conditions de la vinification.

Les *vins blancs* que l'on fait cuver sans les organes solides du raisin sont peu riches : de 0 gr. 1 à 0 gr. 4 par litre.

Les *vins rouges* renferment de 1 à 3 grammes de tanin (ou principes taniques) par litre.

L'*excès de tanin* communique parfois au vin une âpreté excessive, comme on l'observe dans certains vins jeunes du Bordelais.

La proportion de tanin diminue avec le temps par suite de précipitations.

Rôle du tanin dans le vin. — 1° Le tanin joue le rôle d'antiseptique ; il assure la conservation du vin en arrêtant le développement des maladies et en particulier de la maladie connue sous le nom de *graisse*.

2° Le tanin contribue au dépouillement des vins nouveaux par la précipitation des matières albuminoïdes. C'est cette propriété que l'on utilise dans le collage (voir Collage, page 146).

3° Le tanin subit dans le vin des modifications chimiques qui deviennent profondes avec le temps et qui contribuent aux phénomènes du vieillissement.

107. Matière colorante du vin. — Nous avons vu, page 2, que la matière colorante du vin provient de la pellicule du raisin. Nous avons vu également, page 55, que pour obtenir un vin plus coloré il suffisait de chauffer une partie de la vendange (marc et moût) vers 75 degrés.

Sous l'influence de l'oxygène de l'air, la matière colorante de la pellicule s'oxyde et devient peu à peu insoluble. C'est ce qui explique que les vins faits avec des raisins rouges *secs* (lesquels ont été longtemps exposés à l'air) n'ont pas de couleur. La matière colorante du vin est formée de ce qu'on appelle des *tannoïdes*, substances voisines des tanins par leurs propriétés.

Lorsque les vins vieillissent, les tannoïdes qui constituent leur matière colorante s'oxydent, deviennent insolubles et se déposent sur les bouteilles

Lorsqu'on soutire les vins à l'air, la matière colorante diminue par suite de son oxydation qui l'insolubilise.

D'après quelques œnologues, cette oxydation se ferait grâce à certaines diastases qui auraient la propriété de prendre l'oxygène de l'air et de le fixer sur la matière colorante : ces diastases existeraient en petite quantité naturellement dans tous les moûts; c'est à elles que serait dû le vieillissement des vins. Dans la *maladie de la casse* (voir p. 190), ces diastases existent en grande quantité, produisant en quelque sorte un *vieillissement précipité* : la matière colorante s'oxyde rapidement et se précipite.

Les différentes colles employées dans le collage des vins (gélatine, blanc d'œuf, sang, caséine) enlèvent un peu de matière colorante au vin (voir Collage, p. 150); le sang, la caséine sont les corps qui en enlèvent le plus.

Dans le commerce, on trouve des matières colorantes pour colorer le vin;

leur emploi est interdit par la loi. Elles sont faites assez souvent avec des
couleurs dérivées de la houille (voir Falsifications, p. 142).

L'*œnocyanine* (substance colorante extraite des pellicules de grains de raisins) est à rejeter non seulement parce qu'elle n'est pas toujours pure et
qu'elle est additionnée quelquefois de couleur d'aniline (couleur dérivée de
la houille), mais aussi parce que son emploi, même quand elle est pure, peut
être considéré comme une fraude.

Coloration des vins. — D'après l'article 3 du décret du
19 août 1921, ne constitue pas une manipulation et pratique
frauduleuse : « *la coloration des vins obtenue par addition de
caramel de raisin* ».

« Le caramel de raisin autorisé pour la coloration des *vins blancs*, dit la
circulaire du 15 novembre 1921 aux agents du Service de la Répression
des fraudes, est le produit résultant de la caramélisation du sirop obtenu
par concentration de moût de raisin ou de vin.

« L'addition de glucose au vin, même sous forme de caramel de glucose,
reste interdite. Il en est de même pour les caramels de sucre, de mélasse,
de sucre interverti, de lévulose ou de toute autre matière sucrée.

« Il demeure bien entendu que l'addition de caramel de raisin doit être
exclusivement destinée à teinter le vin et non pas à l'édulcorer. D'ailleurs, ne pourrait être considéré comme caramel de raisin un produit dont
la presque totalité de la matière sucrée n'aurait pas été caramélisée. »

Goût foxé de certains vins. — Nous avons vu (page 2) que
certains cépages, notamment le Noah, ont des grains de raisin
dont la pellicule contient une matière odorante donnant au vin
un goût désagréable (goût foxé). On peut faire disparaître ce
goût par de l'eau oxygénée (voir page 242), mais nous conseillons aux viticulteurs d'observer la loi sur les fraudes (voir
page 242).

CHAPITRE XI

COMMENT ON AMÉLIORE LES VINS

PRÉSENTANT DES DÉFAUTS CONSTITUTIONNELS

108. — Les vins doivent généralement leurs défauts et leurs altérations à leur mauvaise constitution. Le vigneron et le négociant peuvent remédier, dans une certaine mesure, à cette mauvaise constitution en ajoutant au vin les éléments qui lui manquent. *Ils ne doivent cependant le faire qu'avec une modération qui exclut tout reproche de falsification.*

D'après la loi du 29 juin 1907, sont interdites la fabrication, l'exposition, la mise en vente et la vente des produits ou mélanges œnologiques de composition secrète ou indéterminée, destinés soit à améliorer et à bouqueter les moûts et les vins, soit à les guérir de leurs maladies, soit à fabriquer des vins artificiels.

« L'intérêt du producteur, comme celui du consommateur, est de ne mettre en vente que des vins naturels et non pas des produits plus ou moins remis sur pied avec l'aide de substances étrangères que l'industrie, d'ailleurs, ne donne pas toujours dans les conditions de pureté qu'exige leur emploi dans les matières alimentaires. » (Semichon.)

L'amélioration des moûts (voir page 45) est préférable à celle des vins ; cette dernière ne doit être pratiquée que lorsque la première n'a pu être faite ou n'a été faite qu'incomplètement.

D'après le *Service de répression des fraudes*, ainsi que le fait remarquer M. Astruc, directeur de station œnologique, le raisin ou plutôt le moût est une matière première transformable, modifiable et perfectible dans une certaine mesure, cela au mieux des intérêts du producteur et du consommateur (ce dernier représenté par le Service des fraudes, les règlements, etc.) tandis que le *vin* est considéré comme un produit *définitivement* fabriqué dont la composition ne peut être modifiée, excepté dans les limites qu'indique le décret du 19 août 1921.

ART. 3. — Ne constituent pas des manipulations et pratiques frauduleuses aux termes de la loi du 1er août 1905, les opérations ci-après énumérées qui ont uniquement pour objet la vinification régulière ou la conservation des vins :

1º En ce qui concerne les vins;

Le coupage des vins entre eux (voir p. 138);

La congélation des vins en vue de leur concentration partielle (voir p. 171);

La pasteurisation (voir p. 164); le filtrage, les soutirages, le traitement par l'air ou par l'oxygène gazeux pur;

Les collages au moyen de clarifiants consacrés par l'usage tels que l'albumine pure, le sang frais, la caséine pure, la gélatine pure ou la colle de pôisson, la terre d'infusoire (voir p. 150);

L'addition de sel dans les limites fixées par la loi du 11 juillet 1891 (voir p. 227).

L'addition du tanin dans la mesure indispensable pour effectuer le collage au moyen des albumines ou de la gélatine (voir p. 151);

La clarification des vins blancs tachés au moyen du charbon purifié (v. p. 92), exempt de principes nuisibles et non susceptibles de céder au vin des quantités appréciables d'un corps pouvant en modifier la composition chronique. Les quantités employées seront telles que le vin ou le vin doux ne retienne pas plus de 450 milligrammes d'anhydride sulfureux par litre, dont 100 milligrammes au maximum à l'état libre. Toutefois, un écart de 10 p. 100 en plus de ces quantités est tolérée.

La coloration des vins obtenue par addition de caramel de raisin;

L'addition d'acide citrique cristallisé pur, dans le but d'empêcher la casse, à dose maxima de 0 gr. 50 par litre.

Comme on le voit, les viticulteurs doivent, autant que possible, reporter tous leurs soins et corrections sur la *vendange*, de façon à dégager *leurs vins* de toutes suspicions et responsabilités, le cas échéant, vis-à-vis du Service des fraudes.

109. Le vin n'est pas assez alcoolique. Vinage. — *Le vinage ou alcoolisation est une opération qui consiste à ajouter de l'alcool au vin dans le but de remonter son degré alcoolique et d'assurer sa conservation.*

Il est nécessaire de se servir d'alcools bons goûts. Pour que le mélange soit bien fait, on doit verser le vin sur l'alcool et non l'alcool sur le vin; on agite le tout avec un bâton et on remue le tonneau.

En 1886, l'Académie de médecine s'est prononcée sur le vinage de la façon suivante :

1º L'Académie, se plaçant au point de vue de l'hygiène, déclare que le vinage ou alcoolisation des vins naturels marquant moins de 10 degrés, à l'aide d'alcool pur et ne dépassant pas 2 degrés, peut être toléré; mais en dehors de ces conditions, il doit être absolument interdit.

2º Le vinage n'est pas seulement dangereux par la quantité et surtout par la mauvaise qualité des alcools employés, mais encore parce qu'il permet de pratiquer le *mouillage* qui est à la fois une fraude et une falsification.

D'après la loi du 25 juillet 1894 et le décret du 3 juin 1898, le vinage est interdit. — Le vinage a été interdit pour plusieurs raisons :

1º Le vinage favorisait les vins à l'étranger où il s'opère en franchise au détriment des vins français. On introduisait des vins titrant 15 degrés sans payer de suppléments de droits, et ces vins étaient ensuite dédoublés avec de l'eau.

2º *Les vins suralcoolisés* en France et destinés à la consommation des villes à octroi étaient aussi dédoublés avec de l'eau, ce qui lésait le Trésor et trompait le consommateur.

3° Les vins étaient, le plus souvent, suralcoolisés avec des alcools impurs non rectifiés, qui nuisaient à la santé publique.

La loi du 25 juillet 1894 ne tolère le vinage que pour les vins d'exportation ou la conservation des vins de liqueur ; le vinage doit alors se faire en présence de la régie, dans des locaux spéciaux.

Le sucrage du moût permis par la loi est préférable de beaucoup au vinage et donne de meilleurs résultats. — La transformation du sucre sous l'action des levures donne, en effet, non seulement de l'alcool, mais encore de la glycérine, acide succinique, etc., alors que le vinage n'apporte que de l'alcool.

110. Le vin n'est pas assez acide (vin plat ou mou) [voir Acidité des vins, p. 116]. — Les *vins plats* ou mous sont ceux dans lesquels l'acidité est faible, trop faible. Ce manque d'acidité est souvent dû à une maturité excessive : lorsque le raisin attend trop longtemps sur la souche, l'acidité diminue peu à peu, la proportion de sucre augmente par suite de l'évaporation qui produit dans le raisin une concentration. On obtient avec ces vendanges des vins alcooliques riches en extraits, mais manquant de « nerf ». « En général, ces vins *s'altèrent assez facilement* ; ils vieillissent trop vite par suite d'une oxydation rapide » (voir Influence de l'acidité du vin sur leur conservation, page 118).

Les *vins trop acides, trop verts*, et les *vins pas assez acides, plats ou mous* présentant des défauts opposés, se corrigent mutuellement, *leur coupage est tout indiqué* pour obtenir des vins de bonne qualité, de bonne tenue (voir Coupage des vins, p. 138).

En dehors du *coupage*, le seul moyen de corriger les vins plats ou mous est *d'ajouter artificiellement l'acidité* que l'excès de maturation a fait disparaître.

On pourrait acidifier les vins soit avec de *l'acide citrique*, soit avec de *l'acide tartrique* (existant naturellement dans les vins).

Mais la loi (voir décret du 19 août 1921, p. 213) ne permet pas l'acidification à l'acide tartrique. Les viticulteurs honnêtes se consoleront de ne pouvoir employer l'acide tartrique parce que cet acide a été surtout employé pour masquer le mouillage. D'ailleurs, si l'on a déjà acidifié les moûts à la cuve ,la quantité d'acide citrique tolérée (o gr. 5 par litre) est suffisante pour acidifier les vins.

Comparaison entre l'acide citrique et l'acide tartrique au point de vue des effets obtenus. — L'acide citrique et l'acide tartrique sont les deux seuls acides dont la vinification peut loyalement revendiquer l'usage. L'emploi de l'acide citrique constitue un véritable progrès dans l'industrie vinicole, il présente même sur l'acide tartrique les avantages suivants :

L'acide citrique acidifie chimiquement plus fort que l'acide tartrique. Pour augmenter l'acidité du vin de 1 gramme (exprimée en acide sulfurique), il faut 1 gr. 53 d'acide tartrique, alors qu'il ne faut que 1 gr. 4 d'acide citrique pour avoir le même effet chimique. De plus, une partie de l'acide tartrique ajouté se précipite à l'état de combinaisons (avec le sulfate de potasse, par exemple, il se produit du bitartrate de potasse ou crème de tartre ; acidifiant avec de l'acide tartrique, la moitié de cet acide disparaît sous forme de crème de tartre précipitée). De sorte qu'à titre acide égal, il faut presque la moitié moins d'acide citrique que d'acide tartrique pour produire l'effet voulu.

« *L'acide tartrique* agit sur la matière colorante pour l'aviver ou pour empêcher la casse bleue par l'acide malique qu'il rend libre ; l'acide citrique, beaucoup plus actif à ce point de vue agit par lui-même. Il en résulte que pour obtenir un même effet dans un vin ou une même correction de casse bleue, par exemple, il faut deux à trois fois moins d'acide citrique que d'acide tartrique. L'acide citrique est excellent contre la casse blanche des vins blancs ou des vins rouges, alors que l'acide tartrique n'a qu'une action très faible, sinon nulle. On peut faire l'objection que cet acide, sans être étranger à la constitution du vin, n'y entre qu'en minime proportion. Mais c'est en faible proportion aussi que la loi en autorise l'usage (o gr. 5o par litre). (Bouffard.)

Détermination pratique de la quantité d'acide à ajouter. — Le calcimètre permet de déterminer l'acidité du vin et, par conséquent, la quantité d'acide citrique à ajouter (voir Détermination de l'acidité, p. 116). Mais on peut déterminer la quantité d'acide nécessaire par *essais pratiques sur échantillons.*

Exemple. — On prend quatre bouteilles de 1 litre en verre blanc qu'on remplit de vin à traiter ; on les numérote. Dans le n° 1, on met, par exemple, 1/8 de gramme d'acide citrique ; dans le n° 2, 1/6 de gramme ; dans le n° 3, 1/4 de gramme ; dans le n° 4, 1/2 gramme. On bouche, on secoue, et on attend environ 5 à 6 jours. On examine à ce moment le vin, et, à la dégustation, on choisit celui qui paraît le plus convenable. Si c'est le n° 3 qui est le meilleur, on ajoutera 1/4 de gramme par litre, ou 0,25 × 100 = 25 grammes d'acide citrique par hectolitre.

111. Le vin est trop acide, trop vert (voir Acidité des vins, p. 114). — Il ne faut pas confondre les *vins acides*, ou *vins verts*, avec les *vins piqués*.

Les *vins piqués* sont des vins *malades* par suite du développement du ferment acétique (le *mycoderma aceti*, voir p. 183), qui produit de l'acide acétique (principe du vinaigre) ; il se transforme peu à peu en vinaigre.

Les *vins verts ou acides* ne sont pas des vins malades, ils proviennent de vendanges cueillies trop tôt, insuffisamment mûres, dans lesquelles *les acides libres sont en trop grand excès.* L'excès d'acidité peut provenir d'ailleurs aussi bien des conditions défavorables de l'atmosphère (saison froide, pluvieuse), surtout dans les régions viticoles du Nord, que d'une cueillette prématurée. Ce défaut constitutionnel n'a rien d'inquiétant, il peut même être considéré comme une garantie de conservation vis-à-vis des germes de maladie; c'est néanmoins un défaut pour les vins communs que l'on veut consommer rapidement.

En ce qui concerne les vins que l'on désire conserver, l'excés d'acidité n'est plus un défaut parce que *l'acidité diminue avec le temps* (voir p. 117).

On peut désacidifier un vin de plusieurs manières :

1° En neutralisant les acides en excès à l'aide de différentes substances : le carbonate de chaux pur, le marbre, la craie, le carbonate de potasse et le *tartrate neutre de potasse*. Toutes ces substances, sauf le tartrate neutre de potasse, ne sont pas recommandables. Le tartatre neutre de potasse serait peut-être le meilleur désacidifiant, car il introduit dans le vin deux éléments qui s'y trouvent normalement (acide tartrique et potasse). Mais la désacidification des vins est interdite par la loi (décret du 19 août 1921) parce que cette pratique pourrait donner lieu à des abus (dépiquage des vins piqués, par exemple). Il en est de même de la désacidification des moûts, car les moûts même trop acides fermentent toujours d'une façon parfaite.

Dose de tartrate neutre de potasse à employer. — L'acidité totale du vin étant connue (détermination de l'acidité totale par le calcimètre), on calcule théoriquement la dose de tartrate neutre à employer en se basant sur ce que 1 gramme d'acide tartrique (si l'acidité est exprimée en acide tartrique) est neutralisé par 1 gr. 5 de tartrate et que 1 gramme d'acide sulfurique (si l'acidité est exprimée en acide sulfurique) est neutralisé par 2 gr. 3 de tartrate neutre de potasse.

Ce calcul ne doit que guider l'opérateur. La meilleure méthode à suivre est encore celle des tâtonnements : on commence par ajouter une dose de tartrate inférieure à celle indiquée par le calcul. On dissout à froid le sel dans deux litres de vin en agitant; on verse le mélange dans le tonneau, on agite et on laisse au repos pendant deux jours. On déguste ensuite et si la désacidification n'est pas suffisante on ajoute une nouvelle quantité de tartrate.

La désacidification est rarement faite; nous ne la conseillerons même pas avec le tartrate neutre de potasse si elle était permise, car elle n'est pratique, sans modifier la qualité et la saveur du vin, que dans une limite très modérée. D'ailleurs, l'acidité des vins diminue avec le temps (voir p. 117).

Il vaut bien mieux mélanger, couper les vins trop verts, trop acides avec des vins alcooliques (l'alcool diminuant l'acidité par précipitation de bitartrate de potasse, etc.) plus ou moins plats manquant d'acidité (voir Coupage des vins, p. 138).

2° On corrige également (bien à tort) l'excès d'acidité en

additionnant les vins d'un peu de sucre, dans le but de voiler l'acidité, ou bien d'une certaine quantité d'alcool.

L'addition de sucre n'est pas pratique : ce sucre fermente dans de mauvaises conditions; il peut contribuer au développement des germes de maladies et le vin peut devenir louche.

L'addition d'alcool serait plus pratique ; nous savons en effet que l'alcool diminue l'acidité par suite de précipitations de bitartrate de potasse, etc. mais le vinage des vins est interdit par la loi.

112. Le vin n'est pas assez riche en tanin (voir *Le tanin dans les vins*, p. 12). — Les vins manquant de tanin sont mous.

1° *La plupart des vins blancs ne sont pas assez riches en tanin*, parce que les moûts n'ont pas fermenté au contact des pépins, des rafles et des pellicules qui contiennent du tanin. Aussi sont-ils sujets à une maladie fréquente appelée *graisse*.

En Champagne, on tanise presque tous les vins blancs à raison de 4 à 5 grammes par hectolitre.

2° *Les vins rouges* ont moins besoin de tanin que les vins blancs. Dans le cas où les grains pourris dans la vendange existent en grande quantité, il est prudent de mettre dans le vin, après décuvage, de 2 à 4 grammes de tanin par hectolitre.

3° *Le tanin à l'alcool et le tanin des pépins ou œnotanin, sont les seuls à employer* (voir *Tanin à employer*, p. 54).

Mode d'emploi. — On fait dissoudre le tanin dans un verre à bordeaux d'alcool bon goût et on ajoute le mélange au vin en agitant (voir p. 220, décret du 19 août 1921, art. 3).

113. Le vin contient un excès de tanin. — Les vins contenant un excès de tanin sont des vins dits *durs, âpres* ou *astringents*.

Un excès de tanin peut exister dans les vins, lorsque pour une raison quelconque, telle que maladie cryptogamique, gelée, coulure, conditions climatériques défavorables, maturité insuffisante, etc., les grains se sont peu ou mal développés et que, par conséquent, les rafles, les pépins, les pellicules riches en tanin, se trouvent en proportion exagérée par rapport au moût au moment de la vinification.

Un excès de tanin peut également exister avec les raisins colorés, même à une bonne maturité, lorsqu'après avoir séparé une partie du moût aussitôt après foulage pour en faire du vin blanc, on laisse cuver le reste pour en faire du vin rouge. Ce dernier, au contact de beaucoup de rafles, de pépins, de pellicules, s'enrichit d'un excès de tanin. Cet excès de tanin, avec le temps, finit par disparaître. Mais quand on a affaire à des vins courants qui se consomment dans l'année, on peut faire disparaître l'âpreté due au tanin en pratiquant un collage énergique :

30 grammes de gélatine par hectolitre. La gélatine précipite le tanin (voir *Collage*, p. 150), il se produit toujours en même temps une déperdition de couleur, de sorte, que si le vin est peu coloré, il vaut encore mieux *le mélanger ou plutôt le couper avec un vin mou, plat* (voir *Coupage*, p. 138).

114. Le vin n'est pas assez coloré. — Dans les années où la pourriture a fait disparaître une partie de la pellicule du raisin, le vin obtenu est souvent insuffisamment coloré.

Nous avons indiqué, page 55, comment on pouvait avoir un vin plus coloré *en chauffant une partie du moût*; le procédé est très pratique et donne d'excellents résultats.

Nous recommandons aux viticulteurs de ne pas employer certains *colorants* que l'on trouve encore dans le commerce et dont l'emploi est interdit par la loi (voir p. 142). Même l'*œnocyanine* (substance colorante extraite des pellicules de grains de raisins) est à rejeter parce que son emploi peut être considéré comme une fraude.

La coloration des vins blancs par addition de caramel de raisin est autorisé par le décret du 19 août 1921 (voir *Coloration des vins*, page 130).

115. Vins restés doux. — Dans les pays vignobles plus ou moins froids il n'est pas rare de trouver, après les soutirages de mars, des vins (surtout des vins blancs) restés doux : le goût sucré constaté provient de ce que tout le sucre naturel que renfermait le moût n'a pas subi une fermentation complète; cette transformation incomplète du sucre est due à un arrêt de la fermentation par suite des premiers froids d'automne empêchant les levures d'agir. Il est nécessaire que ce sucre soit transformé en alcool, car il peut faciliter le développement de ferments de maladie (voir page 181). On procède de la manière suivante :

1° *Les lies sont saines* : déposer le vin en fûts dans un local à température à peu près constante de 18 à 25 degrés (pièce chauffée à l'aide d'un poèle); rouler les fûts pour remettre les lies en suspension, enlever 5 à 6 litres de vin par hectolitre pour que le liquide en fermentant ne soit pas rejeté en dehors; aérer le vin en soutirant trois fois par jour un peu de liquide avec un siphon et en le renversant dans le fût par un entonnoir (on peut encore aérer le vin en faisant barboter de l'air à l'aide d'un tube dans lequel passe l'air envoyé par une pompe). Cette aération des levures, pendant 1 ou 2 minutes, est necessaire pour leur permettre de se multiplier (voir p. 67).

Pour se rendre compte du départ de la fermentation, on dispose sur le fût une bonde bourguignonne indiquant le dégagement des bulles de gaz.

2° *Les lies peuvent ne pas être saines et contenir beaucoup de ferments de maladie* (vins provenant de vendanges avariées). Dans ce cas on sépare le vin de ses lies par un soutirage et on ajoute dans chaque fût un peu de *levain* préparé comme il est indiqué page 41 et fortement aéré.

Vins restés doux et ayant un commencement de maladie plus ou moins intense. — On commence (voir Maladie des vins,

p. 180) par le pasteuriser pour détruire les ferments de maladie,
puis on pratique la refermentation avec un levain de levures pures.
(Voir page 222, vins altérés).

Vins contenant trop d'acide sulfureux. — Voir p. 236.

116. Coupages. — *Le coupage est une opération naturelle,
loyale, parfaitement licite, qui consiste à mélanger deux ou
plusieurs vins pour les améliorer et constituer un type de vin
« qui plaise à la clientèle, qui réponde à certaines nécessités du
commerce ou à certaines exigences de la consommation ».*

On peut, par exemple, couper un vin trop vert avec un vin riche en alcool
et en couleur, mais manquant d'acidité. Un vin peu corsé, peu coloré est ren-
forcé et amélioré par un coupage avec un autre vin ayant beaucoup de corps
et une riche couleur. Un vin trop mou, plat pourra être avantageusement
mélangé avec un vin vert dur, âpre, ayant une forte acidité. Il y a même des
vins de certains cépages qui, malgré qu'ils soient très bien réussis, ont
besoin d'être améliorés par un coupage pour satisfaire le goût de la clientèle.
Pour certains vins malades et *que l'on peut consommer rapidement*, il est
quelquefois avantageux de les couper avec des vins sains : par exemple, un
vin légèrement piqué (ou amer) pourra être coupé avec un vin sain ; on
obtiendra un bien meilleur résultat que si on diminuait l'acidité excessive par
une addition de tartrate neutre de potasse (voir p. 131), mais auparavant
il faudra détruire les germes de piqûre ou d'amertume comme nous l'avons
indiqué pages 180 et 184. Sans cette destruction, le mélange d'un vin altéré
avec un vin sain en vue d'améliorer le premier est une mauvaise spéculation
si *le vin ne doit pas être consommé de suite*, car les bons effets d'un tel
coupage durent généralement très peu et l'altération apparaît de nouveau
se développant avec une grande rapidité.

Préparation des coupages. — Pour faire les coupages dans de
bonnes conditions, il faut choisir des vins sains susceptibles de
bien « se marier » ensemble, c'est-à-dire présentant des caractères qui s'harmonisent, qui se complètent les uns par les autres.
On procède ensuite à de petits essais à l'aide d'éprouvettes,
de façon à déterminer dans quelles proportions doit se faire
le mélange.

Pour cela on prend l'éprouvette graduée en centimètres cubes (fig. 61) et
on y verse les différentes sortes de vin qu'on veut mélanger, dans la proportion qu'on juge convenable. On bouche l'éprouvette avec la paume de la
main, on agite et on laisse reposer. On a eu le soin de noter le nombre de
centimètres cubes de chaque sorte de vin qu'on a employé. Si le mélange
fait avec les quantités respectives employées paraît satisfaisant à la dégustation, on opérera le coupage en grand dans les mêmes proportions. Sinon
on fera de nouveaux essais en faisant varier les proportions de chaque
sorte de vin jusqu'à ce qu'on arrive à un résultat satisfaisant.
Il est bon de garder pendant quelques jours le mélange d'essai pour une
deuxième dégustation avant de procéder au coupage. Il arrive, en effet, souvent que le mélange d'essai paraît meilleur ou moins bon que lorsqu'on le
déguste une deuxième fois quelques jours après, alors que les divers éléments du vin ont eu le temps de se mélanger plus ou moins intimement.

Pratique du coupage. — Les essais préliminaires ayant indiqué dans quelles proportions doivent être mélangés les vins, on verse autant que possible à la fois, et suivant les proportions fixées, le nombre de fûts de chaque vin dans un réservoir ou une grande cuve. On brasse le mélange souvent les cuves servant aux coupages sont munies d'agitateurs). Il se produit un dégagement des gaz dissous, des troubles et quelquefois des précipitations. On attend pendant quelques jours (4 ou 5 jours, par exemple) et l'on pratique un *collage* ou un *filtrage* pour obtenir une bonne clarification.

Quelques exemples des calculs à faire pour opérer divers genres de coupages. — I. *Élever le titre alcoolique d'un vin faible par addition d'un vin plus riche en alcool.* — La règle pratique à suivre est la suivante : 1° multiplier le volume du vin par la différence qui existe entre le titre inférieur au titre moyen ; 2° diviser le produit de cette multiplication par la différence qui existe entre le titre moyen et le titre supérieur ; le quotient indique la quantité de vin riche en alcool que l'on doit ajouter au plus faible.

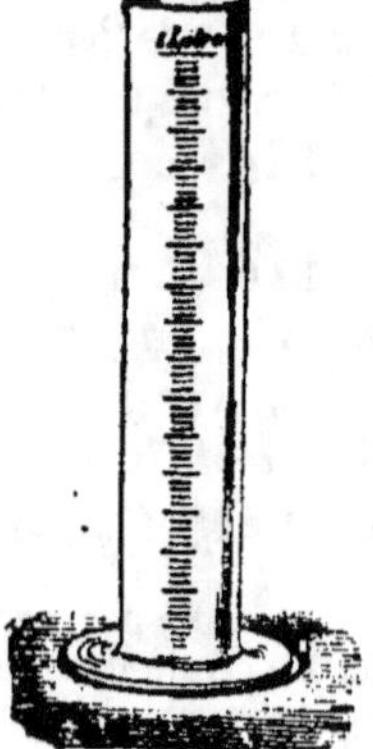

Fig. 61. — Éprouvette graduée de 1 litre.

Exemple. — On a 1200 litres d'un vin à 8 degrés. Quelle quantité d'un vin à 13 degrés faut-il ajouter pour que le mélange ait 10 degrés ?

$$\begin{matrix} 10 - 8 = 2 \\ 13 - 10 = 3 \end{matrix} \quad \text{soit} \quad \frac{1200 \times 2}{3} = 800 \text{ litres.}$$

Il faudra donc ajouter 800 litres de vin ayant 13 degrés aux 1200 litres de vin ayant 8 degrés pour avoir un mélange dont le degré alcoolique est 10 degrés.

II. *Abaisser le titre alcoolique d'un vin par addition d'un autre vin à titre alcoolique plus faible.* — La règle pratique à suivre est la suivante : 1° multiplier le volume du vin par la différence qui existe entre le titre moyen et le titre supérieur ; 2° diviser le produit de la multiplication par la différence qui existe entre le titre inférieur et le titre moyen ; le quotient obtenu donne la quantité du vin à titre alcoolique plus faible que l'on doit utiliser.

Exemple. — On a 1400 litres d'un gros vin du Midi à 13 degrés. Quelle quantité d'un vin à 8 degrés faut-il lui ajouter pour avoir un mélange à 10 degrés ?

$$\begin{matrix} 13 - 10 = 3 \\ 10 - 8 = 2 \end{matrix} \quad \text{soit} \quad \frac{3 \times 1400}{2} = 2100 \text{ litres.}$$

Il faudra donc ajouter 2100 litres de vin ayant 8 degrés aux 1400 litres de vin à 13 degrés pour avoir un mélange à 10 degrés.

III. *Déterminer le titre alcoolique d'un mélange de deux ou plusieurs vins dont le titre est connu.* — *Exemple.* — On a mélangé 900 litres de vin à 8 degrés avec 1400 litres de vin à 12 degrés et 600 litres à 10 degrés. Quel est le titre alcoolique de ce mélange ?

On fait le produit du volume de chaque qualité de vin par son titre alcoolique ; la somme des différents produits obtenus est divisée par le volume total du vin et l'on obtient le titre alcoolique du mélange.

$$\begin{matrix} 900 \times 8 = 7\,200 \\ 1400 \times 12 = 16\,800 \\ 600 \times 10 = 6\,000 \\ \hline 2900 \qquad 30\,000 : 2900 = 10°,34. \end{matrix}$$

Défoxage des moûts et des vins foxés. — Voir p. 222 et 242 comment on enlève aux moûts et aux vins foxés leur goût spécial.

CHAPITRE XII

COMMENT ON RECONNAIT LES PRINCIPALES
FALSIFICATIONS DES VINS

ÉCHANTILLONNAGE ET EXPERTISE DES VINS

117. — Nous verrons dans un chapitre spécial (Le vin et la loi sur les fraudes, p. 207), les lois qui définissent les adultérations des vins naturels.

Les principales falsifications sont :

1° *L'addition d'eau ou mouillage;*

2° *L'addition d'alcool ou vinage;*

3° *L'addition de différents produits tels que : acide sulfurique, acide chlorhydrique, acide salicylique, acide borique[1], etc. ;*

4° *L'addition de plâtre au-dessus d'une quantité déterminée* (Voir *Plâtrage*, page 51);

5° *L'addition de matières colorantes quelconques.*

La recherche des falsifications des vins présente souvent de grandes difficultés que des chimistes seuls peuvent résoudre. Nons n'examinerons que les méthodes rapides les plus faciles pour déterminer le mouillage, le vinage, le plâtrage, etc.

118. Détermination du vinage. — (Instructions du Comité consultatif des Arts et Manufactures, la recherche du vinage et mouillage) :

1° *Vins rouges.* — *L'expérience a démontré que, dans les vins de vendange naturels, il existe un rapport déterminé entre le poids de l'extrait sec et celui de l'alcool.* Le poids de l'alcool est au maximum 4 fois et demi celui de l'extrait (voir p. 124).

Lorsque ce rapport est dépassé (avec une tolérance de 1/10 en plus, soit 4,6) on doit conclure au vinage.

Pour déterminer le rapport on divisera le poids de l'alcool (obtenu en multipliant la richesse exprimée en volume par 0,8) par le poids de l'extrait réduit, déterminé comme nous le disons ci-dessous.

Nota. — Dans le cas des vins plâtrés ou contenant du sucre, le poids de l'extrait trouvé directement à 100 degrés sera diminué du nombre de grammes moins 1 donné par les dosages du sucre et du sulfate de potasse.

Si, par exemple, on avait trouvé :

Extrait sec.	28,600
Sulfate de potasse.	3,200
Sucre réducteur	4,300
l'extrait deviendrait. . . . . 28,600 — (2,200 + 3,300) =	23,100

Le nouvel extrait s'appellera « extrait réduit » (voir p. 124).

---

[1]. L'acide borique et l'acide salicylique sont des antiseptiques qui, ajoutés au vin, ont la propriété de supprimer toute fermentation et d'assurer sa conservation. Quelques grammes d'acide salicylique suffisent pour conserver un vin. L'emploi de ces produits est interdit par la loi.

2° **Vins blancs.** — Pour les vins blancs, le rapport maximum est fixé à 6,5.

A titre de renseignements, on pourra se servir des indications fournies par la densité ; l'expérience a, en effet, montré que, dans la grande majorité des cas, la densité des vins est voisine de celle de l'eau et jamais inférieure à 0,985. Lors donc qu'un vin aura une densité inférieure à 0,985, on pourra être certain qu'il a été viné.

Cette densité pourra être déterminée soit par la balance, soit par le densimètre, soit par l'alcoomètre qui n'est qu'un densimètre spécial.

119. Détermination du vinage accompagné de mouillage.

— Pour rechercher si un vin a été viné ou mouillé, c'est-à-dire additionné d'eau, la règle suivante pourra être appliquée :

Dans tous les vins nouveaux, la somme de l'alcool pour cent, en volume. et de l'acidité par litre, en poids, n'est presque jamais inférieure à 12,5. L'addition d'eau affaiblit ce nombre, l'addition de l'alcool au contraire l'augmente.

Lorsqu'on soupçonnera un vin d'avoir été mouillé et alcoolisé, on déterminera d'abord le rapport de l'alcool à l'extrait ; si le nombre obtenu est supérieur à 4,5 on ramènera par le calcul le rapport à 4,5 et on aura ainsi le poids réel de l'alcool, et par suite, la richesse alcoolique du vin naturel, la différence avec la richesse trouvée directement représentera la surforce alcoolique ; puis on fera la somme acide-alcool telle qu'elle a été précédemment définie ; si le vin a été mouillé, le nombre deviendra inférieur à 12,5, c'est-à-dire anormal, et le mouillage sera manifeste.

Soit, par exemple, un vin donnant :

Extrait sec, par litre.	14 gr. 200
Acidité par litre.	3 gr. 100
Alcool (Titre alcoolique centésimal).	13°
Le rapport, en poids, alcool-extrait [1] . $\dfrac{130 \times 0,8}{14,2} =$	7,32

La somme alcool-acide :

En ramenant le rapport à 4,5, on a :

Poids de l'alcool naturel.	$14,200 \times 4,5 =$	63,900
Richesse alcoolique correspondante.	$\dfrac{63,900}{0,8 \times 10} =$	7,98
Surforce alcoolique.	$13 - 7,98 =$	5,02
La somme alcool-acide devient . . .	$7,98 + 3,100 =$	11,08

On se trouve donc en présence d'un vin dont le rapport alcool-extrait, déterminé directement, est superieur à 4,5 et dont la somme alcool-acide, corrigée du vinage, est inférieure à 12,5 et l'on doit conclure à une double addition d'alcool et d'eau.

En règle générale, lorsque la somme alcool-acide directe est comprise entre 18 et 19 ou supérieure à ce chiffre, il y a une grande présomption de vinage.

Remarques. — I. Pour prévenir le mouillage des vins et les abus du sucrage, la loi du 29 juin 1907 exige la déclaration de récolte (voir p. 211).

II. Voir compléments pages 240 et 241 : règles Halphen, Roos, Blarez.

---

1. Le vin ayant 13° cela fait 130 centimètres cubes par litre. C'est ce qui explique pourquoi on a $\dfrac{130 \times 0,8}{14,2}$ au lieu de $\dfrac{13 \times 0,8}{14,2}$.

120. Recherche du plâtre[1] (voir Plâtrage, page 51). — Nous rappelons que la mise en vente de vins contenant plus de 2 grammes de sulfate de potasse est interdite (circulaire du 27 juillet 1880).

Essai rapide pour constater si le vin ne contient pas plus de 2 grammes de sulfate par litre. — *a*) On prépare une solution de 14 grammes de chlorure de baryum cristallisé dans 800 centimètres cubes d'eau distillée environ; on ajoute 50 centimètres cubes d'acide chlorhydrique pur, puis on complète le volume à 1 litre avec de l'eau distillée : 10 centimètres cubes de cette liqueur (*liqueur de Marty*) précipitent 0,1 gramme de sulfate de potasse.

b) On mesure avec une pipette graduée 10 centimètres cubes du vin à essayer que l'on met dans un tube à essai, on ajoute 2 centimètres cubes de la liqueur de Marty, on agite.

Mettre un filtre dans un entonnoir placé sur un tube à essai très propre, filtrer à deux reprises si une première filtration ne suffit pas pour une limpidité parfaite.

Séparer dans deux tubes le liquide recueilli et, dans l'un d'eux ajouter 2 à 3 gouttes de liqueur de Marty. Agiter et comparer les 2 tubes par transparence.

Le moindre excès de sulfate restant dans le vin y produit un trouble. Dans ce cas, le vin essayé renferme plus de 2 grammes de sulfate par litre.

121. Recherche de l'acide salicylique — L'acide salicylique est souvent employé pour opérer le mutage, c'est-à-dire l'arrêt de la fermentation. Pour en déceler la présence on opère de la manière suivante :

10 centimètres cubes de vin sont placés dans un tube à essai, on acidifie avec une ou deux gouttes d'acide sulfurique qui met l'acide salicylique en liberté; puis on ajoute 10 centimètres cubes d'éther destiné à le dissoudre. On agite vivement pendant quelques minutes; après repos, on recueille la couche éthérée surnageante, on laisse évaporer l'éther et on ajoute une ou deux gouttes de perchlorure de fer très étendu. La présence de l'acide salicylique est décelée immédiatement par une coloration violette.

122. Colorants artificiels. — La coloration artificielle des vins par les corps tirés de la houille a été souvent pratiquée. Pour retrouver les principaux tels que la rocelline, la fuchsine, le violet de méthyle, etc., on prend 10 centimètres cubes de vin, on y met 5 centimètres cubes d'eau de baryte, on agite; on verse alors 5 centimètres cubes d'alcool amylique; on agite et on laisse déposer. L'alcool surnageant est enlevé; s'il est coloré, on peut déjà conclure à la présence de matières colorantes étrangères; s'il ne l'est pas, on y ajoute 2 centimètres cubes d'acide acétique et on obtient après agitation une coloration qui n'existe pas avec les vins naturels et qui caractérisent certains corps tirés du goudron de houille.

D'après M. Pagnoul, on peut se servir de la propriété que possède une dissolution savonneuse de détruire la matière colorante du vin sans lui communiquer la couleur verte que lui donnent les autres liqueurs alcalines et en laissant subsister les colorants étrangers dont la nuance est conservée ou simplement modifiée.

Dans un tube à essai on fait le mélange suivant : 5 centimètres cubes de liqueur savonneuse, 5 centimètres cubes d'eau distillée. Sur ce mélange on fait tomber 15 à 20 gouttes de vin à essayer. Suivant les colorants on obtient les résultats suivants[1] :

---

1. Nous n'indiquons la recherche que de quelques corps très faciles à déterminer. Le dosage rigoureux du sulfate de potasse, du chlorure de sodium (salage), de l'acide borique, de l'acide salicylique, de colorants artificiels, etc., ne peut être fait que par un chimiste.

1.	Vin naturel		Teinte grisâtre très légère.
2.	Vin avec fuchsine		Rose intense.
3.	—	phytolacca.		Rose violacé.
4.	—	cochenille		Rouge.
5.	—	campêche		Rouge violet.
6.	—	cerasine.		Rouge cerise.
7.	—	orcéine		Rouge violacé.
8.	—	rose trémière		Vert bleuâtre.
9.	—	baie de sureau. . . . · .		Brun verdâtre faible.
10.	—	baie d'hyèble		Vert bleuâtre faible.
11.	—	violet d'aniline.		Violet bleuâtre.

123. Conseils pour l'échantillonnage et l'expertise des vins falsifiés. — *Utilité de la prise d'échantillons.* — Le vendeur et l'acheteur ont tout intérêt à prélever des échantillons et à faire au besoin analyser le vin ; mais l'analyse n'est pas nécessaire, elle n'est indispensable qu'en cas de suspicion.

Le vendeur, en effet, peut prélever des échantillons devant deux témoins honorables et déposer ces échantillons à la mairie, à la chambre de commerce, au syndicat, etc. ; il peut ne faire procéder à l'analyse que si l'acheteur, dans la suite, vient à suspecter la marchandise livrée ou si le Service des fraudes a reconnu que l'acheteur-débitant a falsifié le vin ; il pourra ainsi dans ces deux cas prouver que le vin vendu par lui était naturel.

L'acheteur (négociant, restaurateur, etc.), peut également prélever des échantillons pour le cas également où le Service des fraudes, à la suite de prélèvements, reconnaîtrait que le vin est falsifié ; il pourra de cette façon, s'il est honnête, montrer que la falsification a été faite par le vendeur et non par lui. Naturellement l'acheteur doit prélever les échantillons avant la prise de possession du vin, c'est-à-dire à l'arrivée ou en gare devant deux témoins honorables, et les déposer, à la mairie, à la chambre de commerce, etc.

Comment on prend les échantillons. — « On prendra quatre échantillons à l'aide de bouteilles de 1 litre ou de 80 centilitres au moins, autant que possible en verre blanc, entièrement propres, sèches, sans aucune odeur. « Elles seront, si elles ont déjà servi, lavées à l'eau de cristaux à 5 pour 100, rincées à l'eau froide, puis complètement égouttées. Si elles doivent servir aussitôt après le lavage, elles subiront un second rinçage avec 1 centilitre du vin prélevé.

« Sur le wagon-réservoir, la prise du volume nécessaire se fera par le robinet de tirage, après avoir laissé écouler et rejeter le premier centilitre.

« Sur fût, la prise se fera à l'aide d'un trou de fausset fait au foret sur l'un des fonds, à 10 centimètres environ des bords ; le trou sera garni d'un ajutage métallique d'écoulement et celui-ci assuré par un trou de fausset fait à la partie supérieure du fût.

« On devra avoir soin que les bouteilles ne soient pas plus froides que le vin au moment de l'embouteillage », afin qu'il ne se forme pas de dépôt. (*Arrêté du 1er août 1906 fixant les mesures à prendre pour le prélèvement des échantillons.*)

Les quatre échantillons devront provenir d'un même récipient. Si celui-ci n'est pas encore entamé, s'il est intact, on devra relever minutieusement toutes les marques, cachets ou inscriptions dont le récipient est revêtu pour les mentionner au procès-verbal, avant de procéder au prélèvement, lequel se fera, soit en piquant le fût avec un foret ou une vrille, soit par tout autre moyen approprié.

On tirera dans un vase quelconque, sec et propre (baquet, terrine, broc, etc.), une quantité de liquide suffisante pour constituer les quatre échantillons, puis on répartira ce liquide entre les quatre bouteilles de prélèvement.

Si l'on ne dispose pas d'un vase sec et propre, et qu'on soit dans l'obligation de remplir les quatre bouteilles de prélèvement en tirant directement au fût, par exemple, on devra s'y prendre à deux reprises, c'est-à-dire qu'on commencera par remplir les quatre bouteilles à moitié seulement, puis on les reprendra, dans le même ordre, pour achever de les remplir.

On indiquera soigneusement au procès-verbal la nature du récipient d'où l'on aura tiré le liquide prélevé, sa contenance approximative et, s'il était en vidange, la quantité de liquide qu'il contenait encore au moment du prélèvement. Dans le cas où le liquide a été mis en bouteilles prêtes à la vente, par le détaillant, on débouchera un nombre suffisant de bouteilles dont on mélangera le contenu dans un vase sec et propre ; on remplira avec ce liquide les quatre bouteilles de prélèvement.

Les précautions spéciales à chaque cas, ainsi que les quantités à prélever pour chaque échantillon, sont indiquées ci-après :

Les bouteilles de prélèvement devront toujours être propres et sèches, complètement remplies et bouchées avec des bouchons de liège neufs.

Précautions à prendre. — Lorsque les récipients qui contiennent le vin sont assez grands, il est nécessaire que l'échantillon soit pris en deux endroits, à la partie supérieure et à la partie inférieure.

En effet, si le vin est attaqué par le ferment acétique (cause de la piqûre) qui vit à la surface du vin, il peut ne présenter aucune trace de piqûre à la base de la cuve, alors qu'à la partie supérieure il sera tout à fait piqué. Il en est de même pour la fleur du vin (voir Maladies du vin, p. 176).

Si le vin est attaqué par le ferment de la tourne, microbe qui se développe à l'abri de l'air, il sera trouble à la partie inférieure de la cuve, alors qu'à la partie supérieure il peut être encore indemne. Si le vin est atteint de la casse (voir Maladie de la casse, p. 186), à la partie supérieure il sera louche et plat au contact de l'air, alors qu'à la partie inférieure il pourra être encore intact. Les vins qui ont certains goûts ont ces goûts bien plus perceptibles à la partie supérieure de la cuve qu'à la partie inférieure.

Tous ces faits montrent bien que la prise d'échantillon doit se faire à la partie supérieure et à la partie inférieure des récipients. Les bouteilles étant remplies et bouchées, on coiffe le bouchon et une petite partie du goulot avec du papier, on ficelle et les deux bouts de la ficelle sont relevés et fixés sur le bouchon recouvert de papier à l'aide d'un cachet en cire.

Service des fraudes. — Les agents du service des fraudes prélèvent des échantillons comme nous l'avons indiqué plus haut. A chaque échantillon ils attachent une étiquette, ou *fiche*, divisée en deux parties : à la partie supérieure, ou *talon*, on indique le genre de vin, la date du prélèvement et le numéro d'ordre, pas d'autres indications ; à la partie inférieure, ou *volant*, il y a en plus de ces indications le nom du propriétaire ou détenteur de la marchandise.

Les agents envoient ces échantillons à la Préfecture, où l'on détache la partie inférieure du volant. Les bouteilles sont alors expédiées au Laboratoire, qui ignore absolument le nom du propriétaire, puisque les échantillons n'ont plus que le numéro d'ordre du talon de la fiche. L'agent préleveur d'échantillon remet au propriétaire un récépissé indiquant la valeur des échantillons pris pour que celui-ci puisse se faire rembourser cette valeur,

QUATRIÈME PARTIE

CONSERVATION DES VINS

—

CHAPITRE XIII

DES SOINS A DONNER AUX VINS

SOUTIRAGE, OUILLAGE, COLLAGE, FILTRAGE

124. — Les principales opérations que les vignerons pratiquent pour soigner les vins sont les suivantes : le *soutirage*, l'*ouillage*, le *collage*, le *filtrage*.

I. — SOUTIRAGE

125. Le soutirage *a pour but de séparer le vin clair d'avec les dépôts (lie) qui se forment au fond des tonneaux.*

Quand le vin, une fois terminé, a été descendu dans la cave, les parties les plus lourdes qu'il renferme en suspension ne tardent pas à se déposer; on voit tomber au fond du tonneau une masse visqueuse appelée *lie*, formée de levures engourdies, de germes de maladie, de matières boueuses entraînées dans la cuve par les raisins qui ont touché le sol, de parcelles de marc, de pépins, de bitartrate de potasse, etc.

On sépare le vin clair d'avec les lies pour deux raisons :

1º *Parce que ces lies (surtout les lies jeunes) renferment en plus ou moins grande quantité des ferments de maladie (en particulier des germes de tourne) qui peuvent agir sur le vin;*

2º Parce que toute élévation de température peut avoir pour effet d'amener le mélange de ces deux parties et de troubler le vin. Les vins jeunes, en effet, renferment tous en plus ou moins grande quantité des ferments de maladie (principalement des germes de tourne). *Sous l'action du froid,* et surtout lorsque ces vins ne renferment plus de sucre et que la fermentation complémentaire est terminée, les germes tombent au fond des fûts; le vin se conserve très bien.

Si la température de la cave ne dépasse jamais 12 à 13 degrés (aussi bien l'été que l'hiver), cette conservation sur lies peut durer longtemps. M. Mathieu fait justement remarquer à ce sujet « que l'on cite des cas de conservation de vins jeunes pendant quinze à vingt ans, même sans soutirage (vins de Château-Châlons dont il est fait encore quelques cuves) ». Mais si la température de la cave s'élève à un moment donné au-dessus de 12 à 13 degrés, que le vin contienne encore un peu de sucre (ce qui est souvent le cas des vins jeunes) et que de plus cette cave, au voisinage d'une rue, soit soumise aux trépidations, les germes de maladies, sous l'influence de ces trépidations et de l'acide carbonique dégagé par la fermentation du sucre, remontent peu à peu dans le vin, se développent, se multiplient, et le vin devient malade.

Le soutirage, en éliminant les germes de maladie, stérilise donc en quelque sorte les vins. On a constaté souvent que des vins conservés dans de bonnes caves pendant deux ans et ayant subi cinq à six soutirages, ne contenaient pas de germes de maladies, étaient en un mot stérilisés.

Quand la fermentation est achevée et que le vin ne renferme plus de sucre, la levure ne peut plus s'alimenter; elle vit alors aux dépens des réserves alimentaires qu'elle a accumulées et donne encore de l'acide carbonique et de l'alcool. D'où cette juste remarque des vignerons que *la lie nourrit le vin.*

Mais avant de mourir, quand elle a épuisé ses réserves (et même après sa mort), la levure devient un danger. Par conséquent, s'*il faut laisser assez longtemps le vin au contact de ses lies* pour que sa fermentation se complète et qu'il s'enrichisse en alcool, il ne faut pas exagérer la durée de ce contact, sous peine de voir le vin s'altérer plus ou moins profondément[1], surtout si les caves employées ne sont pas très bonnes.

126. Époque des soutirages. — Le *premier soutirage* a quelquefois lieu à la fin de l'automne (pour séparer les grosses lies; les premières lies qui sont précipitées après le décuvage sont les plus dangereuses). Souvent le premier soutirage ne s'effectue qu'à partir de Noël; il peut même être retardé jusqu'en mars pour les vins sains.

Le *deuxième soutirage* a lieu en février-mars.

Un *troisième soutirage* devient parfois nécessaire en juin.

Un *quatrième soutirage* a généralement lieu au commencement de l'automne.

Les années suivantes, un ou deux soutirages suffisent.

---

1. D'après M. Mathieu, la vie ralentie de la levure est surtout, pour le vin, une source de gaz carbonique qui vient combler les pertes de ce gaz par évaporation au travers du bois; de plus, comme les soutirages entraînent une évaporation d'acide carbonique, l'absence de soutirage évite cette déperdition, de sorte que le séjour sur les lies est une pratique dont le principal avantage est le maintien dans le vin d'une dose précieuse d'acide carbonique, lequel donne au bouquet plus d'intensité.

Soutirages précoces.—Les soutirages précoces (dès que les vins sont terminés, à la fin de l'automne) doivent être employés dans plusieurs cas :

1° Lorsque les vins proviennent de vendanges avariées et qu'ils contiennent beaucoup de germes de maladies ;

2° Lorsque les vins présentent des goûts anormaux provenant des lies ou des récipients vinaires.

Ainsi, par exemple, quand on a traité tardivement la vigne avec du soufre pour combattre l'oïdium, les raisins apportent à la cuve une certaine quantité de soufre formant des composés sulfhydriques à odeur d'œuf pourri. De même on constate quelquefois une odeur sulfureuse quand on emploie l'acide sulfureux dans le bisulfitage des vendanges. Les récipients vinaires peuvent également donner au vin un goût de moisi, de pourri, de sec, etc.

127. Pratique du soutirage. — *Il faut soutirer de préférence par un temps froid et sec, quand souffle le vent du Nord, c'est-à-dire quand la pression atmosphérique est la plus forte.*

Quand la pression atmosphérique est faible, les gaz dissous dans le vin se dégagent en entraînant à la surface du liquide les éléments légers des lies et troublent le vin.

Les soutirages doivent être faits dans des fûts bien nettoyés et préalablement méchés. (Voir Nettoyage du matériel vinaire, p. 175.)

Les soutirages peuvent être faits de deux manières différentes : 1° *à l'air*; 2° *à l'abri de l'air.*

Les soutirages à l'air pratiqués sur les vins *jeunes* permettent leur aération : sous l'action de l'oxygène de l'air, les levures affaiblies reprennent leur vigueur et peuvent terminer la fermentation du peu de sucre que ces vins jeunes contiennent encore; pendant le soutirage, les vins se débarrassent de l'acide carbonique qu'ils renferment, leur dépouillement par suite de l'insolubilisation de certains éléments se fait mieux. Les soutirages à l'air hâtent le vieillissement des vins.

Pratiqués sur les vins *vieux*, les soutirages à l'air peuvent exagérer les phénomènes d'oxydation lente et provoquer des modifications de bouquet, de sapidité; ils peuvent également introduire des ferments de maladies. Ils sont donc à rejeter.

Il faut soutirer à l'air tous les vins qui ont certaines *odeurs* désagréables (odeur sulfureuse, sulfhydrique, etc.).

Les soutirages à l'abri de l'air sont nécessaires pour tous les vins qui ont uue tendance à *casser* (voir p. 190), pour les vins qui ont une oxydabilité exagérée, et enfin pour les vins qui ont certains *goûts* (goûts de bois, de moisi, de pourri, etc.), l'air exagérant ces goûts.

Le premier soutirage est généralement fait au contact de l'air (excepté si le vin a une tendance à *casser*, voir p. 186). On place le robinet à la hauteur du vin clair. Le liquide est reçu dans des brocs, des sapines, puis vidé dans des tonneaux.

Il faut avoir soin, pendant le soutirage, de ne pas fermer le robinet sous peine de provoquer un mouvement de recul au vin, qui ferait remonter la lie.

Les autres soutirages doivent être faits à l'abri de l'air, pour

FIG. 62. — SOUFFLET A SOUTIRER ET A TRANSVASER.
L'air envoyé par le soufflet presse sur le liquide à soutirer et le force à s'écouler par un tube dans le tonneau à remplir.

éviter que le vin subisse des modifications de bouquet, de sapidité et soient atteints de maladies microbiennes.

Appareils employés. — Le soutirage à l'abri de l'air se pratique : au *siphon*, au *boyau*, au *soufflet*, à la *pompe*.

FIG. 63. — POMPE A VIN (POMPE ROTATIVE SYSTÈME BOBARD).

(Ce genre de pompe ne bat pas les vins.

a) *Au siphon* (avec siphon en verre, en fer blanc ou en caoutchouc) : Ce procédé est peu pratique. Le siphon agissant par aspiration verticale, ne peut être placé juste à la hauteur de la lie sous peine de provoquer des troubles. On est donc obligé de laisser une certaine couche de liquide clair que l'on enlève difficilement.

b) *Au boyau* : Lorsque le tonneau à remplir est situé au-dessous du tonneau à vider, un tuyau en caoutchouc ou en toile perméable réunit les deux robinets des récipients ; on ouvre les bondes pour laisser échapper l'air, le liquide s'écoule naturellement sous l'action de la pesanteur.

c) *Au boyau avec soufflet* (fig. 62) : Lorsque les deux tonneaux sont à la même hauteur, on met en communication le robinet du tonneau plein avec le tonneau vide légèrement méché. Le robinet étant ouvert, le vin s'écoule d'un tonneau dans l'autre jusqu'à ce que le liquide soit arrivé au même niveau dans les deux. On place alors le soufflet sur le tonneau que l'on vide ; on souffle, on comprime l'air et on force ainsi le vin à passer dans le tonneau que l'on remplit.

Quand le vin est arrivé au niveau du robinet, un glou glou caractéristique indique que l'opération est terminée; on ferme le robinet, on enlève le soufflet et on bonde le tonneau plein.

d) *A la pompe*: On emploie pour le soutirage des vins des pompes aspirantes et foulantes qui aspirent, a l'aide d'un tube partant de l'orifice supérieur, le liquide du tonneau à transvaser   et le ren-

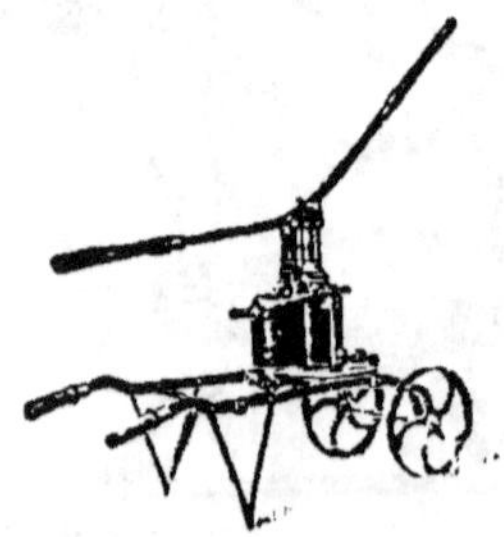

1. *Vue d'ensemble.*

2. *Le corps de pompe est soulevé; la boîte à clapets est démontée et mise sur le côté, à droite.*

FIG. 64. — POMPE A VIN (POMPE A DOUBLE EFFET, SYSTÈME BOBARD).
La pompe se démonte facilement; la boîte à clapets située au-dessous du corps de pompe s'enlève à la main pour le nettoyage complet.

voient dans le tonneau à remplir (fig. 63 et 64). *Exemples*: pompes système Bobard, Gaillot, Delatte, etc.

Dans les petites exploitations où l'on ne dispose pas d'une pompe, on n'a qu'à mettre au robinet un tube en caoutchouc assez long (fig. 65) pour plonger au fond des récipients qui reçoivent le vin; il n'y a ainsi que la couche superficielle du vin remplissant le récipient qui est au contact de l'air; tout le restant du liquide est garanti contre l'aération.

II. — OUILLAGE

128. Ouillage. — *L'ouillage consiste à remplir les fûts qui se sont vidés partiellement pour une cause quelconque.*

FIG. 65. — SOUTIRAGE
A L'ABRI PARTIEL DE L'AIR.

Plusieurs causes contribuent à produire un vide entre le liquide et la paroi supérieure des fûts :

1° Le refroidissement du vin après la fermentation amenant une diminution de volume;

2° L'imbibition des parois du fût;

3° L'évaporation qui se produit sur toute la surface du tonneau, surtout vers la bonde.

Une barrique de vin de 228 litres perd, en moyenne, de 13 à 15 litres de liquide la première année, et 8 à 10 litres les années suivantes.

On ouille pour éviter que le vin, au contact de l'air, prenne des ferments de maladie.

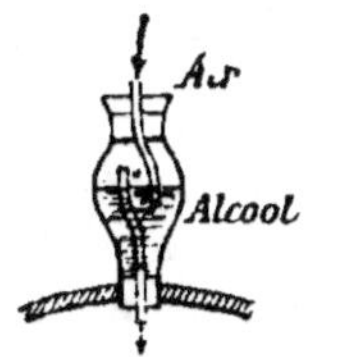

FIG. 66. — BONDE BOURDIL POUR LES FUTS EN VIDANGE.

L'ouillage doit être fait : Tous les deux jours pendant les quinze premiers jours ; tous les quatre jours pendant les quinze jours suivants ; une fois par semaine après la fermeture des tonneaux ; une fois par mois dans la suite.

On doit employer, pour remplir le fût, un vin identique et absolument sain.

Pour remplacer l'ouillage, on a imaginé des appareils (fig. 66) purificateurs ou bondes Bourdil, Noël, etc., destinés à purifier l'air qui arrive au contact du vin, de façon à assurer la conservation des liquides laissés en vidange. La purification de l'air se fait généralement avec de l'alcool.

Ces appareils ne suppriment pas les germes qui sont dans le vin et qui peuvent, même à l'air pur, se développer pour contaminer tout le liquide.

On a imaginé également (dans les caves importantes) de ouiller, non pas avec du vin, mais avec de l'acide carbonique (fourni en bombe). La dépense ne dépasse pas 1 centime par hectolitre. De plus, dans les foudres que l'on vidange à longue tire, on peut garder le vin en bon état, quelle que soit la durée de la vidange et sans aucune manipulation.

III. — COLLAGE

129. Le collage *a pour but de déterminer la précipitation des éléments solides en suspension dans le liquide, et, par suite, la clarification du vin.*

Cette précipitation se fait : 1° soit en provoquant dans la masse du vin un composé insoluble de tanin avec une matière albuminoïde (blanc d'œuf, sang, caséine, etc.) ou gélatine (gélatine, colle de poisson) ; 2° soit par des matières agissant mécaniquement par leur chute (papier, sable, etc.).

130. Effets du collage. — Le collage non seulement éclaircit le vin, mais le soutirage qui le suit entraîne la plus grande partie des germes qui peuvent le troubler. On peut donc dire que *le collage éclaircit et stérilise en partie.*

Le collage produit aussi un effet chimique qui modifie le vin :

1° La colle employée (matière albuminoïde ou gélatineuse) se combine avec une certaine quantité de *tanin* du vin qu'elle entraîne dans le dépôt formé ;

2° La colle entraîne également un peu de *matière colorante* et quelques autres principes, en particulier des matières odorantes.

Ces effets peuvent, suivant les cas, être avantageux ou désavantageux pour le vin soumis au *collage* :

Si ce vin est d'une constitution un peu faible, il devient alors *mou* par suite de la perte de tanin, sa couleur et son bouquet sont affaiblis, *il est usé.* Nous verrons comment on évite une partie de ces inconvénients en tannisant le vin avant le collage.

Si le vin a trop de rudesse, un bon collage enlève l'excès de tanin, atténue la rudesse (voir p. 136). Il ne faut pas évidemment exagérer et multiplier les collages, car on produirait un vieillissement prématuré du vin.

Cette propriété qu'ont plus particulièrement certaines colles (le sang, l'albumine du sang desséchée en poudre, la caséine) d'enlever de la matière colorante au vin, et même certains mauvais goûts ou odeurs, peut servir dans une certaine mesure à décolorer des vins roses ou des vins blancs jaunis, à faire disparaître en partie de mauvais goûts ou odeurs.

131. État du vin pour le collage. — Pour que le collage s'effectue bien, le vin doit présenter certaines conditions :

1° *Le vin ne doit pas fermenter, même légèrement.* Un vin qui fermente même légèrement laisse dégager insensiblement des bulles de gaz carbonique qui empêchent la chute de la colle. Il faut donc avant de coller provoquer l'achèvement de la fermentation par aération et chauffage.

Au cas où l'on voudrait absolument faire le collage d'un vin nouveau (vin de vendanges avariées) contenant encore un peu de sucre, il faut arrêter complètement la fermentation soit par le *froid* si on le peut, soit en *bisulfitant* (introduire du bisulfite de potasse qui cède de l'acide sulfureux, lequel arrête la fermentation en empêchant les levures d'agir, voir p. 36).

2° *Le vin ne doit pas être malade.* Si le vin, en effet, contient des *ferments* de maladie en activité, il se dégage de fines bulles de gaz qui empêchent la colle de tomber. Dans ce cas, il faut soumettre le vin malade au froid pour arrêter toute fermentation, ou encore pratiquer un bisulfitage convenable, comme nous l'avons indiqué ci-dessus (voir encore p. 104, Pratique du sulfitage).

Si le vin casse, le collage l'éclaircit, mais après l'opération il peut se troubler de nouveau. Il faut donc auparavant guérir le vin de la *casse* (voir p. 190).

Les vins atteints de la graisse sont visqueux, huileux, ce qui empêche également la chute de la colle. Ils ne sont d'ailleurs pas suffisamment riches en tanin pour que le collage puisse bien s'effectuer. Avant le collage il faut donc faire disparaître cette maladie, comme nous l'indiquons.

3° *Le vin doit avoir une quantité de tanin suffisante.* Ainsi que nous l'avons vu ci-dessus, les vins blancs, en général, n'ont pas une quantité suffisante de tanin. Dans ce cas la colle se coagule mal, le vin prend un aspect laiteux; on est obligé d'ajouter une certaine quantité de tanin (8 à 10 grammes).

132. Influence du tanin dans le collage des vins. — *Tout collage par les matières albuminoïdes (blancs d'œufs, etc.) exige, pour se produire, une certaine quantité de tanin dans le vin.*

En général, dans les *vins rouges*, le tanin se trouve en quantité suffisante pour précipiter la colle; il n'en est pas de même des *vins blancs* et même des vins rouges provenant de vendanges avariées.

Pour que la colle employée n'entraîne pas une partie du tanin du vin et, par conséquent, ne modifie pas la composition du vin, il suffit d'ajouter au liquide, avant le collage, une quantité de tanin correspondante à la colle utilisée.

Pour les blancs d'œufs, on compte qu'il faut approximativement 2 grammes de tanin par chaque blanc employé.

Pour la gélatine, il faut environ 8 décigrammes de tanin par gramme de gélatine. Soit pour un collage à 10 grammes de gélatine par hectolitre $0,8 \times 10 = 8$ grammes de tanin.

Pour la colle de poisson, d'après Semichon, environ 5 décigrammes de tanin (d'après Salleron, 8 décigr., de tanin) par gramme de colle de poisson (colle sèche).

(Voir Compléments page 288. Détermination de la quantité de colle et de tanin à employer).

133. Conditions extérieures pour un bon collage. — Il faut coller de préférence par un temps froid et sec quand souffle le vent du Nord, c'est-à-dire quand la pression est le plus forte (même condition que pour le soutirage).

Le vin doit rester dans un état de repos absolu pour que le dépôt se fasse bien.

134. Pratique du collage. — On enlève du fût contenant le vin à coller une certaine quantité de liquide pour introduire la colle sans aucune perte.

La colle étant préparée (comme nous l'avons indiqué pour chaque substance), on la verse dans le fût et on brasse énergiquement à l'aide d'un fouet spécial, ou plus simplement d'un bâton percé de trous. Lorsqu'on opère dans des foudres, le mélange se fait à la pompe. Le fût est ensuite entièrement rempli et on laisse en repos.

135. Substances employées pour le collage des vins. —

Substances employées pour le collage du vin.
- Substances albuminoïdes formant avec le tanin une matière insoluble.
  - *Le blanc d'œuf.*
  - *Le sang.....*
  - *Le lait. . . . .* — Ces substances se coagulent, se précipitent sous l'action de l'alcool, des acides, du tanin que contient le vin en entraînant les matières en suspension.
  - *La gélatine...*
  - *La colle de poisson. . . . .* — Ces substances sont précipitées surtout par le tanin du vin. Elles jouent le même rôle que les précédentes.
- Substances agissant mécaniquement par leur chute.
  - Papier.
  - Sable. .
  - Kaolin . — Ces matières agissent mécaniquement en tombant au fond du tonneau ; elles entraînent les matières en suspension.

Le blanc d'œuf. — Le blanc d'œuf est très employé pour le collage des vins fins et des vins blancs.

On utilise deux ou trois blancs d'œufs par hectolitre ; on ajoute un peu de sel de cuisine (10 grammes par œuf), on bat le tout de manière à l'amener presque à l'état de neige et on le verse dans le tonneau. Le vin est agité avec un bâton fendu ou un fouet pour faciliter la bonne répartition de la colle. Le liquide est laissé en repos huit à dix jours.

FIG. 67.
COAGULATION DU SANG

On trouve dans le commerce l'**albumine sèche** qui est de l'*albumine d'œufs desséchée* en poudre. Elle est constituée par de toutes petites écailles brillantes qui se gonflent lentement dans l'eau en donnant un liquide gommeux. On l'emploie à la dose de 10 à 15 grammes par hectolitre. On y ajoute quelquefois un peu de sel de cuisine, comme pour les blancs d'œufs.

Le sang. — Le sang renferme 60 à 70 grammes d'albumine par litre.

Expérience. — Lorsqu'on laisse le sang à l'air dans un verre, la fibrine qu'il contient se coagule, emprisonnant les globules sanguins pour former le *caillot* ; il reste un liquide jaune clair, le *sérum*, contenant l'albumine et surnageant au-dessus du caillot (fig. 67). C'est l'albumine qui est la substance clarifiante.

La plupart des viticulteurs emploient soit le sang frais (sang de bœuf) à la dose de 2 à 3 décilitres par hectolitre, soit le sérum seul.

On bat le sang avec deux fois son volume d'eau salée, et on le verse dans le vin en remuant énergiquement.

On trouve dans le commerce de l'**albumine du sang** desséchée *en poudre*. Elle se présente sous la forme de petites écailles brunes. Elle est employée aux mêmes usages et possède les mêmes propriétés que la *caséine du lait* (voir ci-dessous). Cependant, elle paraît donner des collages plus énergiques et plus rapides que l'albumine d'œufs ou la caséine ; aussi l'emploie-t-on dans certains vins rouges difficiles à clarifier. Il est essentiel que cette poudre ne

présente aucune trace d'altération, ce qui se reconnaît à l'odeur. On la met
en dissolution comme les autres colles à la dose de 10 à 15 grammes par hectolitre.

Le lait et la caséine. — Le lait renferme 35 grammes de caséine par litre :
cette caséine est la substance clarifiante.

Le lait s'emploie, écrémé ou non, à la dose de 2 à 3 décilitres par hectolitre.
On le verse dans le vin et on fouette le mélange. Il a l'inconvénient de
laisser dans le vin un peu de sucre fermentescible qui peut le troubler.

On remplace avantageusement le lait par de la **caséine** extraite industriellement du lait, surtout pour la décoloration des vins *jaunes* (à la dose de
25 gr. à 75 gr. suivant les cas) : on fait macérer 100 grammes de caséine en
poudre avec 10 grammes de potasse caustique dans un litre d'eau à une
douce chaleur. Pour l'emploi, la solution doit être étendue à 4 litres, de
façon qu'un litre d'eau ne contienne que 25 grammes de caséine.

La gélatine. — La gélatine est un des meilleurs clarifiants. Elle se prépare avec les os, les cartilages, les tendons,
les peaux des différents animaux.

On la vend dans le commerce sous forme de plaquettes ou
de feuilles.

Les différentes gélatines.
{
Gélatine blanche ou grenatine en feuilles minces, longues,
transparentes. Elle est employée pour les vins blancs.
Gélatine blonde en petites plaquettes de 25 à 30 grammes. Elle
est employée pour les vins rouges.
Gélatine brune en plaquettes employée en ébénisterie sous le
nom de colle de Givet, de Paris. Elles sont très impures ;
elles proviennent de toutes sortes de détritus animaux. *Il ne
faut jamais les utiliser pour les vins*.
}

Dose à employer. — La dose moyenne est de 10 à 15 grammes
de gélatine par hectolitre.

Mode de préparation. — On met les plaquettes de colle à
dégorger, pendant 12 heures environ, dans de l'eau froide,
pour qu'elles abandonnent tous les produits odorants qui pourraient communiquer un goût au vin. On jette ensuite l'eau dans
laquelle la colle s'est dégorgée, on verse de l'eau sur cette
colle et on chauffe le tout à feu doux, ou mieux au bain-marie
en agitant constamment.

Mode d'emploi. — La solution de colle étant prête, on la
mélange bien avec 5 à 6 litres de vin pour que la répartition
soit plus uniforme, et on jette le tout dans le tonneau en agitant convenablement.

Colle de poisson. — C'est la meilleure colle à employer
pour les vins blancs, mais elle est plus coûteuse et sa préparation est quelque peu minutieuse.

La colle de poisson, appelée aussi ichtyocolle, est la membrane interne de la vessie natatoire des esturgeons ; elle se
présente en feuilles ou en petits ou gros cordons.

Dose à employer. — 2 à 3 grammes de colle sèche par hectolitre.

Mode de préparation. — Il existe plusieurs modes de préparation. Nous n'indiquons que la plus simple :

On déchire les feuilles en fragments à l'aide d'un crochet ou d'un couteau. Les fragments sont lavés et laissés dans l'eau pendant une demi-heure, pour les laisser dégorger. On les met ensuite dans 20 fois leur poids d'eau (20 litres d'eau pour 1 kilogramme de colle à préparer) et on chauffe au bain-marie à la température de 40 degrés environ (à une température que la main plongée dans l'eau puisse toujours supporter) pendant 6 heures.

La solution chaude est passée à travers un linge ou un tamis. Les fragments non liquéfiés sont repris, écrasés au pilon et chauffés à nouveau au bain-marie dans de l'eau additionnée de 20 pour 100 d'acide tartrique.

Mode d'emploi. — On l'emploie de la même manière que la gélatine.

Kaolin. — Le kaolin (terre blanche qui sert à fabriquer la porcelaine) est mis dans le vin sous forme de bouillie : 500 grammes de kaolin dans 1 litre d'eau pour coller 1 hectolitre de vin. On agite énergiquement plusieurs fois.

Ce procédé présente deux inconvénients : 1° il faut attendre plus d'un mois pour une clarification complète ; 2° le kaolin peut avoir des traces de fer qui, avec le tanin, forment un précipité noir capable de *plomber* ou bleuir le vin.

Sable. — On emploie du sable siliceux et non calcaire, à la dose de 500 grammes à 1 kilogramme par hectolitre. Le sable peut renfermer des traces de fer (voir kaolin).

Papier. — On emploie du papier non collé, lavé plusieurs fois et séché pour ne pas donner au vin un goût de papier.

On met deux à trois feuilles de papier par hectolitre ; si le récipient le permet, on étend ces feuilles à la surface du liquide pour qu'elles s'enfoncent en le filtrant ; si le récipient ne le permet pas, on réduit le papier en pâte avec de l'eau et on l'ajoute ainsi au vin.

IV. — FILTRAGE

136. — Le **Filtrage**, *comme le collage, a pour but de clarifier les vins en les dépouillant des substances en suspension.*

Le filtrage est une opération toute mécanique qui consiste à faire passer le liquide trouble à travers une paroi poreuse qui retient les éléments solides et une grande partie des ferments de maladie. Par conséquent, il clarifie et stérilise en partie. Les substances filtrantes employées sont : *les tissus, le papier, la pâte de cellulose, l'amiante, les pâtes cuites rappelant la porcelaine.* Ces différents produits forment dans les filtres une paroi perméable qui arrête les substances en suspension dans le vin.

Au bout d'un certain temps, le pouvoir filtrant diminue ; il faut, pour le renouveler, enlever les matières qui encrassent la paroi filtrante.

137. Comparaison entre le filtrage et le collage. — Le filtrage stérilise beaucoup mieux les vins que le collage, il est plus rapide. Il ne change presque pas la constitution du liquide, surtout quand il se fait à l'abri de l'air, alors que le collage diminue un peu plus l'acidité du vin et agit sur le tanin principalement quand on n'a pas pris la précaution de tanniser le vin avant de le coller.

138. Les différents filtres :

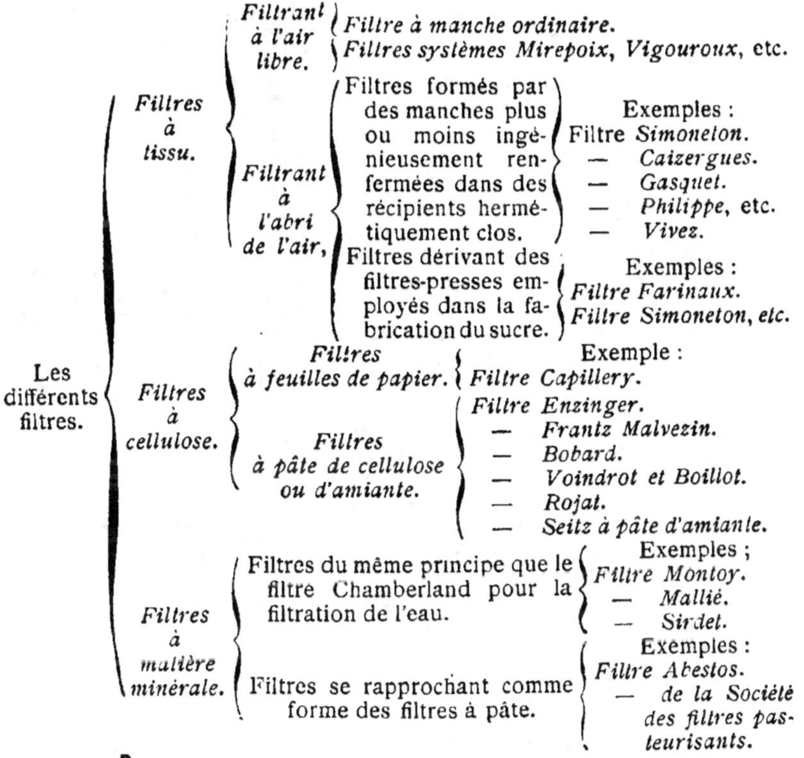

Les différents filtres.

- *Filtres à tissu.*
  - *Filtrant à l'air libre.*
    - Filtre à manche ordinaire.
    - Filtres systèmes Mirepoix, Vigouroux, etc.
  - *Filtrant à l'abri de l'air,*
    - Filtres formés par des manches plus ou moins ingénieusement renfermées dans des récipients hermétiquement clos. — Exemples : Filtre Simonelon. — Caizergues. — Gasquet. — Philippe, etc. — Vivez.
    - Filtres dérivant des filtres-presses employés dans la fabrication du sucre. — Exemples : Filtre Farinaux. Filtre Simoneton, etc.
- *Filtres à cellulose.*
  - Filtres à feuilles de papier. — Exemple : Filtre Capillery.
  - Filtres à pâte de cellulose ou d'amiante. — Filtre Enzinger. — Frantz Malvezin. — Bobard. — Voindrot et Boillot. — Rojat. — Seitz à pâte d'amiante.
- *Filtres à matière minérale.*
  - Filtres du même principe que le filtre Chamberland pour la filtration de l'eau. — Exemples ; Filtre Montoy. — Mallié. — Sirdet.
  - Filtres se rapprochant comme forme des filtres à pâte. — Exemples : Filtre Abestos. — de la Société des filtres pasteurisants.

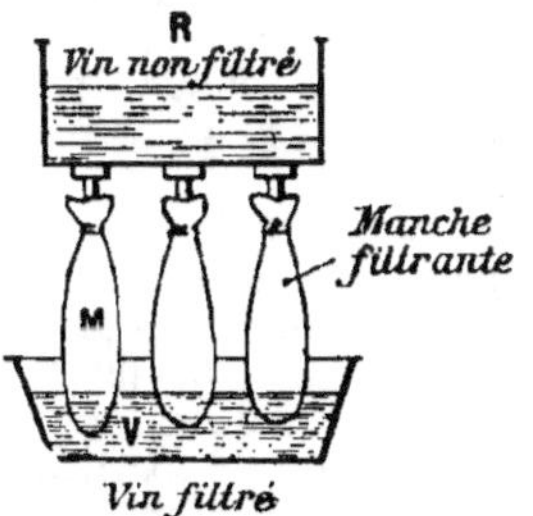

FIG. 68. — PRINCIPE DES FILTRES A MANCHES, FILTRANT A L'AIR LIBRE.

139. Filtres à tissus.

— 1° FILTRES A TISSUS FILTRANT A L'AIR LIBRE. -- Ces filtres se composent généralement (fig. 68) :

1° D'un récipient supérieur R dans lequel on verse le vin ;

2° D'une série de *manches filtrantes* M en tissu fort et serré que l'on adapte à des trous ménagés à la base du récipient ;

3° D'un récipient inférieur V destiné à recueillir le liquide filtré.

Le vin du récipient supérieur entre dans les manches M, traverse le tissu après avoir abandonné à l'intérieur les matières en suspension. *Exemples : Filtre Mirepoix, filtres Vigoureux, Simoneton*, etc. Chaque *manche* de forme conique est en tissu de toile, de flanelle, peau ou feutre.

Tous ces filtres ont l'inconvénient de filtrer au contact de l'air, ce qui occasionne une oxydation nuisible au vin et le développement des ferments de maladie que peut apporter l'air.

2° FILTRES A TISSUS FILTRANT A L'ABRI DE L'AIR. — *a) Filtres formés par des manches plus ou moins ingénieusement renfermées dans des récipients hermétiquement clos.* — *Exemples :* Filtres Simoneton, Vivez, Caizergues, Gasquet, Philippe, etc.

Dans le *filtre Simoneton, à manches doubles et concentriques.* filtrant à l'abri de l'air « Le Fortior » (fig. 69), le vin non filtré arrive en E et D, passe à travers les 2 manches pour se rendre dans l'espace C et s'écouler en S. Les filtres importants peuvent contenir 2, 4, 6 ou 8 séries de 2 manches semblables à l'élément représenté par la fig. 69. Le colmatage des manches est fait avec la « stériline », sorte de farine fossile formant un enduit sur le tissu et permettant de très bien filtrer le liquide. On peut également colmater les filtres à plateaux cités plus loin.

Filtre Philippe. — En principe, ce filtre se compose d'une cuve métallique dans laquelle on dispose verticalement les éléments filtrants F, F. F (fig. 72). Chaque élément est formé par une poche, véritable sac en tissu dans lequel est disposé un cadre en treillis pour écarter les parois. Le vin arrive par le tuyau T, entoure les poches, se filtre en les traversant d'extérieur à intérieur, monte et se rend dans le tuyau collecteur pour la sortie (fig. 70).

Le filtre Eureka (fig. 73) pour les petites exploitations comprenant une seule manche à compartiments M et une série de sept claies en rotin tissé C isolant entre eux les compartiments de la manche. Le tout est placé dans un réservoir en tôle d'acier doublé d'étain.

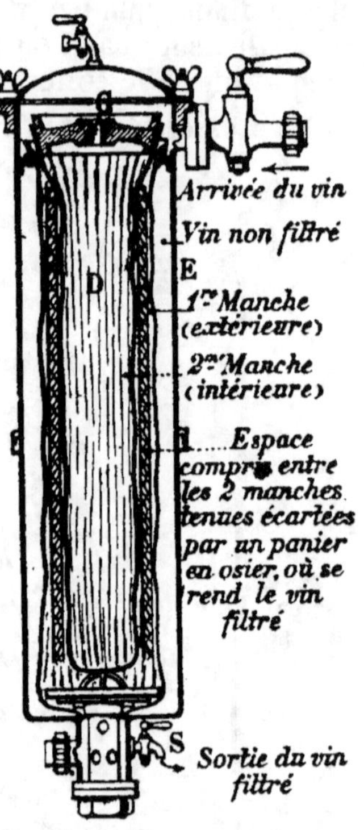

FIG. 69. — FILTRE A MANCHES DOUBLES ET CONCENTRIQUES DE SIMONETON « LE FORTIOR » (FILTRANT A L'ABRI DE L'AIR).

Filtres Gasquet. — Parmi ces filtres citons le filtre *Gasquet ordinaire* composé de manches carrées formant sac, trouées au milieu, enfilées sur une colonne creuse tendue verticalement, ayant entre elles des rondelles percées latéralement, retenant les bords des orifices. Le tout est serré par des bouchons à vis. Un récipient contient l'ensemble (fig. 74).

Remarque générale. — « C'est surtout par l'emploi de la terre d'infusoires applicable à tous les filtres qu'on est arrivé à faire des filtrations pratiquement stérilisantes. Cette terre d'infusoires sert à colmater les filtres aux lieu et place de la colle encore couramment en usage et qui donne de si mauvais résultats. Il faut que cette terre d'infusoires soit pure, particulièrement bien choisie, ni calcaire ni ferrugineuse, et bien sèche. L'amiante que l'on a proposée aussi pour colmater les filtres au lieu de colle, de pâte à papier ou de terre d'infusoires est presque toujours trop ferrugineuse, et c'est un inconvénient grave, surtout pour les vins blancs » (Semichon).

Dans le *filtre Simoneton « l'Universel »*, la masse filtrante est une série de rondelles de coton empilées les unes sur les autres.

b) Filtres dérivant des filtres-presses employés dans la fabrication du sucre. — Exemples : Filtre Simoneton, filtre Farinaux, etc.

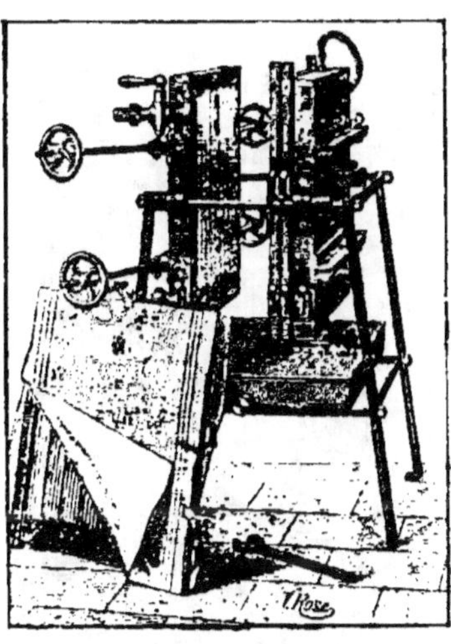

FIG. 70. — FILTRE-PRESSE A TISSU SIMONETON.

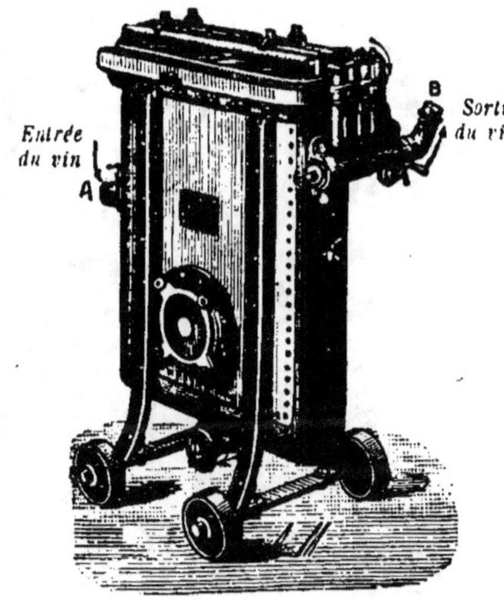

FIG. 71. — FILTRE PHILIPPE A TISSU.

Le *filtre Simoneton à plateaux* se compose d'une série d'éléments identiques ou plateaux.

Chaqne élément ou plateau est formé d'un cadre extérieur entourant une plaque cannelée, le tout est enveloppé dans un tissu spécial (fig. 70).

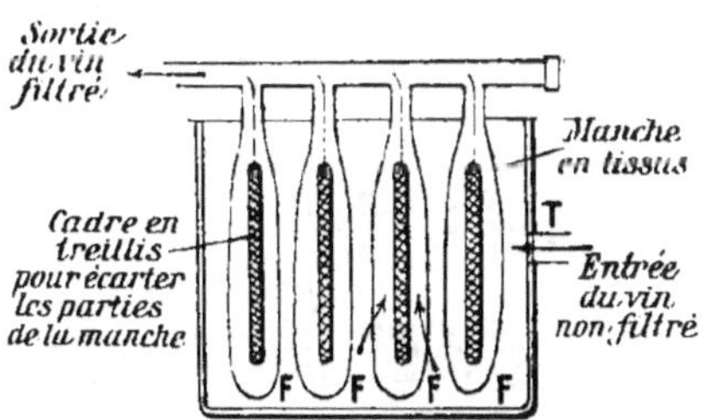

FIG. 72. — PRINCIPE DU FILTRE PHILIPPE.

Chaque manche avec son cadre intérieur constitue un élément filtrant.

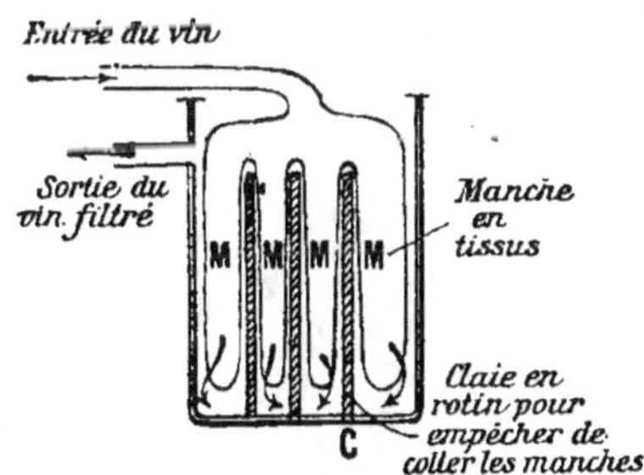

FIG. 73. — PRINCIPE DU FILTRE EURÉKA DE GASQUET.

Les plateaux sont placés les uns à côté des autres, retenus en équilibre par deux barres métalliques et maintenus aux deux extrémités par deux joues en fonte qui les pressent fortement à l'aide d'une *presse* à vis.

Le liquide trouble amené par une canalisation centrale remplit l'espace compris entre les tissus, fait pression sur ceux-ci, les traverse, puis, coulant le long des cannelures du plateau, se rassemble dans une autre canalisation percée dans l'épaisseur même du cadre.

De petits robinets placés au bas de chaque plateau permettent de véri-
fier le travail de chacun d'eux.

FIG. 74. — FILTRE GASQUET ORDINAIRE (VUE D'ENSEMBLE).

140. Filtres à cellulose. — 1° FILTRES A FEUILLES DE PAPIER.
Exemples : Filtre Capillery.

Le *filtre Capillery* (fig. 75) est constitué par une série de plaques filtrantes
placées les unes au-dessus des autres et serrées fortement dans un corps de
presse. Chaque plaque filtrante (fig. 76), percée de 2 orifices A et B, se composent d'une grille formée de
barreaux triangulaires entrecroi-

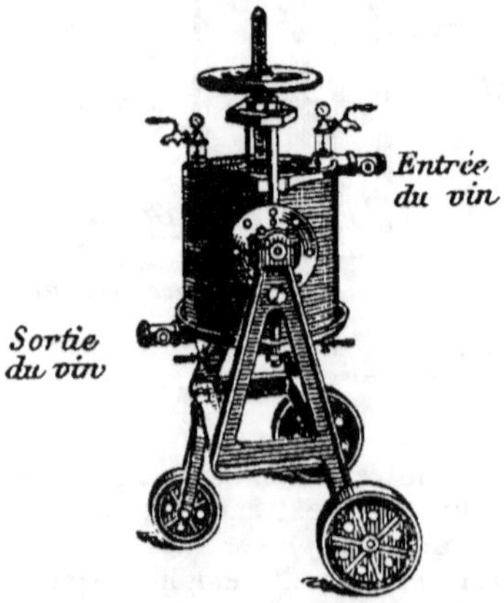

FIG. 75. — FILTRE CAPILLERY.

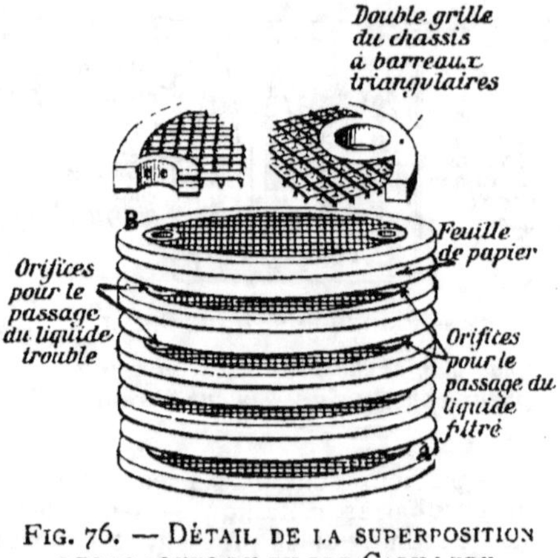

FIG. 76. — DÉTAIL DE LA SUPERPOSITION
DES PLAQUES DU FILTRE CAPILLERY.
*B canal pour le vin bourbé; A canal
pour le vin filtré.*

sés servant par leurs arêtes de support à une *feuille de papier*. En employant un plus ou moins grand nombre de feuilles de papier, on obtient une filtration plus ou moins énergique. La superposition des plaques transforme lesorifices A et B en deux canaux, l'un pour le vin trouble, l'autre pour le liquide filtré. Le vin trouble entre par B, filtre à travers le papier et sort en A (fig. 76).

2° *Filtres à pâte de cellulose ou d'amiante.* — Dans ces filtres, la matière filtrante à travers laquelle passe le vin trouble est de la pâte de cellulose. Cette pâte ressemble à la pâte de papier ; elle est préparée avec des fibres de coton, de lin, etc. ; on y mélange quelquefois de l'*amiante* qui augmente le pouvoir filtrant. La pâte salie est lavée et peut servir a nouveau.

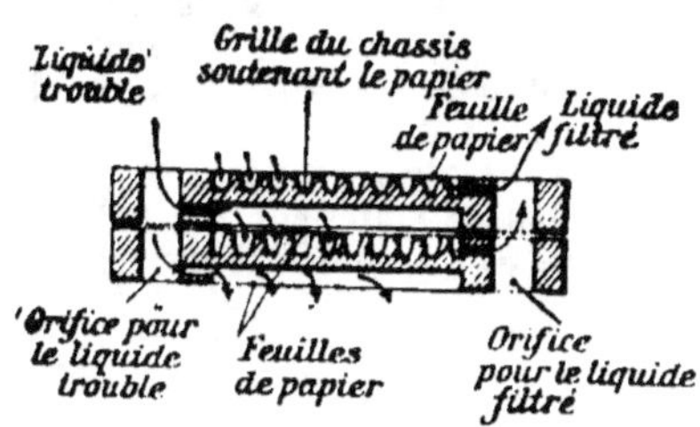

FIG. 77. — FILTRE CAPILLERY. — COUPE D'UN ÉLÉMENT FILTRANT MONTRANT LA CIRCULATION DU VIN.

Le type le plus simple de ces filtres (fig. 78) comprend un réservoir R en cuivre étamé à l'intérieur, muni d'un couvercle A à fermeture hermétique. Dans ce réservoir sont disposées deux enveloppes en toile métallique fine entre lesquelles on place la pâte de cellulose mouillée et légèrement tassée.

Le vin entre *sous pression* par le tuyau T (pour cela on dispose le fût de vin trouble à 3 ou 4 mètres au-dessus du filtre), passe à travers la pâte de cellulose P et sort en S en laissant dans la pâte toutes ses impuretés.

Parmi les filtres à pâte, nous pouvons citer le filtre *Voindrot* et *Boillot*, le filtre *Rojat*, le filtre *Bobard*, composé de 1, 2 ou 3 éléments analogues à celui de la figure 78, suivant les besoins, le filtre *Frantz Malvézin*, le filtre *Enzinger*, etc.

Dans le *filtre à pâte de Rojat* (fig. 79), le vin entre par le robinet K, pénètre dans le centre de l'appareil par le tube perforé D, passe à travers le *dégrossisseur*, sorte de tube en spirale avec tissu filtrant retenant les plus grosses impuretés, puis enfin à travers la pâte de cellulose M et sort par le robinet T.

Le *filtre Enzinger* (fig. 80) est composé d'une série de cadres garnis de pâte de cellulose au moyen d'une presse spéciale et placés chacun entre deux grilles servant de supports. La surface filtrante est proportionnelle au nombre des cadres et à la superficie de chacun d'eux. A côté des filtres à pâte de cellulose, on peut placer

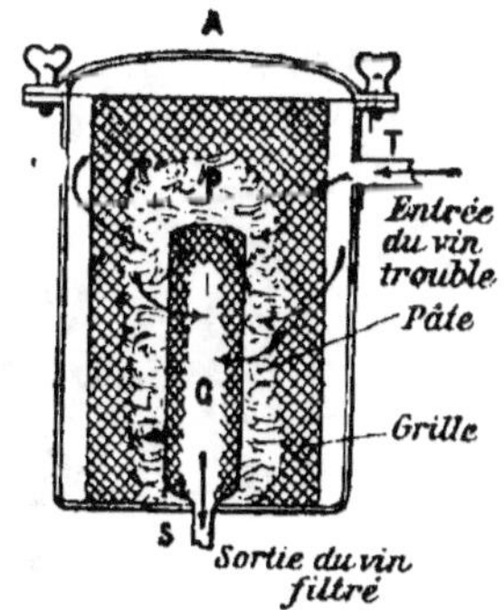

FIG. 78. — PRINCIPE D'UN FILTRE A PATE (SYSTÈMES VOINDROT ET BOILLOT, BOBARD, ROJAT, ETC.

le *filtre Seitz*. Dans ce filtre, on ne se sert plus de pâte de cellulose, mais de l'amiante en fibres très fines et très fragmentées : un peu de vin à filtrer est mélangé avec un peu d'amiante et le tout est vivement filtré à travers une toile métallique en forme d'entonnoir ; l'amiante se dépose sur la toile métallique formant une surface filtrante feutrée arrêtant très bien les impuretés du vin.

141. Filtres à matière minérale. — Parmi ces filtres, on peut citer :
Les filtres à bougies. — Dans ces filtres, le vin passe à travers des bougies filtrantes en porcelaine, analogues à celles créées par Chamberland pour la filtration de l'eau (fig. 81). Quelquefois la porcelaine ordinaire (non vernissée) est remplacée par de la porcelaine d'amiante (filtre Mallié, etc.) à pores plus réguliers, plus fins.

Tantôt le vin trouble filtre de l'extérieur à l'intérieur de la bougie (fig. 81, 2) comme dans les filtres

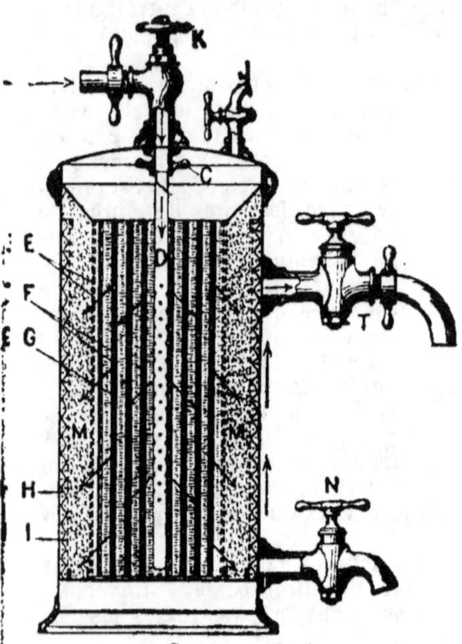

Coupe verticale.

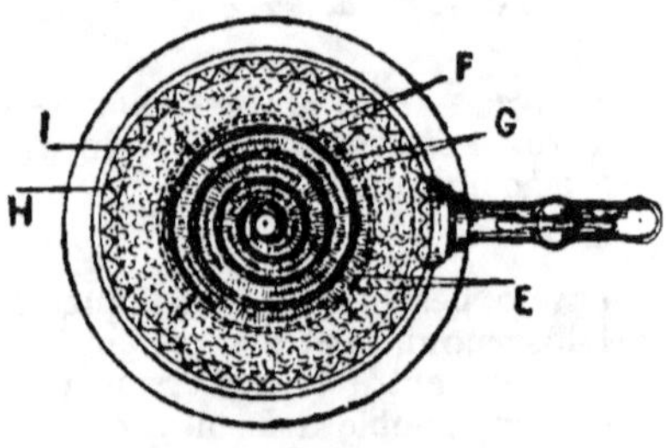

Coupe horizontale du filtre Rojat montrant le dégrossisseur.

Fig. 79. — Filtre a pate Rojat.

Montoy, Mallié, tantôt au contraire, le vin trouble filtre de l'intérieur à l'extérieur comme dans le filtre Sirdey (fig. 81, 1).

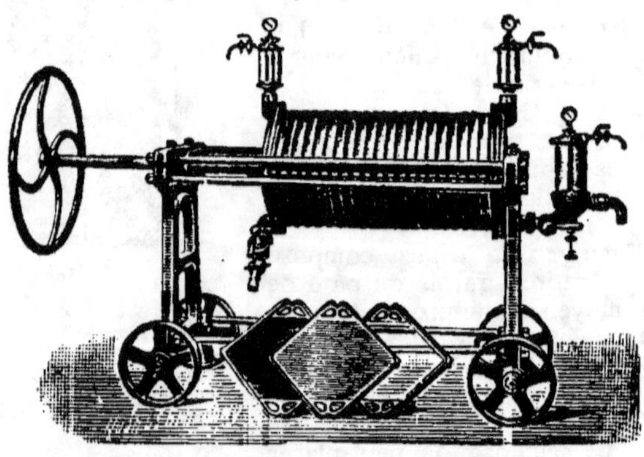

Fig. 80. — Filtre a pate Enzinger.
Au pied de l'appareil on voit trois cadres que l'on remplit de pâte de cellulose.

Ces filtres contiennent sun plus ou moins grand nombre de bougies suivant le rendement que l'on veut obtenir. Les bougies (fig. 82) sont placées dans une caisse métallique, implantées sur un faux-fond; le vin traverse les pores des bougies en abandonnant toutes les matières en suspension.

Le filtre Mallié indiqué par la fig. 83 a été basculé sur le côté, le couvercle enlevé pour montrer les bougies filtrantes autour desquelles doit circuler le vin trouble; ce dernier filtre de l'extérieur à l'intérieur des bougies et tombe dans le faux fond pour la sortie.

On reproche aux filtres à bougie: 1° De *favoriser la casse* du vin; cet inconvénient disparaît si l'on a le soin de bisulfater le vin *à filtrer* à la dose de 5 gr. de bisulfite de

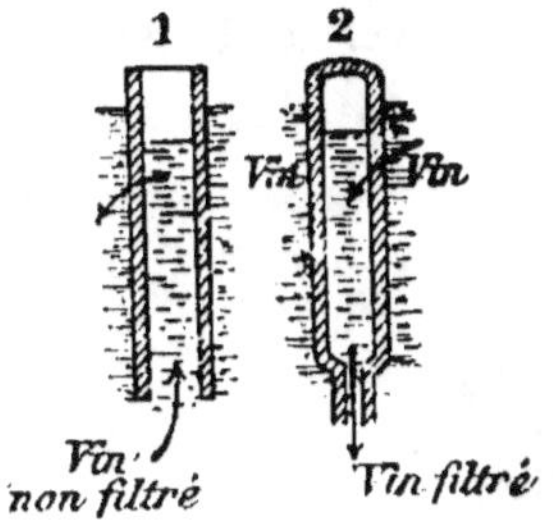

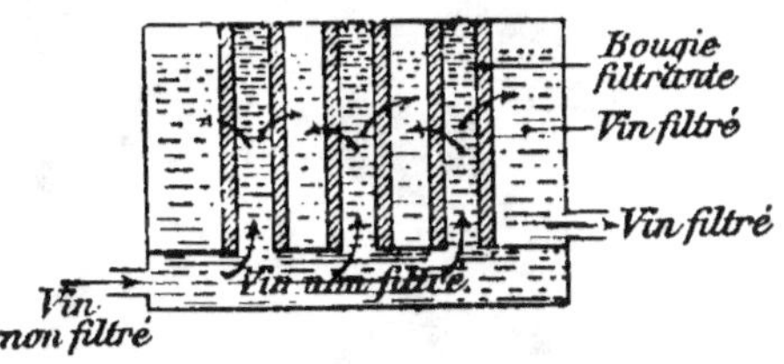

FIG. 81.
BOUGIES FILTRANTES.

1 *bougie filtrant de l'intérieur à l'extérieur (filtre Sirdey).*
2 *bougies filtrant de l'extérieur à l'intérieur (filtre Mallié).*

FIG. 82. — PRINCIPE D'UN FILTRE A BOUGIE
(FILTRE SIRDEY).

potasse par hectolitre, la petite quantité d'acide sulfureux que donne ce bisulfite suffit pour empêcher la cass

FIG. 83. — FILTRE MALLIÉ A BOUGIES FILTRANTES.

2° *D'avoir un faible débit*, ce qui est vrai, mais cette faiblesse de débit est compensée par une stérilisation presque parfaite; d'ailleurs, on peut aisément décupler le débit, ainsi que nous l'ont montré nos expériences personnelles, en faisant arriver le vin à filtrer dans un récipient résistant à la pression de 5 atmosphères et en forçant ce liquide à passer à travers les bougies

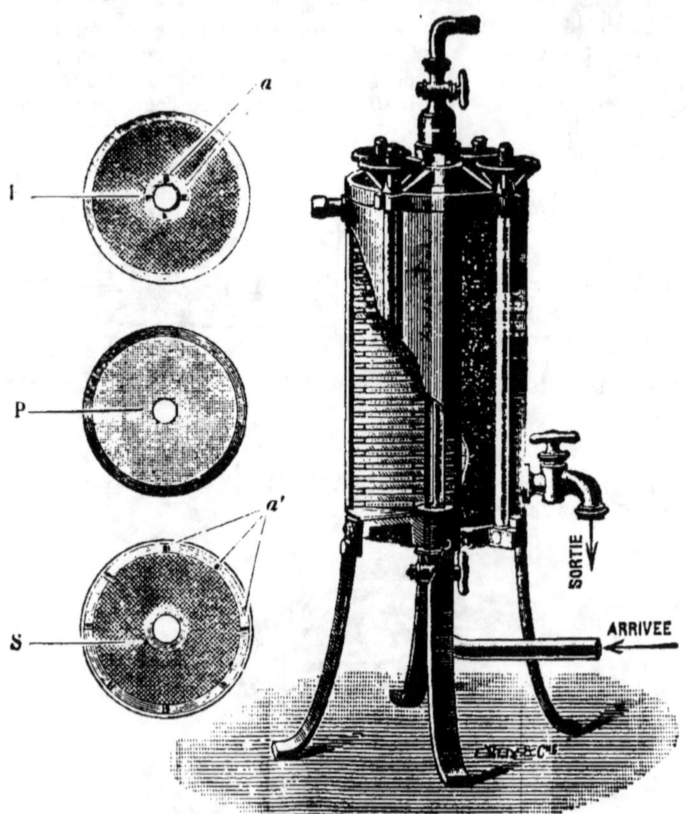

FIG. 84. — FILTRE DE LA SOCIÉTÉ DES FILTRES PASTEURISANTS.

P, plaque filtrante en terre d'infusoires agglomérée avec de la cellulose; E, grille d'entrée en cuivre argenté avec échancrures a pour laisser pénétrer le liquide; S, grille de sortie en cuivre argenté avec échancrures a' pour laisser sortir le liquide qui a passé à travers la plaque filtrante.

à la pression de 4 atmosphères, par exemple (il suffit de pousser le vin du récipient avec du gaz carbonique sous pression).

Le filtre Asbestos. — Dans ce filtre, on emploie l'amiante à l'état de pâte laquelle est versée dans des chambres d'un filtre analogue au filtre Enzinger.

Le filtre de la Société des filtres pasteurisants (fig. 84). — La pâte est un mélange de pâte de cellulose et de poudre d'infusoires. Elle est coulée en disques que l'on empile en les séparant les uns des autres par des grilles de cuivre argenté. Le liquide entre par une tubulure centrale, traverse les plaques stérélisantes et sort à la périphérie.

CHAPITRE XIV

PROCÉDÉS DE CONSERVATION DES VINS

142. — Parmi les procédés de conservation des vins, on peut citer :

La *pasteurisation*; la *congélation*; la *carbonication*. A côté de ces procédés spéciaux, on peut ranger une opération courante de la conservation des vins : *la mise en bouteilles.*

143. Pasteurisation. — *La pasteurisation a pour but d'empêcher ou d'arrêter, par le chauffage, le développement des ferments de maladie que contient le vin.*

L'invention de ce procédé est due à Pasteur qui reconnut que les ferments parasites auxquels étaient dues les altérations du vin pouvaient être détruits par la chaleur.

Condition d'une bonne pasteurisation :

1° *Les vins à chauffer doivent être aussi limpides que possible.*

2° *Le chauffage doit se faire à l'abri de l'air.*

On doit éviter de chauffer un vin qui, à la suite d'une manipulation récente soutirage, filtrage), a absorbé une plus ou moins grande quantité d'air.

Un vin chauffé au contact de l'air ou après aération a sa couleur et son goût modifiés : il peut prendre un goût de cuit.

3° *La température doit être suffisante pour tuer les ferments de maladie;*

La température minima à atteindre dépend de la constitution chimique du vin :

65 degrés pour les vins		faibles en alcool et en acidité ;
60 —	—	de constitution moyenne :
55 —	—	riches en alcool et en acidité ;
70 —	—	atteints de la casse. (voir maladie de la casse, p. 186).

Une température de 60 degrés maintenue pendant deux minutes est suffisante pour tuer tous les germes.

4° *La pasteurisation doit être effectuée au moment où le vin n'est pas encore atteint sensiblement.*

144. *Pratique de la pasteurisation*. — La pasteurisation des vins peut être opérée en *fûts* ou en *bouteilles*. Les appareils employés s'appellent *pasteurisateurs.*

a) Pasteurisation des vins en bouteilles. — On chauffe les bouteilles pleines de vin dans un bain-marie.

Les appareils utilisés pour le chauffage des bouteilles doivent remplir les conditions générales suivantes :

1° La bouteille étant placée debout, l'eau du bain-marie ne doit la baigner que jusqu'à la bague, pour éviter toute rentrée d'eau au moment du refroidissement ;

2° Le chauffage ne doit jamais être direct, qu'il se fasse à la vapeur ou à feu nu ; le pasteurisateur doit posséder un double fond pour isoler la bouteille de la paroi chauffée ;

3° L'élévation de température doit être lente et progressive, afin d'éviter la casse des bouteilles et de permettre au vin de bien prendre la température nécessaire à la pasteurisation.

Les bouteilles sont bouchées et ficelées.

L'*appareil le plus simple* à employer peut être une lessiveuse chauffée à feu nu par le bois ou le charbon et au fond de laquelle on dispose un paillasson ou des torchons pliés pour isoler les bouteilles. Citons, comme *pasteurisateurs à bouteilles*, l'appareil *Gasquet* (fig. 85), l'appareil *Boldt et Vogel, etc.*

Fig. 85. — Pasteurisateur a bouteilles de Gasquet (vue d'ensemble).

Au centre se trouve l'appareil de chauffage; tout autour et, très près du fourneau, 4 compartiments à eau chaude entourés par 4 bacs à bouteilles.

b) **Pasteurisation des vins en futs.** — *Les pasteurisateurs employés pour la pasteurisation en fûts* sont essentiellement formés (fig. 86) : 1° par un *calorisateur* où le vin, qui circule dans des tubes étamés à une vitesse constante, est chauffé au bain-marie à la température indiquée; 2° par un *réfrigérant* où le vin chauffé se refroidit au contact du vin qui arrive, de manière à revenir à la température initiale.

Le *calorisateur* comprend :	Un *foyer de chaleur* F. Un *bain-marie* B qui reçoit directement la chaleur du foyer et la transmet, en la régularisant, au réservoir à vin R.
Le *réfrigérant* comprend :	Un réservoir E où se rend le vin chauffé pour être refroidi. Un deuxième réservoir D entouré par le premier et dans lequel circule du vin froid. Ce vin froid s'échauffe au contact du vin chaud qu'il refroidit et se rend dans le calorisateur.

La *circulation du vin* est la suivante : le vin entre dans le réservoir D du réfrigérant, se réchauffe au contact du vin chaud qui l'entoure, passe dans le calorisateur pour être chauffé par le bain-marie, revient ensuite dans le réfrigérant pour être refroidi par le vin froid qui arrive.

Les conditions que doivent remplir les pasteurisateurs pour la pasteurisation des vins en fûts sont les suivantes :

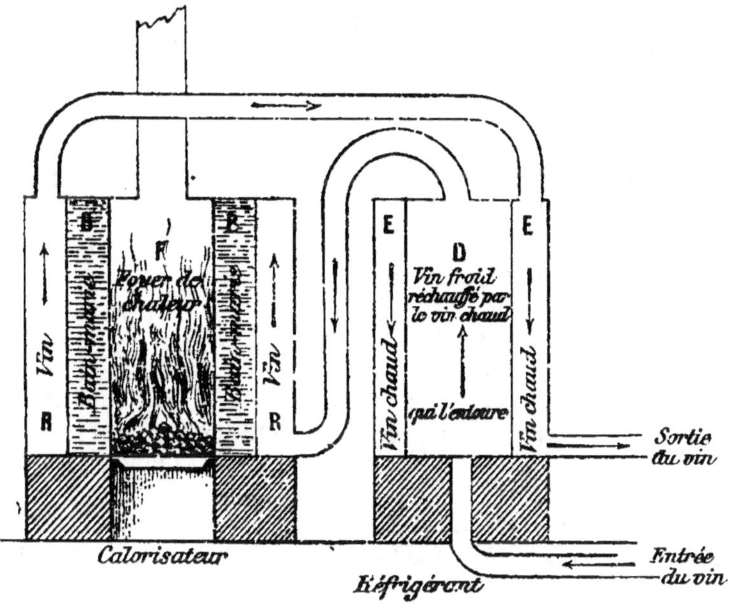

FIG. 86. — PRINCIPE D'UN PASTEURISATEUR (SCHÉMA D'UN PASTEURISATEUR D'APRÈS PASTEUR).

1° Les parois des tubes ou chaudières qui contiennent le vin doivent être en *cuivre rouge* recouvert d'étain;

2° Le chauffage et le refroidissement doivent être progressifs, rapides et uniformes;

3° Le vin ne doit jamais être au contact de l'air;

4° Le nettoyage doit être facile, car il doit être fait après chaque opération.

145. *Principaux pasteurisateurs.* — D'après M. Pacottet, les principaux pasteurisateurs, *pour la pasteurisation des vins en fûts*, se rattachent à cinq types :

1° Appareils ayant comme réfrigérant un *serpentin*. Exemple : Appareils Gasquet, de Lapparent, Bourdil, etc.;

2° Appareils ayant comme réfrigérant des *faisceaux tubulaires* (fig. 87, n° 1). Exemple : Appareils Houdart, Besnard, de Ricaumont, etc. ;

3° Appareils ayant comme réfrigérant des *chambres ou compartiments cylindriques* (fig. 87, n° 2). Exemple : Appareils Giret et Vinos, Raulin, Nabouleix, etc. ;

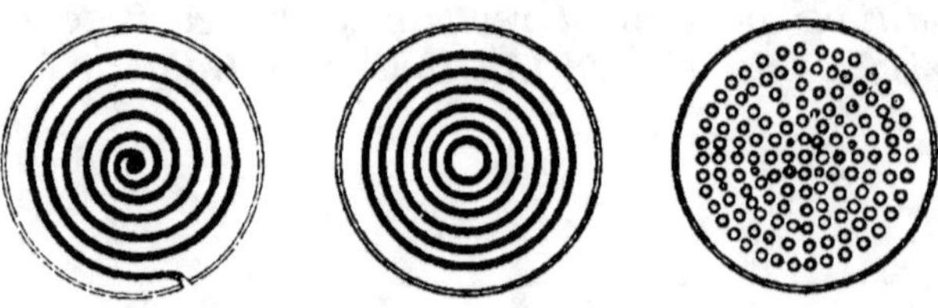

FIG. 87. — SYSTÈMES DE RÉFRIGÉRANTS (COUPES).

1. Réfrigérant à faisceaux tubulaires, le vin pasteurisé passe à l'intérieur des tubes et le vin non pasteurisé à l'extérieur. 2. Réfrigérant à chambres cylindriques. 3. Réfrigérant à compartiments hélicoïdaux. Dans 2 et 3 les circonférences ou les spires noires sont affectées au vin non pasteurisé et les parties blanches au vin pasteurisé.

partiments cylindriques (fig. 87, n° 2). Exemple : Appareils Giret et Vinos, Raulin, Nabouleix, etc. ;

4° Appareils ayant comme réfrigérant des compartiments hélicoïdaux (fig. 87, n° 3). Exemple : Appareil Salvator ;

5° Appareils à *plaques chauffantes*. Exemple : Appareil Malvézin.

Pour donner une idée des pasteurisateurs, nous ne décrirons que deux appareils : le pasteurisateur Houdart et le pasteurisateur Salvator.

PASTEURISATEUR HOUDART (fig. 88). — Le pasteurisateur Houdart petit modèle se compose de trois parties :

1° La *chaudière thermo-siphon* où s'opère le chauffage de l'eau destinée à transmettre la chaleur du vin. Le chauffage se fait soit au gaz, soit à la vapeur.

2° Le *chauffe-vin* (formant avec la chaudière thermo-siphon le *calorisateur*) dans lequel le vin s'échauffe au contact de l'eau à travers un faisceau tubulaire qui se compose d'une quantité considérable de tubes étamés d'un très petit diamètre et très longs dans lesquels le vin très divisé circule lentement.

3° Le *réfrigérant* où le vin, sortant chaud de l'appareil, se refroidit au contact du vin froid qui entre au moyen d'un faisceau tubulaire établi sur les mêmes données que celui du chauffe-vin.

La *circulation du vin* est la suivante : le vin entre dans le *réservoir d'arrivée*, passe par le tube C, va dans le *réfrigérant* où il se chauffe au contact du vin chaud circulant à côté, puis sort par le tube E pour entrer dans le *chauffe-vin* où il se chauffe à une température déterminée au contact de l'eau chaude venant de la chaudière et circulant dans les tubes du chauffe-vin. Ce vin chaud sort par le tube F et va se refroidir dans le réfrigérant au contact du vin froid qui arrive ; il sort enfin par le tube S à une température supérieure de 5° seulement à celle à laquelle il est entré.

Pasteurisateur Salvator (fig. 89). — Le pasteurisateur Salvator comprend deux parties : un *calorisateur* ou *caléfacteur à serpentin*; un *réfrigérant* ou *récupérateur à chambre hélicoïdale.*

1° Le *calorisateur* ou *caléfacteur* est un bain-marie carré traversé par de

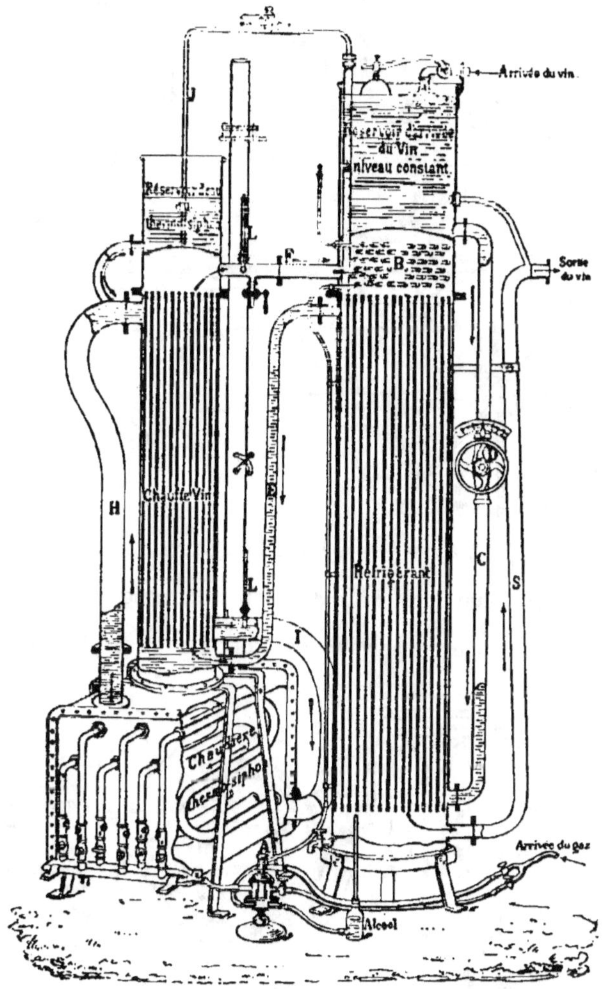

FIG. 88. — Pasteurisateur Houdart.

tubes de cuivre rouge étamés intérieurement, a l'intérieur desquels circule le vin. Le chauffage peut être fait au charbon, au gaz ou à la vapeur par tubes analogues à ceux du caléfacteur.

2° Le *réfrigérant* ou *récupérateur* est formé par deux canalisations indépendantes enroulées en spirales, l'une débouchant à la partie supérieure, l'autre à la partie inférieure.

Le vin chaud entre à la périphérie et sort au centre; il circule dans le réfrigérant en abandonnant sa chaleur au vin froid, lequel circule en sens inverse.

Le pasteurisateur est alimenté par une pompe à pression constante qui

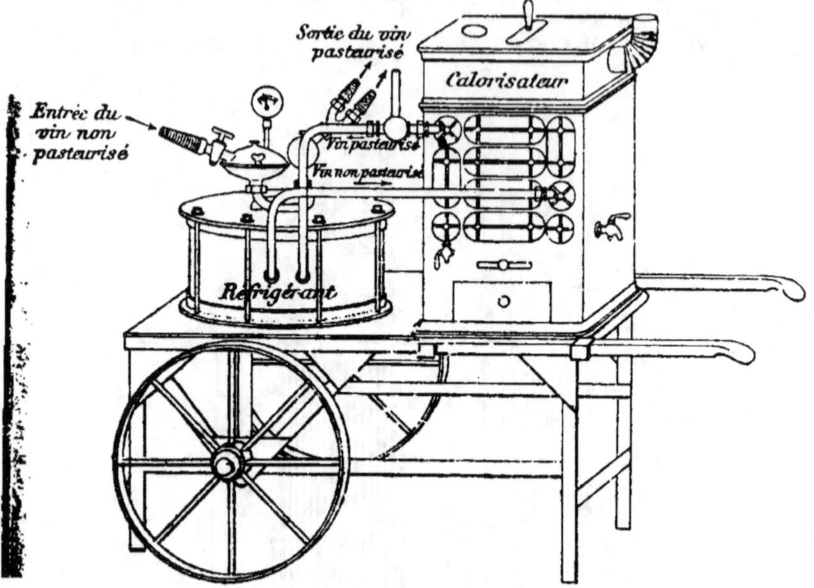

FIG. 89. — PASTEURISATEUR SALVATOR.

prend le vin directement dans le fût. A la sortie du réfrigérant, le vin est reçu dans des fûts stérilisés.

La *circulation du vin* est la suivante (fig. 90) : Le vin *non pasteurisé* poussé

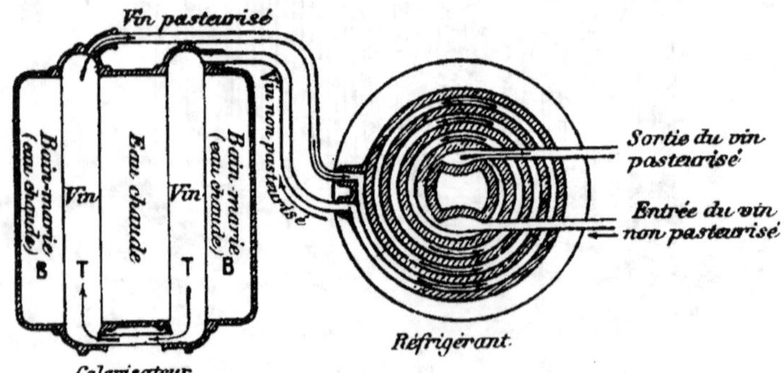

Le vin circule dans des tubes T entourés par l'eau chaude du bain-marie.

Le vin froid non pasteurisé qui entre dans le réfrigérant refroidit le vin chaud pasteurisé qui circule à côté de lui.

FIG. 90. — CIRCULATION DU VIN DANS LE PASTEURISATEUR SALVATOR. (LA SPIRE NOIRE EST AFFECTÉE AU VIN NON PASTEURISÉ ET LA SPIRE BLANCHE AU VIN PASTEURISÉ).

par une pompe entre dans le *réfrigérant*, se réchauffe au contact du vin pasteurisé qui circule à côté de lui et qu'il refroidit; il passe ensuite dans les tubes du *calorisateur* où il est chauffé au bain-marie par l'eau chaude qui entoure ces tubes ; enfin, il sort du calorisateur pour aller au réfrigérant se refroidir au contact du vin froid non pasteurisé qui entre.

Soins à donner aux vins pasteurisés. — Les vins étant pasteurisés, il faut, autant que possible, les garantir contre toute invasion de microbes ou ferments de maladie.

Pour cela, on doit recueillir les vins pasteurisés dans des fûts parfaitement désinfectés à l'eau de potasse ou de soude puis rincés à l'eau bouillante (voir page 175). Les bondes et les linges de bonde qui servent au bouchage des fûts sont également ébouillantés. Les ouillages doivent se faire avec des vins chauffés. Tous les appareils qui servent à la manutention des vins pasteurisés seront soigneusement lavés.

Un vin malade mal constitué, guéri par la pasteurisation, conserve évidemment une constitution délicate qui l'expose à une nouvelle infection malgré quelquefois toutes les précaution prises. Il est bon de remédier à cette constitution (voir Amélioration des vins, page 131), surtout par des coupages judicieux (p. 138).

Nous avons vu que les vins à pasteuriser doivent être aussi clairs que possible avant le chauffage.

Après la pasteurisation les vins se troublent assez souvent. Ce trouble chez les *vins jeunes* disparaît assez rapidement. Chez les vins *dépouillés*, plus âgés, il ne se produit qu'un louche léger.

Si la clarification ne se fait pas, on procède à un léger collage (chauffer la colle à 60 degrés pour la stériliser).

« Malgré les affirmations des partisans convaincus de la pasteurisation, le vin sort de l'appareil modifié soit en bien, soit en mal. Dans les deux cas il ne faut ni se féliciter, ni se désoler : au bout de quelques jours ou de quelques mois, le vin ne se distingue pas du même vin *sain* non pasteurisé. Les modifications sont apparentes et de peu de durée. »

146. Le froid et la conservation des vins. — Lorsqu'on abaisse la température des vins, ou, en d'autres termes, lorsqu'on expose des vins au froid, ils subissent dans certains cas une amélioration que les viticulteurs ont intérêt à connaître :

1° *Le vin exposé au froid et en même temps à l'air par transvasement ou soutirage s'oxyde facilement.*

L'oxygène de l'air, en effet, se dissout en plus grande quantité dans le vin froid. Cet oxygène oxyde les matières colorantes, lesquelles deviennent alors insolubles et se précipitent ; il oxyde également certains éléments du vin, affinant ainsi le bouquet. Il se produit en un mot *un vieillissement du vin qui se traduit par une diminution de couleur et un affinement du bouquet.*

Comme le fait remarquer M. Mathieu, le froid peut donc être utilisé d'une façon très rationnelle pour obtenir un vieillissement plus rapide des vins. Il est bien entendu qu'il s'agit de vins normaux n'ayant pas à redouter le contact de l'air et qui n'a pas atteint le degré du vieillissement convenable. Il est d'ailleurs toujours facile de savoir si un vin gagnera à être oxydé ; il suffit de faire un petit essai en exposant du vin dans un verre pendant un quart d'heure : s'il modifie très rapidement son bouquet et sa saveur, il faudra non seulement ne pas l'aérer, mais encore le soustraire aussi complètement que possible au contact de l'air.

2ᵉ *Le vin exposé au froid subit une espèce de stérilisation.*

En effet, sous l'action du froid, s'il y a encore un peu de sucre dans le vin, les levures alcooliques cessent d'agir, il n'y a plus de dégagement d'acide carbonique les tenant en suspension, les ferments de maladie cessent également leur action, ils tombent en même temps que les levures au fond des fûts. Ces ferments sont d'ailleurs entraînés par la précipitation d'une certaine proportion de crème de tartre ou bitartrate de potasse que le froid rend insoluble.

La stérilisation ne se produit donc pas par action directe du froid, car le froid ne tue pas les microbes, mais bien par élimination des ferments de maladies. Elle est utile à pratiquer surtout lorsque les vendanges sont avariées. Les ferments tombant peu à peu dans les lies, on les élimine par un *soutirage* (voir p. 145).

Un soutirage seul ne les enlève, en général, que partiellement.

On soumet de nouveau le vin au froid et l'on procède à un deuxième et même troisième soutirage. Pour faciliter l'élimination, on peut pratiquer au besoin un collage (voir p. 150).

3ᵉ *Le vin exposé au froid subit une clarification et un dépouillement plus rapides*

Sous l'action du froid, une certaine proportion de crème de tartre ou de bitartrate de potasse se précipite ; elle est accompagnée de tartrate de chaux, de traces de matières azotées, d'un peu de matières colorantes, de ferments. Il se produit un trouble, et les matières qui précipitent tombent peu à peu au fond du fût, effectuant ainsi une espèce de collage qui clarifie le vin.

Cette action du froid explique pourquoi les vins qui n'ont pas subi l'action du froid se troublent un peu lorsqu'on les expédie en hiver. Elle explique également pourquoi les échantillons de vin en bouteilles, expédiés parfaitement clairs, arrivent parfois troublés chez le client si on les envoie en hiver.

Les caves froides permettent la conservation du vin pendant de longues années : les microbes, en effet, ne se développent qu'au-dessus de 13 à 14 degrés. Si donc on emploie des caves dont la température ne dépasse pas 12 degrés, la conservation du vin est bonne (voir Hygiène et maladie des vins, p. 175 ; Maladie de la tourne et de la pousse, p. 185).

147. Congélation. — *La congélation est une opération qui consiste à refroidir les vins à 6 ou 8 degrés au-dessous de zéro.*

Il se forme, à cette basse température, ainsi que nous le verrons, une couche de glaçons contenant surtout de l'eau. (On retire par pièce de 228 litres, d'après le procédé pratique que nous indiquons plus loin, environ 10 à 15 litres d'une espèce de vin à 4°. Les glaçons sont retirés. Il se précipite de la crème de tartre ou bitartrate de potasse qui, sans cette basse température, ne se serait séparée du vin qu'après un temps assez long, des traces de matières azotées, un peu de matière colorante et une grande partie des ferments.

Le vin, par suite du départ d'une partie de l'eau, est un peu plus concentré, mais guère plus alcoolique, contrairement à ce que l'on pourrait penser ; c'est ainsi que du vin soumis à la congélation, comme nous l'indiquons plus loin, ne gagne que 2/10 à 3/10 de degré alcoolique. Il est aussi de conservation plus facile.

Les expériences de MM. Vergnette-Lamothe, Chanut, Garrigou ont démontré que dans *certains cas* et *pour certains vins*, l'action de la congélation sur la conservation des vins est réellement bienfaisante : il se produit une amélioration et un vieillissement artificiel assez sensible.

Cette action varie beaucoup, suivant la nature des vins : sur certains vins, elle est parfois très peu appréciable ; sur d'autres, au contraire, elle est manifeste. On a pu remarquer que sur les vins acides et peu vineux principalement, la congélation a une action bienfaisante : elle leur enlève de la verdeur, leur donne du corps et un peu d'alcool. Les vins gelés s'éclaircissent toujours plus rapidement que les vins non gelés et prennent mieux la colle.

Il ne se produit pas une stérilisation, car le froid ne tue pas les microbes.

Pratique de la congélation. — La *congélation produite à l'aide de machines à glace* n'est pas pratique pour les vins ordinaires, elle n'est même pas assez rémunératrice pour les vins fins.

M. Mathieu, pour une opération de congélation artificielle, a donné les chiffres suivants : 250 pièces de vin de Bourgogne du prix de 250 francs l'une, ont fourni, après congélation, 135 pièces de vin concentré, dont la valeur, majorée par tous les frais, s'élève à 317 francs, soit 67 francs de différence par pièce avec la valeur primitive.

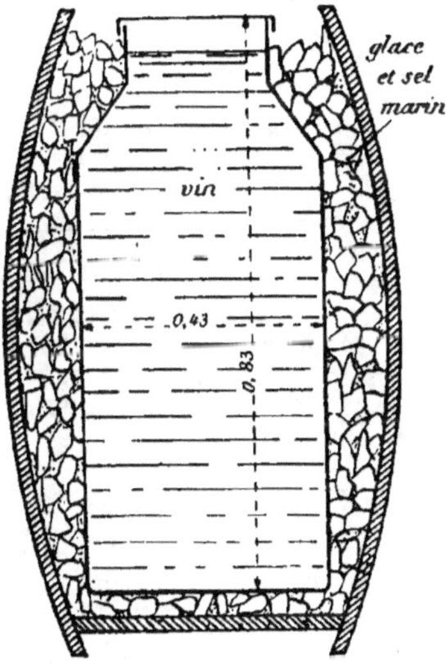

La congélation obtenue avec le mélange réfrigérant glace et sel marin est pratique ; elle est assez couramment employée pour les vins fins. On opère de la manière suivante :

En principe, on met le vin dans de grands vases en fer-blanc soigneusement étamés à l'intérieur ; ces grands vases sont disposés dans des fûts défoncés contenant le mélange réfrigérant (glace naturelle et sel marin) (fig. 91).

Les fûts avec leurs appareils sont placés les uns à côté des autres dans un local bien fermé pour maintenir la température toujours égale et basse.

L'espace compris entre le vase étamé et les parois du fût est rempli avec le mélange glace naturelle pilée et sel. La quantité de sel à employer varie avec la température extérieure, la quantité de glace à obtenir dans le vin et le vin lui-même. Un sac de sel de 100 kilogr. peut servir à remplir 20 fûts munis de leur vase, soit environ 2600 litres.

Les vins déjà refroidis sont mis dans des vases étamés en ayant soin de les aérer le moins possible, car, ainsi que nous l'avons vu plus haut, le froid

Fig. 91. — Congélation pratique des vins a l'aide du mélange réfrigérant glace et sel marin.

facilite beaucoup leur oxydation et les vieillirait trop. On les y laisse jusqu'à ce que la quantité de glace qui se forme dans leur masse sur les parois des vases soit jugée suffisante; leur température est alors d'environ — 7°. On pompe ensuite le vin et l'on enlève à l'aide d'une râclette la glace qui s'est formée en lamelles très minces et feutrées sur les parois des vases. Cette glace est mise à égoutter pour en enlever le vin contenu entre les lamelles

On enlève généralement (par 130 litres de vin) sous forme de glace 10 à 15 litres de liquide, sorte de petit vin ayant un degré alcoolique de 4 degrés.

Pour remplir à nouveau les fûts, il suffit de laisser couler l'eau salée, de faire des trous dans la glace restante pour y ajouter le sel et la glace nécessaires.

La quantité de sel à ajouter est la même que pour le premier chargement : 15 litres pour 3 fûts, soit 15 litres pour 390 litres. Un sac de sel de 100 kilogr. peut servir à la congélation partielle de 10 à 12 pièces de 228 litres.

Une voiture de glace naturelle (1 mètre cube 1/2) peut servir pour 9 à 15 pièces.

Dans un local bien fermé, on peut faire deux opérations par jour avec chaque appareil. Les frais sont les suivants :

Un sac de sel de 100 kilogr. à 5 fr. pour 10 pièces, par pièce . 0.50
Une voiture de glace de 5 fr. pour 12 pièces, par pièce. . . . 0.40
Main d'œuvre 0 80
Usure et réparation du matériel 0.30

Par pièce, total. . . . 2. »

A ces 2 francs s'ajoute la somme que représente les 10 à 15 litres de liquide (par 130 litres de vin) enlevés sous forme de glace.

148. Carbonication. — *La carbonication est une opération qui consiste à rendre artificiellement aux vins l'acide carbonique qu'avaient les vins jeunes et qui s'est dégagé peu à peu.* Elle est peu employée. Elle n'est pas avantageuse pour les vins fins, elle n'est pratique que pour les vins communs des régions chaudes à acidité faible. Elle prévient l'accès de l'oxygène et le vieillissement trop rapide du vin, elle assure sa limpidité en tenant en dissolution le tartrate de chaux et les phosphates, elle relève les vins plats et fades.

On emploie l'acide carbonique liquéfié, préparé industriellement et vendu dans des récipients en acier (bombes). La quantité à employer varie suivant la nature du vin. Il faut, en moyenne, 200 à 300 gr. d'acide carbonique par hectolitre, soit environ une dépense de 12 à 15 centimes.

149. Mise en bouteilles. — Il est utile de mettre les bons vins en bouteilles, car ils vieillissent assez vite dans les fûts, et perdent avec le temps la plupart de leurs qualités. Dans les fûts, en effet, l'aération se fait assez bien, l'oxygène de l'air se porte sur les matières colorantes, l'alcool, etc. ; il se produit un dépôt de matières colorantes et l'apparition de bouquets spéciaux; puis, si l'oxydation lente se prolonge pendant longtemps, ces bouquets disparaissent complètement (vins usés).

Les *vins employés* 1° doivent être parfaitement limpides : pour cela, très souvent on colle le vin, on le soutire 15 jours ou 3 semaines après dans un fût légèrement méché où on le laisse en repos environ 3 semaines, enfin on le met en bouteilles; 2° ne renfermer ni sucre, ni levures, ni ferments de maladie, afin qu'il ne se produise en bouteilles aucune fermentation alcoolique ou bactérienne pouvant troubler le vin ou compromettre sa conservation ; 3° être *dépouillés* aussi bien que possible, afin qu'il ne se forme pas dans la bouteille un dépôt volumineux.

L'époque à laquelle les vins doivent être mis en bouteilles est très variable. Ainsi, tandis que les vins de Bourgogne peuvent ne rester qu'un an ou deux en fûts, les vins corsés et alcooliques du Midi demandent un séjour plus long (3 à 5 ans pour des gros vins de Roussillon). Les vins vieux ont généralement perdu leur excès de crème de tartre et ne renferment souvent plus de micro-organismes, lesquels ont été éliminés peu à peu par les soutirages et les collages. Mis en bouteilles, ces vins vieux restent le plus souvent limpides. Si l'on met des vins trop jeunes en bouteilles, il se produit un dépôt trop abondant ; la conservation du vin est moins bonne.

La mise en bouteilles se fait par temps froid et sec, d'octobre à mars.

Le *fût*, dans lequel on dispose le vin à mettre en bouteilles, doit être incliné un peu en avant ; on fait un trou de vrille à quelques centimètres de la bonde pour que l'air puisse facilement entrer au moment du tirage et pour éviter toute répercussion dans la masse du liquide.

Les bouteilles doivent être faites avec un verre ne contenant pas un excès de potasse ou de chaux attaqué par les acides du vin : on met dans une bouteille de l'acide tartrique légèrement étendu d'eau, on chauffe au bain-marie et on laisse reposer ; si la solution se trouble au bout de quelques jours, le lot de bouteilles est à rejeter.

Les bouteilles doivent être lavées à l'eau chaude contenant 10 pour 100 de carbonate de soude, puis rincées à l'eau froide et mises à égoutter.

Les bouchons employés ne doivent être ni trop durs, ni trop mous. Si on utilise de vieux bouchons, il faut les tremper 24 heures dans de l'eau contenant 1/10 d'acide sulfurique, puis les laver ensuite à l'eau bouillante. Avant leur emploi, les bouchons sont mis à tremper dans de l'eau tiède, puis environ 1/4 d'heure dans un peu de vin (le même que celui à mettre en bouteilles). Si l'on veut absolument isoler le bouchon et éviter tout goût de bouchon, on peut les plonger dans un bain de paraffine fondue, puis les mettre sur une claie dans un four légèrement chauffé pour enlever l'excès de paraffine qui les imprègne.

Stérilisation des bouchons au formol. — On met dans une marmite, pour 2000 bouchons, environ 100 à 150 centimètres cubes de formol dilués dans 3/4 de litre d'eau. On chauffe *doucement* jusqu'à l'ébullition, de façon à faire dégager lentement les vapeurs de formoldéhyde. Sur la marmite, on met un couvercle pour que les vapeurs d'aldéhyde formique se concentrent dans l'espace qui renferme les bouchons et pénètrent ceux-ci intimement.

L'aldéhyde formique agit non seulement comme stérilisant, mais coagule aussi de nombreux principes à mauvais goûts qui se dissoudraient sans cela dans le vin en contact avec les bouchons (procédé Pozzi-Escot).

Dans la mise en bouteilles, lorsque la bouteille est remplie jusqu'à 3 ou 4 centimètres du bord, il ne faut pas fermer complètement le robinet pour recevoir une nouvelle bouteille, de façon à ne pas imprimer un mouvement de va-et-vient au liquide dans le fût, ce qui pourrait faire remonter la lie volante. Le *bouchage* se fait au battoir ou avec une machine à boucher.

Les bouteilles pleines doivent être inclinées ni avant, ni arrière, de façon que le bouchon soit baigné par le vin, et que la bulle d'air soit dans la partie centrale de la bouteille.

CINQUIÈME PARTIE
HYGIÈNE ET MALADIES DES VINS

CHAPITRE XV

HYGIÈNE DES VINS

150. — Certaines maladies du vin peuvent provenir de la mauvaise constitution des moûts, par suite de la variabilité défavorable des saisons. Nous avons vu (p. 45 et 131) comment le viticulteur peut remédier, dans une certaine mesure, aux imperfections de la nature.

Mais beaucoup d'altérations des vins sont dues à l'ignorance ou à la négligence de l'homme, au manque d'expérience des pratiques vinicoles et surtout au manque de soins de propreté.

151. Soins de propreté à donner au matériel vinaire. — La plupart des maladies du vin sont dues à des êtres microscopiques ou microbes qui peuvent se propager, soit par le matériel proprement dit et les divers ustensiles, soit par les locaux de fabrication et de conservation.

Il est donc d'une nécessité absolue que tout objet qui devra être en contact avec le raisin, le moût ou le vin, soit d'une propreté rigoureuse et ait même reçu des soins antiseptiques.

152. Nettoyage des divers ustensiles en général. — Certains appareils ou ustensiles, tels que paniers, cuves, pressoirs, que l'on n'utilise que temporairement, servent souvent de réceptacles à de mauvais germes, des poussières, des moisissures qui s'introduisent dans les moûts si on ne les fait pas disparaître par les moyens suivants :

Première opération. — On gratte et on brosse à sec tous les ustensiles et appareils. On lave ensuite à l'eau bouillante contenant un peu de cristaux de soude et on rince à grande eau.

Deuxième opération. — On rince à l'eau bisulfitée (eau 1 litre, bisulfite de chaux 100 grammes) surtout les ustensiles ayant un goût de moisi ou d'aigre. Cette eau bisulfitée est laissée environ un quart d'heure au contact des parties à laver.

153. Nettoyage du matériel ayant déjà servi. — I. Récipients en bois récemment vidés. — On opère de la façon suivante :

1° On fait sortir la lie, on brosse et on rince à grande eau. Pour les tonneaux, la brosse, dont on ne peut se servir, est remplacée par la chaîne (fig. 92) ;

FIG. 92. — CHAINE A NETTOYER LES FUTS AVEC BONDE *b* ET TOURILLON *t*.

2° On laisse égoutter et on lave à l'eau bouillante renouvelée, ou, si on le peut, on stérilise à la vapeur ;

3° On fait brûler, à l'intérieur des tonneaux, une mèche soufrée avec un brûle-mèche (fig. 44, p. 87) et on bouche, pour que le gaz sulfureux remplisse le récipient. Ce gaz empêche le développement des germes.

Les cuves sont lavées à l'eau bouillante contenant un peu de cristaux de soude (300 grammes par 10 litres d'eau).

Au moment de s'en servir, les récipients sont lavés à l'eau bouillante contenant de la soude, nettoyés à la brosse ou à la chaîne. Les cuves sont flambées à l'alcool (on mouille légèrement les parois avec de l'eau-de-vie et on met le feu à cette dernière).

II. — Récipients n'ayant pas servi depuis quelque temps et ayant un mauvais goût. —

Comment on reconnaît la nature d'un goût de tonneau — On met dans le tonneau (préparé comme on le fait d'habitude) 2 à 3 litres de vin légèrement chauffé. On agite en tout sens et on laisse au repos 24 heures. Le vin est ensuite dégusté; on reconnaît facilement le goût. S'il n'a pas de goût particulier, on peut utiliser le fût sans crainte.

Si le tonneau est très infecté, on le fait défoncer et racler ou raboter. On lave ensuite à l'eau chaude et on stérilise.

Dans la plupart des cas, la stérilisation suffit. Cette stérilisation peut se faire par plusieurs procédés :

1° *Par des procédés chimiques* ;
2° *Par des procédés mécaniques.*

Procédés chimiques. — Les procédés chimiques consistent à employer un antiseptique détruisant facilement les germes. Les antiseptiques les plus employés sont : l'*acide sulfurique*, le *chlorure de chaux*, le *bisulfite de chaux*, l'*eau salée bouillante*, l'*acide sulfureux*, la *chaux*, la *soude*, la *potasse.*

Acide sulfurique. — Ce procédé présente quelques dangers, la manipulation de l'acide sulfurique étant dangereuse. On lave les fûts avec une solution d'acide sulfurique à 10 ou 20 pour 100, suivant les cas. Il faut avoir soin de verser l'acide sulfurique dans l'eau et non l'eau dans l'acide sulfurique, pour éviter les projections du mélange.

Le *chlorure de chaux.* — On lave le tonneau à désinfecter, puis on fait agir une solution chaude de chlorure de chaux (1 kilogramme de chlorure de chaux pour 10 litres d'eau, cette liqueur est étendue de 10 fois son volume d'eau au moment de s'en servir). Ne pas laisser longtemps la solution au contact des parois du fût. Il faut ensuite avoir soin de laver à grande eau pour enlever toute odeur de chlore. D'après M. Mathieu, l'emploi du chlore, des chlorures décolorants tels que le chlorure de chaux, eau de Javel, malgré des lavages répétés et très énergiques, laissent dans le bois des traces de *chlore* suffisantes pour se faire sentir dans le vin.

Le *bisulfite de chaux*. — Très employé dans la pratique. On lave les fûts avec la solution suivante : 100 grammes de bisulfite de chaux par 10 litres

FIG. 93. — ÉTUVEUSE POUR NETTOYER LES FUTS A LA VAPEUR.

d'eau (ou 100 grammes de bisulfite de chaux par litre d'eau quand les fûts sont en très mauvais état)[1].

Eau salée bouillante. — On emploie 1 kilogramme de sel et 10 litres d'eau bouillante par tonneaux de 200 litres. La présence du sel permet d'obtenir de l'eau à plus de 100 degrés.

Méchage. -- Le méchage est une opération qui consiste à brûler une certaine quantité de soufre fixée sur une toile de chanvre ou de coton pour produire du gaz sulfureux servant d'antiseptique.

Les fûts à mécher sont égouttés de façon que la dissolution de gaz sulfu-

____

1. On trouve dans le commerce un certain nombre de désinfectants : l'ozonochlore, qui est un hypochlorite de soude, le sulfor, le tonnal, le désinfectant Moity, etc.

reux produite ne donne pas un mauvais goût; il ne faut cependant pas que les parois soient sèches.

Il faut éviter de laisser tomber dans les fûts les cendres de la toile soufrée et du soufre fondue (Les cendres contiennent des sulfures qui, au contact des acides du vin, pourraient donner de l'hydrogène sulfuré à odeur d'œuf pourri). On emploie pour cela des godets en fer-blanc au-dessus desquels se trouve un crochet servant à retenir la mèche ou encore un brûle-mèche (fig. 43) comme nous l'avons indiqué (p. 85).

Au lieu de mèche soufrée sur toile de chanvre ou de coton, on emploie quelquefois des mèches soufrées sur toile métallique.

Chaux, soude, potasse. — On emploie 5oo grammes à 1 kilogramme de chaux vive en pierre par 10 litres d'eau, et on laisse cette dissolution dans le fût pendant quelques heures en agitant fréquemment dans tous les sens. On rince ensuite soigneusement à l'eau froide. On recommence l'opération si le goût persiste.

On peut remplacer la chaux par 35o grammes de cristaux de soude (carbonate de soude) ou de carbonate de potasse (potasse du commerce). Chaux, potasse, soude sont très employées pour les tonneaux aigres, piqués.

Procédés mécaniques. — I. *Eau bouillante.* — L'eau bouillante obtenue à l'aide de lessiveuse ou d'étuveuse, n'est suffisante qu'à la condition d'être accompagnée des produits chimiques cités plus haut. La température que l'on peut obtenir n'est pas assez élevée pour détruire tous les germes et faire de l'antisepsie complète.

Vapeur d'eau sous pression. — C'est le meilleur agent mécanique à employer. D'après M. Houdart, la vapeur d'eau doit être sous la pression de 6 atmosphères, c'est-à-dire à la température de 15o degrés. Malheureusement, ce procédé est coûteux parce qu'il nécessite l'emploi d'appareils spéciaux (*étuveuses*) (fig. 93), dont le prix est relativement élevé.

Paraffine. — D'après M. Mathieu, pour les vins communs, on peut utiliser les fûts à goût douteux en recouvrant l'intérieur d'un vernis de paraffine qui isole le vin du bois. Cette paraffine s'applique fondue au bain-marie à l'aide d'un pinceau; l'opération est plus facile sur le bois un peu chaud; on lisse ensuite la couche et on comble les vides en faisant passer un fer légèrement chaud.

III. — **Nettoyage du matériel vinaire n'ayant jamais servi.** — *Affranchissement des vaisseaux neufs.* — Affranchir une cuve ou un récipient, c'est leur faire subir un traitement qui les empêche de modifier le goût du liquide qu'ils contiendront par la suite.

1° *Cuves en maçonnerie, en ciment.* — Les acides du vin attaquent les parois des cuves en maçonnerie, et le vin prend un goût de pierre, de chaux.

On rend les parois inattaquables par la *silicatisation* ou par l'*acidification* [1].

a) *Silicatisation.* — Elle se fait en badigeonnant les parois avec une solution de silicate de potasse à 25 pour 100; on répète deux fois cette opération avec une solution à 5o pour 100, après avoir laissé sécher les parois pendant plusieurs jours, puis on lave à l'eau pure.

b) *Acidification.* — On lave d'abord les parois à l'eau pure pour les durcir, on les badigeonne ensuite avec une solution d'acide tartrique à 25 pour 100, à deux reprises différentes, puis on laisse séjourner de l'eau dans la cuve pendant plusieurs jours.

2° *Cuves* ou *fûts en bois.* — D'après M. Mathieu, les bois comme l'orme, le peuplier, le frêne, les bois résineux peuvent communiquer des goûts spéciaux

---

1. Dans le commerce, on trouve des enduits tout préparés : fluosilicate de magnésie et encaustique à la paraffine de M. M. Kembler, à Clermont-Ferrand; les vernis de la maison Fernbach de Nancy, etc.

us aux vins. Il faut les rejeter, autant que possible, pour la construction des cuves. Le chêne vaut mieux.

Pour affranchir les cuves ou fûts en bois, on emploie les moyens suivants :

Eau salée : 500 grammes par 20 litres d'eau ; laver le fût avec la solution bouillante.

Eau ordinaire : rinçages très fréquents.

Chaux vive. — On emploie quelquefois la chaux vive. On jette dans la cuve ou le fût une certaine quantité de chaux en pierre et par-dessus de l'eau. Si on le peut, on agite souvent pour répartir la chaux sur toute la paroi. On rince plusieurs fois soigneusement.

Vapeur d'eau. — Dans les grands chais, à l'aide d'étuveuses (indiquées plus haut) (fig. 93), on envoie un jet de vapeur jusqu'à ce que l'eau de condensation n'ait plus d'odeur à la sortie.

154. Assainissement des locaux. — *Les cuves doivent être conservées à l'abri des moisissures.*

Les moisissures peuvent se développer sur les fûts, les mettre hors de service *en quelques années*; le goût de moisi peut passer au travers des parois et se communiquer au vin.

Il faut entretenir dans la cave une certaine ventilation pour éviter l'excès d'humidité très favorable aux développements des moisissures.

Le sol des caves doit être tenu sec et propre; pour cela il est bon de le daller ou de le recouvrir d'un béton cimenté, avec des rigoles d'écoulement pour permettre un nettoyage facile.

Pour détruire les germes de maladies et faire disparaître les moisissures, on peut employer les moyens suivants :

1° *Par des badigeonnages à la chaux, sulfate de cuivre et soufre.* — On projette au pulvérisateur un lait de chaux (1 kilogramme de chaux vive pour 10 litres d'eau) dans lequel on peut ajouter 150 à 200 grammes de fleur de soufre par 10 litres de solution.

Quelques heures après, on projette au pulvérisateur une solution de sulfate de cuivre (5 kilogrammes pour 100 litres d'eau).

M. Fallot, directeur du laboratoire agronomique de Blois, recommande les badigeons suivants :

a) Chaux vive . . . . 100 parties.	Le sulfate ayant été dissous dans	
Sulfate de cuivre.. 5 à 20 —	l'eau, on l'ajoute au lait de chaux.	
b) Chaux vive. . . . . 100 parties.	On délaye le chlorure dans le lait de	
Chlorure de chaux. 10 —	chaux, puis le sulfate, dissous à	
Sulfate de cuivre. 10 à 15 —	part, est ajouté au lait.	

2° *Par des fumigations au gaz sulfureux.* — M. Mathieu recommande d'opérer de la manière suivante : avec un pulvérisateur, on répand de l'eau sur toute la surface de la cave ; puis on brûle du soufre en canon (30 grammes par mètre cube de capacité) dans un ou plusieurs récipients quelconques. Ces derniers sont mis à une assez grande hauteur, car les vapeurs sulfureuses sont plus denses que l'air et forment bientôt au fond de la cave une couche qui empêcherait la combustion.

Toutes les issues de la cave doivent être calfeutrées, les fissures des portes bouchées avec des bandes de papier, et on laisse le gaz sulfureux environ 24 heures dans les locaux.

CHAPITRE XVI

MALADIES ET DÉFAUTS ACCIDENTELS DES VINS

155. Causes d'altérations des vins. — D'après Pasteur, « la source des maladies propres au vin résulte de la présence de végétations parasitaires microscopiques qui trouvent en lui des conditions favorables à leur développement, et qui l'altèrent soit par soustraction de ce qu'elles lui enlèvent pour leur nourriture propre, soit principalement par la formation de nouveaux produits qui sont un effet même de la multiplication de ces parasites dans la masse du vin ».

La plupart des maladies du vin sont donc dues à des microbes. Ces microbes proviennent de la surface des grains de raisin (comme les levures), de l'air, de la terre apportée par les grappes et se développent plus ou moins dans la cuve à vendange pendant la fermentation.

Si la constitution du moût et la fermentation sont défectueuses, les microbes ou ferments de maladie se développent facilement et le vin sera sujet à différentes maladies.

Si au contraire la constitution du moût est bonne, le matériel vinaire propre et la fermentation rationnelle, les levures se développeront avec vigueur au détriment des ferments de maladie ; ces derniers resteront inertes et n'arriveront que très rarement à se développer ultérieurement si le milieu leur devient très favorable.

On peut donc affirmer que des vins, convenablement traités et provenant de moûts normalement constitués soumis à une bonne fermentation, ne seront presque jamais atteints de maladies.

156. — La plupart des maladies étant dues à des microbes, toutes les conditions qui favorisent la multiplication de ces êtres microscopiques peuvent favoriser le développement des altérations du vin :

1° *La température* de 15 à 40 degrés est nécessaire à la vitalité des micro-organismes de maladie des vins ; plus la température se rapproche de 30 à 40 degrés plus cette vitalité est exagérée. C'est ce qui explique pourquoi les *caves froides* permettent la conservation du vin pendant de longues années. *Plus la tempé-rature de la cave est basse, mieux le vin s'y conserve*; si elle ne dépasse pas 12 degrés la conservation du vin est bonne.

2° L'expérience a démontré que plus les vins sont alcooliques et plus l'évolution des maladies y est lente. De là, l'utilité du sucrage des moûts donnant des vins faibles en alcool.

3° Le sucre est l'aliment par excellence d'un grand nombre de micro-organismes dont il facilite le développement. C'est ce qui explique pourquoi les vins contenant encore un peu de sucre ne peuvent aussi bien se conserver que les vins non sucrés, et la nécessité d'une fermentation complète.

157. Caractères généraux des vins malades. — On peut, dans une certaine mesure, reconnaître si un vin est susceptible de subir ultérieurement des altérations graves : 1° *par l'examen microscopique*; 2° *par la mesure de l'acidité volatile.*

L'examen microscopique a pour objet de rechercher, par l'examen direct du vin au microscope, les bactéries et ferments qu'il contient et dont la *nature* ou l'*abondance* peut permettre à certaines maladies de se déclarer. L'*acidité volatile* (voir page 116) peut renseigner sur l'état du vin.

C'est, selon l'expression de M. Bernard « le pouls donnant à tout moment l'état de santé du vin ».

L'acidité volatile, dans un vin sain, est environ de o gr. 5 à o gr. 6 par litre (exprimée en acide sulfurique). Elle augmente lorsque le vin devient malade. Si elle dépasse o gr. 7 à o gr. 8 c'est que le vin commence à être malade; à 1 gr. 2 par litre, le vin est franchement malade.

Un vin malade est *généralement* trouble, c'est ce qui explique pourquoi les courtiers attachent une grande importance à la limpidité du vin; un vin peut cependant être limpide et malade. Le trouble du vin n'est pas toujours dû à une maladie.

158. Les principales maladies du vin. — On peut diviser les maladies des vins en trois catégories :

I. Maladies dues à des ferments vivant au contact de l'air.	{	Maladie de la fleur. — piqûre ou acescence.
II. Maladies dues à des ferments vivant à l'abri de l'air.	{	Maladie de la tourne et de la pous — graisse. — l'amertume. — la mannite.
III. Maladies dues à des ferments solubles ou à des actions chimiques.	{ Maladies de la casse. {	Casse brune — bleue. . — blanche.

1re CATÉGORIE. — MALADIES DUES
A DES FERMENTS VIVANT AU CONTACT DE L'AIR.

159. Maladie de la fleur. — La maladie de la fleur est peu dangereuse[1]. Elle est due à un microbe, le *Micoderma vini*, qui se développe en voile plissé et ridé constituant des fleurs blanches et grasses à la surface du vin.

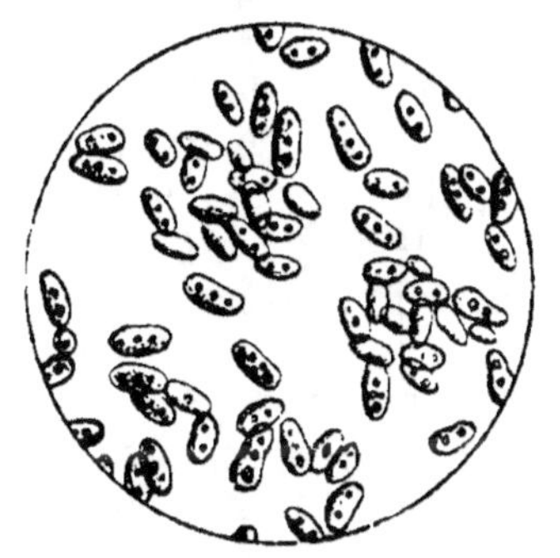

FIG. 94. — MALADIE DE LA FLEUR (MYCODERMA VINI).

Expérience. — Il suffit d'abandonner à l'air libre un verre à moitié rempli de vin pour voir la surface du liquide se recouvrir d'une pellicule blanchâtre s'épaississant peu à peu et formant comme une poussière blanche. Cette poussière est constituée par une infinité de *mycoderma vini*.

Examiné au microscope, on reconnaît que le *mycoderma vini* ressemble à la levure alcoolique avec laquelle on l'a souvent confondu. Il est un peu plus allongé, plus aplati et présente à sa surface quelques points brillants moins visibles que ne l'indique la figure 94. Il se reproduit par bourgeonnement comme les levures.

Le mycoderma vini vit à la surface du vin, au contact de l'air; il s'empare de l'oxygène de l'air et le porte sur l'alcool qu'il transforme en acide carbonique et en eau[2].

Le vin atteint est *fade* et *plat*, il a très souvent un *goût d'évent* (dû surtout à l'aldéhyde).

Le mycoderma vini ne peut vivre sur des vins très alcooliques de 13 ou 14 degrés; il vit d'autant mieux que les vins sont moins alcooliques et aussi moins acides.

Traitement. — *Traitement préventif.* — Puisque le mycoderma vini ne se développe qu'à la surface du liquide au contact de l'air, le traitement préventif le plus simple et le plus sûr consiste *à remplir soigneusement les fûts, à ouiller*.

On conseille quelquefois de mettre des bondes aseptiques (voir page 92), laissant passer un air complètement dépouillé des germes. Mais si le vin contient déjà des germes, ceux-ci se développent au contact de l'air pur arrivant dans le fût et la maladie se déclarera. Ces bondes ne sont donc pratiques qu'à la condition de pasteuriser le vin pour détruire par la chaleur tous les microbes qu'il contient.

Traitement curatif. — Si le vin a une couche de fleur à la

---

1. On doit cependant l'éviter avec soin car le *mycoderma vini* ouvre en quelque sorte la porte à une autre maladie appelée *piqûre* ou *acescence*.
2. Il y a aussi formation d'aldéhyde.

surface, il faut l'enlever. Pour cela, on introduit un tube en verre ou en fer-blanc que l'on enfonce dans le liquide de manière que l'extrémité dépasse la couche de fleur et on verse du vin de même qualité, autant que possible, dans un entonnoir placé à l'autre extrémité du tube. Le liquide ajouté fait remonter les fleurs qui sortent par la bonde avec le liquide altéré. On doit renouveler soigneusement les ouillages. D'après M. Mathieu, *pour les cuves*, on peut les protéger de l'accès de l'air au moyen d'une couche d'huile sans goût (huile d'arachide, etc.), bien épurée et même démargarinée; on peut employer aussi des huiles de vaseline qui sont neutres et qui de plus ont le grand avantage de ne pas rancir.

Si le vin a le goût d'*évent* prononcé, on pourra faire ensuite un soutirage dans un fût méché et pratiquer un collage (l'acide sulfureux se combine avec l'aldéhyde, cause du goût d'évent).

160. Maladie de la piqûre ou acescence. — *Caractère.* — Le vin fortement atteint présente à sa surface un voile grisâtre peu plissé, en couche très mince, bien différente de celle que l'on voit quand le vin est atteint de la fleur.

Le *vin piqué a un goût et une odeur de vinaigre* (à cause de l'acide acétique produit) qu'il ne faut pas confondre avec la *verdeur* due à un excès de crème de tartre et d'acide tartrique quand le vin provient de raisins vendangés avant complète maturité.

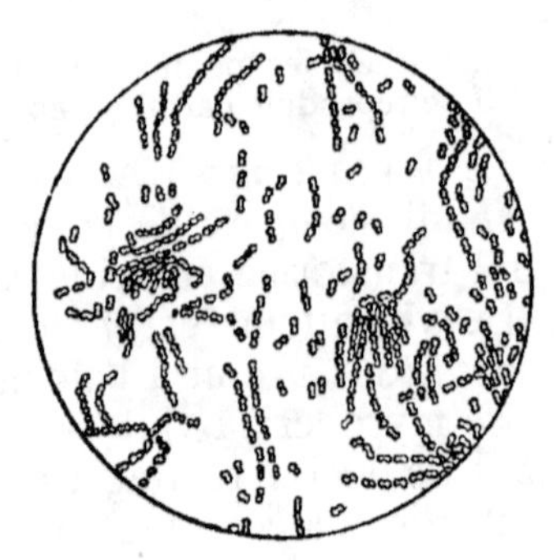

FIG. 95.
MALADIE DE LA PIQURE OU
ACESCENCE (MYCODERMA ACETI).

Cause de la maladie. — La maladie de la piqûre ou l'acescence est une des plus redoutables. Elle est due à un ferment le *mycoderma aceti* (fig. 95) qui se présente sous la forme de petits globules, beaucoup plus petits que les levures, étranglés par le milieu.

Ces globules se reproduisent par scission de l'étranglement et forment de petits chapelets enchevêtrés. Quand le mycoderme a acquis un certain développement les chapelets, se brisent et le vin se remplit de petits points noirs qui s'élèvent à la surface du liquide pour y respirer l'oxygène de l'air.

Produits formés. — Le *mycoderma aceti* a besoin d'air pour se développer. Grâce à l'oxygène de l'air il brûle l'alcool du vin et le transforme en acide acétique. Quand tout l'alcool est épuisé il transforme l'acide acétique qu'il vient de former en eau et en acide carbonique. La dose *d'acidité volatile* augmente beaucoup dans un vin piqué par suite de la formation d'acide acétique.

Causes qui peuvent amener l'acétification. — 1° Le chapeau laissé longtemps au contact de l'air dans la cuve de fermentation permet le développement du mycoderme et facilite la piqûre du vin.

2° Dans les fûts laissés en vidange (c'est-à-dire non remplis) pendant l'été, le vin s'aigrit.

3° Un nettoyage mal fait de la vaisselle vinaire laisse dans le vin le germe de la piqûre.

4° Les moucherons des cuves attirés par l'odeur du vin transportent facilement les germes du mycoderma aceti. Ces moucherons contaminent également les vins en cave; il suffit d'un fût renfermant un vin malade pour contaminer les autres.

L'acescence naît surtout dans les vins jeunes et peu alcooliques, le mycoderme ne se développe pas dans un vin ayant 16 à 17 degrés.

Traitement. — 1° *Traitement préventif.* — Le mycoderma aceti se développant au contact de l'air, pour éviter le mal, il faut supprimer au vin tout contact avec l'air en maintenant les récipients pleins par l'ouillage. Il faut également supprimer les causes d'acétification énoncées ci-dessus. Il est à remarquer que les vins sur lesquels il s'est produit de la fleur (mycoderma vini, p. 178) ne se piquent pas, le ferment acétique ne s'y développe pas. C'est ainsi, fait remarquer M. Mathieu, que dans le Jura on n'ouille pas certains vins qui se couvrent de fleur, et pour cette raison, ne s'acétifient pas.

2° *Traitement curatif.* — a) *Lorsque le mal est accentué*, il est inutile de songer à traiter le vin, le mieux est de convertir ce dernier en vinaigre. D'ailleurs, un vin franchement piqué ne peut être guéri par aucun moyen légal.

b) *Lorsque le mal est à son début* : on enlève l'excès d'acidité avec du tartrate neutre de potasse. On détermine la quantité de tartrate à ajouter par tâtonnements : on commence par en mettre 60 grammes par hectolitre (on dissout le tartrate neutre de potasse dans un litre de vin et on ajoute le tout au liquide à traiter), on agite et on laisse en repos pendant deux jours. On déguste; si le résultat n'est pas satisfaisant, on augmente la dose. Pour fixer plus facilement la dose à employer on peut faire des essais sur des bouteilles pleines de vin dans lesquelles on met des quantités de tartrate variant de 6 décigrammes à 3 ou 4 grammes.

Suivant le degré de maladie, la quantité de tartrate neutre à ajouter peut varier de 60 à 300 grammes[1].

---

1. Théoriquement 1 gramme d'acide acétique est neutralisé par 3 gr. 7 de tartrate neutre de potasse. Ce sel commence en réalité d'agir d'abord sur l'acide tartrique du vin; avec l'acide acétique il se forme de l'acétate de potasse et de la crème de tartre qui tombe dans les lies.

Après l'opération, il est utile de faire un collage et même d'ajouter une certaine quantité d'alcool pour remplacer celui qui a été détruit par le mycoderme.

Le traitement au tartrate neutre de potasse fait disparaître l'excès d'acidité du vin, rend ce dernier buvable, mais ne fait pas disparaître le mycoderma aceti, la cause du mal. Ce ferment continue à transformer l'alcool du vin en acide acétique et le vin se pique à nouveau. Le traitement ne fait que marquer la maladie et permettre la consommation immédiate.

Nous conseillons de ne pas employer les désacidifiants à base de *chaux* (carbonate de chaux, etc.); leur action neutralisante sur l'acide acétique est très faible, ainsi que l'a démontré M. Fallot, d'autre part, ils introduisent dans le vin une proportion anormale et dangereuse de matières minérales étrangères en solution.

c) Pour un vin encore peu atteint de la piqûre, le seul remède efficace que la loi autorise est le *chauffage (pasteurisation)* qui détruit le mycoderme. Avec le temps, un vin ainsi pasteurisé s'améliore, la dégustation spéciale désagréable s'atténue beaucoup.

On peut cependant arrêter le développement du ferment par le gaz sulfureux en *méchant*, c'est-à-dire en brûlant du soufre dans le fût destiné à recevoir le vin piqué.

On peut diminuer l'acidité volatile des vins piqués en les laissant envahir par la fleur, la production du *mycoderma vini* entraînant la diminution de l'acidité volatile des vins.

2e CATÉGORIE. — MALADIES DUES
A DES FERMENTS VIVANT A L'ABRI DE L'AIR

161. Maladie de la tourne et de la pousse. — *Caractère de la maladie.* — M. A. Gauthier, de l'Institut, différencie ces deux maladies. Nous les réunissons à cause des analogies de leurs causes, de leurs effets et des bactéries qui les produisent.

La *pousse* est caractérisée surtout par le développement intense d'acide carbonique qui ne se produit pas dans la *tourne*.

Ces maladies sont dues à des bactéries (fig. 96) ayant la forme de bâtonnets très minces, plus ou moins longs, suivant l'âge de la maladie. Elles se développent très facilement dans les vins

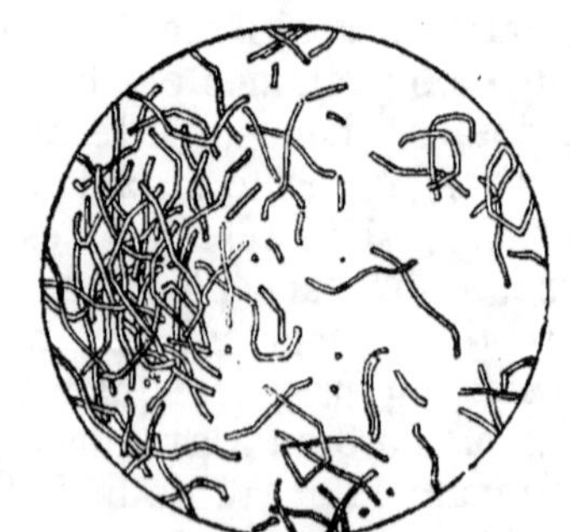

FIG. 96. — FERMENTS DE LA TOURNE ET DE LA POUSSE.

provenant de vendanges mildiousées et l'on appelle souvent *vins mildiousés* des vins atteints de la tourne faits de ces raisins malades.

Le vin atteint de la tourne se trouble, la couleur se fonce.

Le vin atteint de la pousse se trouble également, puis laisse dégager de l'acide carbonique. Si les tonneaux sont hermétiquement fermés, ils supportent, par suite du dégagement d'acide carbonique, une pression intérieure qui fait suinter le vin par la bonde ou par les joints des douves. *Quand on perce un trou dans le fût*, le vin jaillit avec force (il pousse, de là le nom de la maladie) et si on le recueille dans un verre on voit se dégager des bulles gazeuses.

Au goût, dès qu'on vient de le tirer, le vin est un peu piquant, mais au bout de quelques minutes, quand l'acide carbonique s'est dégagé, on constate que le vin est fade, plat.

Dans le verre, quand la maladie est très marquée, on remarque des ondes soyeuses qui se meuvent dans tous les sens et qui sont constituées par des amas de filaments articulés. Ces derniers sont les bactéries auxquelles est due la pousse.

Causes qui amènent la tourne et la pousse. — 1° *Plus la température est élevée*, mieux les bactéries de la tourne et de la pousse se développent. C'est surtout pendant les grandes chaleurs que les vins tournent.

2° Pendant la fermentation, si la température s'élève trop et trop brusquement la levure s'arrête et la tourne se développe. On empêche le développement de la maladie en rafraîchissant la cuve, en l'aérant.

3° *La cave joue un grand rôle au point de vue de la tourne et de la pousse; plus sa température est basse, mieux le vin s'y conserve; si la température ne dépasse pas 12 degrés, on est à peu près certain de ne pas avoir de la tourne.*

4° *Moins les vins sont acides plus ils tournent facilement.*

Produits formés. — Les ferments de la tourne agissent principalement sur la crème de tartre du vin, laquelle se décompose en acides volatils (acide acétique, acide propionique) qui donnent au vin une saveur acide, en tartronate de potasse donnant au vin un goût fade. Il y a également, comme nous l'avons vu, formation d'acide carbonique. Si le vin tourné est aéré, on constate de plus un goût d'amer.

Traitement. — *Traitement préventif.* — Les vins sujets à la tourne ou à la pousse doivent être logés dans des caves très fraîches et être rendus suffisamment acides.

Il faut veiller à ce que la fermentation ait été complète au moment du cuvage. De plus, d'après M. Semichon il faut porter l'acidité du moût à 9 ou 10 grammes par litre (exprimé en acide tartrique).

Traitement curatif. — a) Dès qu'un vin est atteint, il est possible d'arrêter le mal en vinant, c'est-à-dire en ajoutant de l'alcool pour amener le vin à doser 10 degrés; on ajoute 25 à 5o grammes d'acide tartrique par hectolitre pour acidifier le vin, non seulement parce que l'acidité gêne l'évolution des ferments, mais aussi parce que l'acide tartrique rend au vin l'acidité fixe qui avait diminué par suite de la disparition d'une partie de la crème de tartre ou bitartrate de potasse.

A la place d'acide tartrique on peut employer, à doses presque moitié moindres, de l'acide citrique moins attaqué par les ferments de la tourne.

Au bout de 24 heures on colle (le collage étant précédé d'un tanisage), puis on soutire dans un fût fortement méché, pour éliminer les bactéries qui ont une tendance à déposer dans les lies. Bien prendre la précaution de ne pas soutirer le vin à l'air pour éviter le goût d'amer que nous avons signalé plus haut.

b) Le meilleur traitement est encore le *chauffage* (*pasteurisation*) qui détruit les bactéries.

162. Maladie de la graisse. —

Caractère. — Le vin atteint de la graisse devient filant, graisseux, et coule comme de l'huile. Cette maladie s'attaque surtout aux vins blancs.

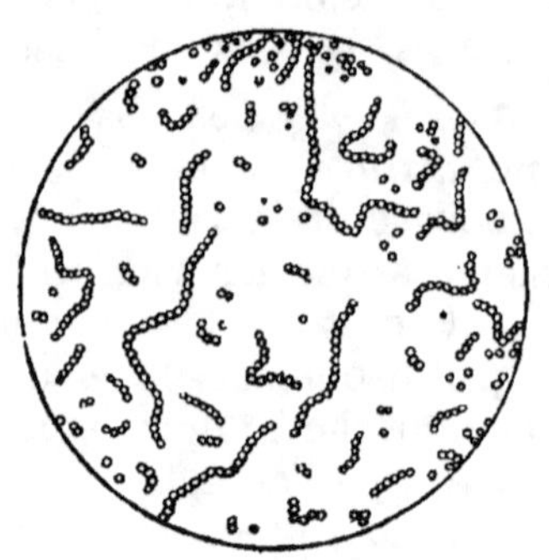

FIG. 97.—FERMENTS DE LA GRAISSE

Cause. — La graisse est due à des bactéries (fig. 97) vivant à l'abri de l'air et constituées par de très petits globules sphériques disposés en chapelets. Ces globules sont entourés de matière gélatineuse, mucilagineuse qui donne l'aspect filant au vin malade. Cette matière visqueuse s'accompagne d'un dégagement d'acide carbonique d'autant plus abondant qu'on agite davantage le liquide.

Traitement. — 1° *Traitement préventif*. — Les vins blancs ne contiennent généralement pas assez de tanin, parce que les moûts n'ont pas fermenté au contact des pépins, des rafles, des pellicules, aussi sont-ils atteints assez fréquemment de la graisse.

Règle générale, on devrait taniser tous les vins blancs à raison de 4 à 5 grammes par hectolitre, comme on le fait en Champagne.

2° *Traitement curatif*. — a) On commence par battre le vin, puis on ajoute une dissolution alcoolique de tanin (15 à 20 grammes de tanin par hectolitre que l'on fait dissoudre dans un verre à bordeaux d'alcool); au bout d'une huitaine de jours on colle et huit jours après on soutire.

b) Le *chauffage* ou *pasteurisation* est encore tout indiqué; on ajoute 5 grammes de tanin par hectolitre, on colle, on filtre et on pasteurise.

163. Maladie de l'amertume. — *Caractère*. — Le vin atteint de l'amertume a un goût d'amer très prononcé. Au début, il est fade, il *doucine*, puis, la maladie s'accentuant, il devient amer. La maladie de l'amertume est plutôt une maladie des vins fins.

Cause. — Pasteur a démontré que l'amertume est due à un ferment formé de filaments branchus, noueux, enchevêtrés les uns dans les autres, d'un diamètre plus ou moins large, plus ou moins articulés, parfois incolores surtout au début de la maladie, mais en général colorés en rouge ou brun (fig. 98).

D'après M. Vergnettes-Lamotte, on peut distinguer deux sortes d'amertumes : la première celle qui atteint les vins vieux, c'est la plus générale; la deuxième qui atteint les vins de la deuxième à la troisième année de leur âge.

On peut également distinguer deux phases dans la maladie : 1° lorsque le vin est récemment atteint, le ferment est incolore à contours nets, le vin franchement amer; 2° peu à peu la matière colorante se dépose sur les ferments, l'enveloppe, l'incruste et l'empêche de décomposer le vin, ce dernier semble

FIG. 98.
FERMENTS DE L'AMERTUME.

guéri et reprendre son goût normal. Cette guérison n'est que passagère· Quelques ferments incomplètement enveloppés se développent, se reproduisent, infestent à nouveau le vin et la maladie réapparaît.

Produits formés. — Dans la maladie de l'amer on constate principalement la décomposition partielle de la glycérine et la production des acides acétique et butyrique.

D'après les recherches de M. Trillat, on peut attribuer le goût spécial des vins amers à la formation d'aldéhyde acétique par suite d'une oxydation de l'alcool, peut-être sous l'influence de l'action du ferment sur la glycérine.

Traitement. — *Traitement préventif.* — Le meilleur traitement préventif est le chauffage (pasteurisation des vins).

Traitement curatif. — 1° Dès que l'amertume apparaît, il faut pratiquer un ou deux collages (taniser avant de coller) et les faire suivre chacun de *fréquents soutirages* pour éliminer le plus possible les ferments.

Ce moyen de lutte n'est pas toujours efficace parce que

l'élimination des germes par collages et soutirages n'est pas parfait.

2° M. Chuard, de Lausanne, recommande de coller les vins atteints avec des lies fraîches dans la proportion de 3 à 5 pour 100. Les lies sont lavées au préalable (on mélange les lies avec 3 ou 4 fois leur volume d'eau pure, on laisse reposer et on enlève l'eau surnageante).

3° On conseille aussi de faire refermenter le vin amer avec une forte quantité de lie fraîche d'un vin non collé, additionnée de 100 grammes d'acide tartrique et de 1 kilogr. de sucre. On fait dissoudre à part le sucre et l'acide mélangés avec la lie, puis on ajoute au vin.

Le tout, additionné d'un peu de levures sélectionnées, est mis en fermentation à une température de 20 à 25 degrés. Faire les soutirages à l'abri de l'air.

4° On obtient quelquefois un bon résultat en laissant digérer un jour ou deux les vins amers ou qui commencent à le devenir sur du marc frais.

Ne pas soutirer les vins amers *à l'air*, car l'aération du vin augmente encore l'amertume.

164. Mannite (maladie de la). — *Caractère et cause.* — Lorsque

la température due à la fermentation est excessive (vers 38 à 40 degrés), la levure de vin paralysée par la chaleur cesse de se multiplier, d'agir et un ferment (*le ferment mannitique*) apparaît, transformant dans la cuve même une partie des sucres de raisins en acide acétique, en acide lactique, en acide carbonique et en *mannite* (¹). Il a la forme d'un bâtonnet comme le ferment de la tourne; mais il est beaucoup plus court (fig. 99).

La mannite est une substance sucrée non fermentescible. Le vin atteint de la mannite est à la fois *aigre* et *doux*.

Traitement. — 1° *Traitement préventif.* — Pour éviter le développement du ferment mannitique, il suffit d'empêcher l'élévation de la température dans la

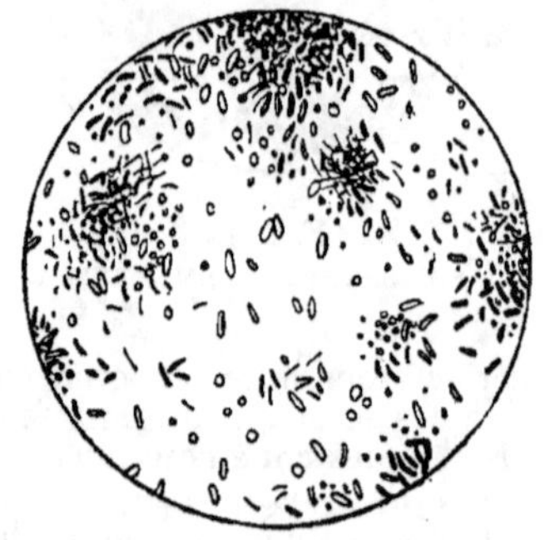

FIG. 99. — FERMENT MANNITIQUE.

cuve à plus de 36 à 37 degrés, en refroidissant le moût par un procédé quelconque (voir refroidissement du moût, page 70). On peut en même temps relever l'acidité des moûts par addition de 20 à 50 grammes d'acide tartrique par hectolitre. Le ferment mannitique ne se développe pas dans les moûts dont l'acidité est supérieure à 10 ou 11 grammes (exprimée en acide tartrique).

Un dernier moyen sûr est la pasteurisation à 60 degrés pendant 2 minutes.

2° *Traitement curatif.* — Il n'y a aucun moyen pratique de guérir un vin

---

1. La mannite est le même principe que celui de la manne, substance provenant de l'exsudation du frêne.

mannité, c'est-à-dire de lui enlever la mannite, l'acide lactique et l'acide acétique qu'il contient. On peut enlever le goût aigrelet de l'acide acétique avec du tartrate neutre de potasse comme dans la piqûre. Le vin n'aura plus que le goût doucereux moins désagréable.

3e CATÉGORIE. — MALADIES DUES A DES FERMENTS SOLUBLES OU A DES ACTIONS CHIMIQUES.

165. Maladie de la casse. — On distingue trois sortes de casses : la *casse brune*, la *casse bleue* et la *casse blanche*.

Casse brune. — *On dit généralement qu'un vin est atteint de la casse brune lorsque, exposé à l'air, il se trouble et laisse déposer, au bout d'un certain temps, sa matière colorante.*

Le vin se décolore plus ou moins en gardant soit une partie de sa couleur primitive, soit une teinte jaune ; il peut même perdre complètement sa couleur.

Détermination de la casse. — Il est très facile de déterminer si le vin est sujet à la casse : il suffit de soutirer un peu de vin dans un verre et de le laisser exposé à l'air : le *vin rouge* qui casse commence par s'iriser à la surface, il se trouble peu à peu, prend une teinte rouge brique et, au bout d'un temps plus ou moins long, parfois quelques heures, laisse déposer une matière colorante jaune brun, le vin prend une saveur fade, quelquefois amère ; le *vin blanc* jaunit, se trouble également puis brunit et dépose à la longue un dépôt brun (c'est la **casse jaune** *des vins blancs*).

D'après M. Mathieu, pour les *vins blancs* « on range sous le nom générique de casse des accidents très variés dans lesquels la couleur vire au jaune, au noir, avec plus ou moins de trouble et en général avec modification du bouquet et de la saveur ; le vin a une odeur madérisée, une saveur fade, plate ».

Le **plombage** et le **noircissement** ne sont que des formes particulières de la casse bleue.

Pour certains vins, la casse peut être complète en 3 ou 4 heures, pour d'autres, il faut 3 ou 4 jours.

Un vin parfaitement clair en fût se casse après un soutirage, lorsqu'il a subi l'action de l'air.

Cause de la casse. — La casse est due à l'existence d'une diastase oxydante dans le vin.

D'où vient cette diastase ?

Un certain nombre d'œnologues admettent qu'elle existe naturellement dans tous les moûts en petite quantité. C'est à elle que serait dû le vieillissement des vins. C'est ce qui a fait assimiler quelquefois la casse à un *vieillissement précipité*, résultant d'une abondance de diastase.

M. Laborde a démontré que la diastase est sécrétée en grande quantité par un champignon connu, le *Botrytis cinerea*, qui détermine la pourriture noble des raisins de Sauternes et du Rhin et la pourriture vulgaire dès raisins blancs verts ou mûrs dans les années humides.

Toutes les fois qu'on introduit dans la cuve de vendange des raisins altérés par ce champignon, on est exposé à voir le vin qui en résulte présenter d'autant plus les caractères de la casse que les raisins ont été récoltés à un degré plus avancé de pourriture

Remarques. — Il a été reconnu que les vins contenant une assez forte proportion d'alcool et d'acide possèdent une plus grande résistance à la casse que ceux contenant une faible quantité de ces principes.

D'après M. Mathieu, les vins blancs à fermentation normale sont moins sujets *au jaune* que ceux qui fermentent lentement; ceux qui renferment du sucre au soutirage y sont très exposés.

Traitement. — I. *Traitement préventif*. — 1° Éviter, autant que possible, de mettre dans la cuve des raisins pourris.

2° On peut chauffer les moûts dans un pasteurisateur (température nécessaire 70 à 75 degrés) et les ensemencer ensuite avec des levures.

3° Sucrer les moûts pour relever le titre alcoolique et les acidifier avec de l'acide citrique. Obtenir une fermentation rapide, active et complète.

II. *Traitement curatif*. — MM. Coudon et Pacottet ont démontré que l'envahissement de la vendange par la pourriture fait disparaître une certaine quantité de tanin. Avant toute opération il est donc bon de taniser (8 à 10 grammes de tanin suivant les cas).

a) Le *chauffage* (pasteurisation). La température de pasteurisation doit être au moins de 70 à 75 degrés. Le chauffage autant que possible doit être précédé d'un *filtrage à l'abri de l'air*.

Dans le cas où le vin serait trouble ou louche avant le chauffage, il y aurait lieu de pratiquer un *collage,* puis un soutirage à l'abri de l'air.

b) *Emploi de l'acide sulfureux. Le traitement des vins atteints de la casse brune par l'acide sulfureux est certainement le plus employé et le plus pratique.* — On pense qu'introduit dans le vin, l'acide sulfureux fixe l'oxygène de l'air et qu'il l'empêche de se porter sur la matière colorante.

L'acide sulfureux peut être employé à la dose de 0 gr. 01 à 0 gr. 02 par litre en solution aqueuse ou alcoolique sous plusieurs formes :

1° *A l'état de gaz en dissolution*. — La dissolution de ce gaz dans l'eau se trouve chez les droguistes ou marchands de produits chimiques. Il est nécessaire d'en faire opérer un dosage exact par un chimiste, ce qui rend le procédé peu pratique.

EXEMPLE. — Soit une dissolution renfermant 50 grammes de

gaz sulfureux par litre. Si nous admettons que l'on doive ajouter au vin 2 grammes de gaz par hectolitre, on devra mettre dans le fût $\frac{1000 \times 2}{50} = 40$ centimètres cubes de dissolu·tion par hectolitre.

2° *A l'état de gaz par la combustion du soufre* ou *méchage*. — Ce procédé, quoique peu précis, est assez employé. La plupart des viticulteurs, pour une casse légère, se contentent de soutirer le vin dans un tonneau méché (combustion d'une mèche soufrée, 1/4 de mèche par pièce).

M. Bouffard conseille de produire le gaz sulfureux en brûlant, sous une cloche faite d'un tonneau défoncé et renversé, une quantité de soufre représentant la moitié du poids de gaz sulfureux nécessaire. On aspire et on refoule le gaz dans le vin à l'aide d'une pompe.

3° *A l'état de bisulfite de potasse ou de soude.* — Ce procédé est certainement le plus pratique.

Le bisulfite de potasse est un sel qui, à l'état pur, se présente sous la forme cristallisée. Mis dans le vin, sous l'action des acides que contient ce dernier, il dégage de l'acide sulfureux. On l'utilise à dose moyenne, 6 à 8 grammes par hectolitre; on le fait dissoudre dans un peu d'eau et on l'ajoute au vin malade.

La dose employée ne doit pas dépasser 12 grammes. *A dose trop élevée, la décoloration du vin se produit franchement, l'acide sulfureux étant un décolorant assez énergique.* Il est donc nécessaire de prendre des précautions quand on emploie le bisulfite de potasse pour les vins rouges.

Si la dose de bisulfite employée a légèrement décoloré le vin, il suffit d'un soutirage à l'air pour obtenir une grande partie de la coloration perdue.

Remarque. — L'acide sulfureux empêche la diastase de la casse d'agir, mais ne la détruit pas. De sorte que, au bout d'un certain temps ou après un ou deux soutirages lorsque l'acide sulfureux a disparu en grande partie, la maladie fait de nouveau sentir son action nécessitant une nouvelle dose de bisulfite de potasse.

Le bisulfite de potasse arrête le développement de la casse mais ne clarifie pas le vin fortement atteint et très trouble. Un collage précédé d'un tanisage est alors nécessaire.

Pour les vins blancs déjà jaunis, il est bon, pour faire disparaître la couleur jaune, de décolorer le vin par un collage à la caséine ou au sang (voir page 153).

166. Casse bleue. — *Caractère.* — La casse bleue, comme la casse brune, ne s'observe que lorsque le vin a été aéré et qu'il s'est produit une oxydation. On reconnaît que les vins sont sujets à cette maladie de la même manière que la casse brune.

Exposé à l'air, le vin sujet à la casse bleue devient trouble, bleu ou gris sale au bout de quelques jours, puis se transforme en un précipité qui tombe et forme des lies de couleur bleue très foncée.

Cause. — On pense que, dans les vins atteints de casse bleue, les traces de fer que ces vins contiennent soit naturellement, soit accidentellement, se combinent avec le tanin pour former tout d'abord des tannates ferreux puis ensuite par oxydation des tannates ferriques insolubles et qui forment un précipité bleuâtre. L'action de l'air est indispensable pour que le phénomène se produise.

Traitement. — *Précautions à prendre.* — 1° Comme pour la casse brune, il faut éviter aux vins sujets à la casse bleue le contact de l'air avant d'avoir appliqué le traitement.

2° La terre qui souille quelquefois les vendanges pluvieuses amène une certaine quantité de fer dans les vins. MM. Coudon et Pacottet ont trouvé que, pour cette cause, un vin peut atteindre facilement 2 grammes de fer par litre, c'est-à-dire doubler sa richesse en fer.

3° Le contact des instruments en fer pendant la vinification peut enrichir le vin en fer.

4° Il en est de même du contact des cuves en ciment, le ciment contenant également du fer.

Traitement curatif. — *Vin blanc.* — Le vin blanc atteint de la casse bleue redevient limpide et incolore par l'addition d'acide tartrique. Si on enlève cet excès d'acidité par de la potasse, par exemple, le bleu réapparaît. Il faut donc un excès d'acidité : ajouter 20 à 75 grammes d'acide tartrique par hectolitre, suivant les cas (ou encore, ce qui est préférable, 10 à 40 grammes d'acide citrique).

Pour remédier à la casse bleue, on ajoute quelquefois du tanin, c'est une erreur.

Vin rouge. — Tout ce qui a été dit pour les vins blancs concernant la casse bleue s'applique au vin rouge.

La matière colorante du vin rouge est une source de fer. L'excès de fer doit être en équilibre entre les acides et les tanins colorés du vin rouge.

Pour empêcher la casse bleue, on opère comme pour les vins blancs : on acidifie avec de l'acide tartrique ou de l'acide citrique.

167. Casse blanche. — La casse blanche s'observe chez les vins blancs. Comme pour la casse brune et la casse blanche elle ne se déclare que lorsque le vin blanc a été aéré : le vin se trouble et prend un aspect laiteux.

On prévient la casse blanche en ajoutant au vin 25 à 3o grammes d'acide citrique par hectolitre.

Si le vin est déjà atteint, on ajoute comme précédemment l'acide citrique et on pratique ensuite un collage à la *caséine* ou au *sang* (voir page 153).

Ne pas employer l'acide tartrique qui n'a qu'une action très faible sinon nulle sur la casse blanche.

LES GOUTS ACCIDENTELS DANS LES VINS

Les goûts accidentels dans les vins. — *I. Goûts apportés par le raisin*. — Ce sont des *goûts de cochylis* dus aux raisins atteints par le cochylis, des *goûts de pourris* dus à la pourriture dans les années humides. Ils disparaissent par collage et filtration.

Les goûts provenant de *poudres anticryptogamiques* ou insecticides se constatent quand on emploie ces produits tardivement.

II. Goûts apportés pendant la fermentation. — 1° *Par la vaisselle vinaire* (*goût de bois, goût de moisi, etc.*), par les cuves en ciment (*goût de pierre, de chaux*). Les précautions à prendre pour éviter ces goûts ont été indiquées voir page 172).

2° *Par une mauvaise fermentation*. — Goût d'aigre par suite de l'acétification du chapeau. On le fait disparaître en enlevant les parties aigries du chapeau et en soutirant au besoin le vin pour le séparer de la partie atteinte.

III. Goûts apportés pendant la conservation. *Goût de bois* ou *de fût* (voir hygiène des vins, 175), *goût de colle*, (éviter les colles brunes, voir collage, page 15o), *goût d'éther* (éviter les tanins à l'éther, voir page 54).

Goût de toile ou de *papier filtre* : ils sont dus à des filtres neufs ou mal entretenus, ils ne sont pas persistants.

Goût de métal : il est dû quelquefois à des pasteurisateurs faits avec des métaux attaquables (employer des pasteurisateurs à tube de cuivre étamé, voir page 166).

Goût de cuit : il provient de pasteurisation ou de chauffage non faits à l'abri de l'air (voir page 170).

169. *Traitements des goûts accidentels*. — Nous avons indiqué comment on pouvait traiter certains goûts. En dehors de ces traitements particuliers, on peut utiliser les procédés généraux suivants :

1° *Traitement à l'huile émulsionnée*. — Les *huiles végétales* ont un grand pouvoir absorbant des goûts ; elles sont depuis longtemps employées pour le traitement des *vins moisis* notamment. D'après M. Mathieu, il faut employer une huile n'ayant presque pas d'odeur et de saveur. Dans une bonbonne de 5 litres, on verse 1 litre d'eau, 5o grammes de gomme arabique et de l'huile ; on agite fortement pour avoir une émulsion ; on étend le tout de 3 à 4 fois son volume de vin, puis on verse le mélange dans les fûts. La quantité d'huile à employer est variable suivant l'importance du goût à enlever : 1/4 de litre à 1 litre par hectolitre de vin à traiter.

Pour obtenir une émulsion très rapide, on peut aussi introduire l'huile au moyen d'un pulvérisateur dont la lance pénètre jusqu'au fond du fût, on évite ainsi le fouettage du vin pendant dix minutes.

L'huile d'olive est quelquefois trop fruitée. L'huile de coton est plutôt préférable par sa neutralité et son bon marché.

2° Traitement à la farine de moutarde. — Ce traitement est plus efficace et plus pratique. On délaye de la farine de moutarde dans de l'eau bouillante pendant une demi-heure pour éviter le goût de moutarde que donnerait l'essence de moutarde ; on laisse au repos et l'on enlève l'eau surnageante ; on délaye la farine de moutarde restant avec un peu de vin (à raison de 15 à 50 grammes par hectolitre, suivant l'intensité du goût à enlever) et on ajoute le tout dans les vins en mélangeant bien. On fouette même le vin 4 ou 5 fois dans la journée pour que la farine tombée dans les fûts soit bien mélangée au vin. On laisse reposer, on soutire et on colle.

3° Emploi du marc de raisin frais, du charbon de bois. — Le *marc de raisin frais* est quelquefois employé pour faire disparaître les mauvaises odeurs et les goûts de moisi, de fût, etc. : on fait filtrer le vin ayant un mauvais goût à travers le marc disposé dans un tonneau ou dans une cuve. Ce procédé présente l'inconvénient suivant : le marc et le vin retenu par ce marc ne peuvent être ensuite utilisés à cause du mauvais goût retenu. Le *charbon de bois* retient également les mauvaises odeurs : on fait filtrer le vin ayant mauvais goût à travers du charbon de bois pulvérisé, disposé dans un tonneau.

Dégustation des vins. — (Voir Compléments page 231).

LES VINS MALADES ET LA LOI

170. — Le règlement d'administration publique du 3 septembre 1907 visant les manipulations et pratiques frauduleuses, considérait *comme frauduleuses les pratiques qui ont pour objet de diminuer les altérations du vin.* On pouvait penser que les vins malades ne devaient pas être considérés comme des boissons falsifiées, corrompues ou toxiques et étaient susceptibles d'être vendus, l'acheteur restant libre de les accepter ou de les refuser.

Le décret du 19 août 1921 (voir p. 219) et la circulaire du 15 novembre 1921 (voir p. 222) spécifient nettement que les vins malades ne peuvent être vendus.

Le viticulteur dont la récolte s'est altérée spontanément ne peut être inquiété pour le seul fait qu'il détient des vins impropres à la consommation. Il ne commettrait la tentative de tromperie prévue par le même article que s'il était établi que, s'étant aperçu de l'altération de son vin, il l'a cependant vendu ou essayé de le vendre pour la consommation, soit en cet état, soit après l'avoir mélangé à du vin sain pour masquer son altération ou après l'avoir « retapé » dans le même but (voir p. 218, décret du 19 août 1921, art. 2).

Le viticulteur se voit donc, maintenant, dans l'obligation d'apporter plus de soins à la vinification et à la conservation des vins, afin d'écarter les maladies ou les accidents contre lesquels le vendeur ne peut plus lutter.

D'ailleurs, la *maladie de la fleur* est si facile à éviter que nous pouvons la laisser de côté ; la *maladie de la graisse*, qui atteint plus particulièrement les vins blancs, peut être facilement évitée en tanisant les moûts préalablement ; la *maladie de l'amertume* est très difficile à traiter, c'est dire qu'il est presque impossible de la masquer; la maladie de la *mannite* n'a pas de traitement curatif; la *casse brune* peut être traitée *préventivement*, puisque la loi autorise l'emploi de l'acide sulfureux pur. La *casse bleue* et la *casse blanche*, dans une certaine mesure, peuvent être traitées préventivement, puisque la loi permet l'emploi de l'acide citrique jusqu'à la dose maximum de o gr. 5 par litre (50 grammes par hectolitre).

Les viticulteurs devront soigneusement éviter l'emploi des produits œnologiques aux noms plus ou moins bizarres et dont la composition exacte n'est pas connue, afin d'être en règle avec la loi. D'ailleurs ces produits se trouvent de moins en moins dans le commerce, la loi du 29 juin 1907 les fait disparaître.

D'après la loi du 29 juin 1907, en effet, sont interdites la fabrication, l'exposition, la mise en vente et la vente des produits ou mélanges œnologiques de composition secrète ou indéterminée, destinés soit à améliorer et à bouqueter les moûts et les vins, soit à les guérir de leurs maladies, soit à fabriquer des vins artificiels.

Afin de mettre les viticulteurs et les négociants à même de distinguer nettement, au travers des réclames commerciales, les produits œnologiques dont l'emploi est licite, de ceux dont l'usage est frauduleux, la loi du 28 juillet 1912 a décidé que tout produit destiné à la préparation ou à la conservation des boissons (vin, cidre, etc.), ne pourrait être mis en vente qu'avec une étiquette portant l'indication de sa composition.

Ainsi le producteur ou le négociant qui procède à une manipulation comportant l'addition d'un produit œnologique, ne peut plus, comme autrefois, commettre à son insu une falsification : il agit en connaissance de cause et engage sa responsabilité. (Voir p. 218, décret du 19 août 1911, art. 2, concernant les produits œnologiques.)

171. Utilisation des vins malades impropres à la consommation. — Les vins malades impropres à la consommation ne peuvent être utilisables qu'à la vinaigrerie ou à la distillerie.

(Voir fabrication du *vinaigre* page 208 et l'ouvrage : *Les Eaux-de-vie et les Alcools* de l'Encyclopédie des Connaissances agricoles.)

SIXIÈME PARTIE

UTILISATION
DES PRINCIPAUX RÉSIDUS

—

Les résidus de la fabrication des vins sont les *marcs* et les *lies*.

Les **marcs non pressés** sont le plus souvent utilisés pour la fabrication des *vins de marcs ou vins de deuxième cuvée* et des *piquettes*.

Les **marcs pressés** servent à fabriquer de l'eau-de-vie dite *eau-de-vie de marc* (cette partie est étudiée dans *Les Eaux-de-Vie et Alcools*, par Pagès. (*Encyclopédie des connaissances agricoles*).

CHAPITRE XVII

FABRICATION DES VINS DE MARCS

VINS DE DEUXIÈME CUVÉE OU VINS DE SUCRE

172. — *On appelle vins de deuxième cuvée ou vins de sucre, ou encore vins de marcs, la boisson alcoolique que l'on obtient en faisant refermenter des marcs, pressurés ou non, en présence d'un mélange d'eau et de sucre.*

On peut préparer des vins de sucre de deux manières différentes :

1° *Avec des marcs non pressurés (marcs gras); 2° avec des marcs pressurés (marcs secs).*

Dans les deux cas, la quantité de sucre à ajouter est de 17 grammes par litre et par degré alcoolique que l'on veut obtenir.

D'après la loi du 4 juillet 1907, modifiant la loi du 6 août 1905.

Quiconque voudra se livrer à la fabrication du vin de sucre pour sa consommation familiale est tenue d'en faire la déclaration, trois jours à l'avance, à la recette buraliste des Contributions indirectes.

La quantité de sucre employée ne pourra être supérieure à 20 kilogrammes par membre de la famille et par domestique attaché à la personne, ni à 20 kilogrammes par 3 hectolitres de vendanges récoltées, ni au total à 200 kilogrammes pour l'ensemble de l'exploitation.

L'emploi du sucre prévu par la loi du 28 janvier 1903 ne pourra avoir lieu que durant la période des vendanges. Dans chaque département, le préfet, par arrêté, déterminera ladite période après avis du Conseil général.

Toute personne qui, en même temps que des vins destinés à la vente, des vendanges, moûts, lies ou marcs de raisins, désire avoir en sa possession une quantité de sucre supérieure à 25 kilogrammes, est tenue d'en faire préalablement la déclaration et de fournir des justifications d'emploi.

Ces dispositions ne sont pas applicables aux détaillants qui, en même temps que des vins destinés à la vente, n'ont pas en leur possession des vendanges, moûts, lies, marcs de raisins, ferments.

Tout envoi de sucres ou glucoses, fait par quantités de 25 kilogrammes au moins à une personne n'en faisant pas le commerce ou n'exerçant pas une industrie qui en comporte l'emploi, sera accompagné d'un acquit-à-caution, qui sera remis à la régie par le destinataire dans les quarante-huit heures suivant l'expiration du délai de transport.

Tout détenteur d'une quantité de sucre ou de glucose supérieure à 200 kilogs et dont le commerce ou l'industrie n'implique pas la possession de sucre ou de glucose est tenu d'en faire une déclaration à la régie et de se soumettre aux visites des employés des contributions indirectes.

D'après la loi, la fabrication des vins de sucre n'est autorisée que pour la consommation familiale. La fabrication et la circulation *en vue de la vente* des vins de marc et des vins de sucre sont interdites (6 avril 1897). La détention à un titre quelconque de ces vins est interdite à tout négociant, entrepositaire ou débitant de liquides.

Le viticulteur, s'il comprend réellement son intérêt, doit s'abstenir formellement de vendre, contrairement à la loi, des vins de deuxième cuvée, afin de ne pas encombrer le marché des vins et faire baisser le prix des vins naturels. Il doit limiter scrupuleusement la fabrication des vins de sucre à sa consommation personnelle, comme la loi l'y oblige.

173. Données pour la préparation des vins de sucre. — 1° En moyenne, le vin de goutte étant décuvé, le vin de presse que renferment encore les marcs restant dans la cuve représente un volume égal à la moitié environ de celui du vin de goutte. Ex. : Le vin de goutte d'une cuve est de 50 hecto-

litres, il reste dans la cuve en vin de presse $\dfrac{50}{2} = 25$ hectolitres.

2° D'après M. Müntz, après le pressurage, les marcs retiennent approximativement le 1/4 ou le 1/5 de la quantité de vin extraite par le pressurage.

3° D'après M. Andrieu, 100 kilogrammes de marcs donnent environ 65 litres de vin de presse[1].

Après le premier pressurage, il reste donc $100 - 65 = 35$ kilogrammes de marcs qui retiennent le 1/4 ou le 1/5 du vin de presse, soit environ 16 litres.

---

1. M. Roos estime que dans le Midi 100 kilogrammes de marc égoutté renferme encore 50 kilogrammes de vin de presse (on admet que 1 litre de moût pèse environ 1 kilogramme).

Donc, pour 65 litres de vin de presse qui restent dans la cuve, il y a en plus :

1° Un poids de marc qui, pressuré, serait de 35 kilogrammes ;
2° 16 litres de vin.

Ou, en ramenant les résultats à 100 litres de vin de presse : pour 100 litres de vin de presse qui restent dans la cuve, il y a en plus :

1° un poids de marc qui, pressuré, serait de 54 kilogrammes ;
2° 24 lit. 5 (ou 25 litres de vin.)

174. Préparation des vins de sucre avec des marcs non pressurés. — PROBLÈME. — Une cuve a donné 20 hectolitres de vin de goutte à 9 degrés. On veut ajouter au marc non pressuré restant 200 kilogrammes de sucre. Quelle quantité d'eau faut-il ajouter pour avoir un vin de goutte ayant 8 degrés d'alcool ?

Solution. — La quantité de vin de presse que l'on obtiendrait si l'on pressurait le marc étant la moitié de celle du vin de goutte, il reste dans le marc après le départ de vin de goutte 10 hectolitres de vin de presse à environ 9°, soit. . . . . 10×9 = 90 litres d'alcool.

La quantité de vin dans le marc, s'il était pressé, (d'après les données ci-dessus) est de 25 litres par hectolitre de vin de presse soit pour 10 hectolitres de vin de presse 10×25 = 250 litres de vin, lesquels contiennent environ en alcool . . . . 2^{hl},5×9 = 22^l,5   —

1^{kg},700 de sucre donnant 1 litre d'alcool, 200 kilogrammes

donneront. . . . . $\dfrac{200}{1,700}$ = 117^l,6   —

$$\text{Total. . . . . 230}^l\text{,1 d'alcool.}$$

Mais nous savons qu'à 1 hectolitre de vin de presse correspondent 54 kilogrammes de marcs pressés. Aux 10 hectolitres de vin de presse correspondent donc 10×54 = 540 kilogrammes de marcs pressés, lesquels retiendront 25 litres de vin de sucre à 8° par 54 kilogrammes de marc, soit $\dfrac{540×25}{54} = 250$ litres de vin de sucre contenant 2^{hl},5×8 = 20 litres d'alcool à déduire du total ci-dessus ou 230^l,1—20 = 210^{l}1 d'alcool pur.

Le vin de sucre devant titrer 8 degrés. Autant de fois 8 seront contenus dans 210^l,1 autant d'hectolitres de vin de sucre on pourra faire, ou $\dfrac{210^l,1}{8} = 27^{hl},5$ de vin.

Comme il y a déjà dans le marc 10 hectolitres de vin de presse, il faudra donc ajouter 27^{hl},5— 10 = 17^{hl},5 d'eau, desquels il faut retrancher 117^l,6 représentant le volume d'alcool que donnera le sucre ou 17,5—1,17 = 16^{hl},33 d'eau.

Remarque. — La quantité d'alcool restant dans le marc, s'il était pressé (avant de mettre le sucre) soit 22^l,5 se compense à peu près avec la quantité d'alcool qui reste (après avoir mis le sucre) lorsqu'on pressera le marc sucré. Ces deux quantités deviennent même égales lorsque le vin de sucre a le même degré alcoolique que le vin de presse.

La solution du problème ci-dessus peut donc être très simplifiée en ne tenant pas compte de ces quantités d'alcool.

Solution simplifiée. — La quantité de vin de presse que l'on obtiendrait, si l'on pressurait le marc, étant la moitié de celle du vin de goutte, il reste dans le marc, après le départ du vin de goutte, 10 hectolitres de vin de presse à environ 9 degrés, soit. . . . . $10 \times 9 = 90$ litres d'alcool pur,

1 kilog. 700 de sucre donnant

1 litre d'alcool, 200 kilogram-

mes de sucre donneront . . . $\dfrac{200}{1.700} = 117^l,6$ —

Total . . . . . . $207^l,6$ d'alcool pur.

Le vin de sucre devant titrer 8 degrés, autant de fois 8 seront contenus dans $207^l,6$ d'alcool, autant d'hectolitres de vin de sucre on obtiendra, ou $\dfrac{207^l,6}{8} = 25^{hl},95$. Comme il y a déjà dans le marc 10 hectolitres de vin de presse, il faudra donc ajouter $25^{hl},95 - 10 = 15^{hl},95$ d'eau, desquels il faut retrancher 188 litres représentant le volume d'alcool que donnera le sucre ou $15^{hl},5 - 1,88 = 13^{hl},62$ d'eau.

175. Préparation des vins de sucre avec des marcs pressurés. — PROBLÈME. — Une cuve a donné 30 hectolitres de vin de goutte et de presse à 9 degrés. On veut ajouter au marc pressuré 200 kilogrammes de sucre. Quelle quantité d'eau faut-il ajouter pour avoir un vin de sucre ayant 8 degrés d'alcool?

Solution simplifiée. — 1 kil. 700 de sucre donnant 1 litre d'alcool, 200 kilogrammes donneront $\dfrac{200}{1,700} = 117^l,6$ d'alcool pu.·. Le vin de sucre devra titrer 8 degrés. Autant de fois 8 seront contenus dans $117^l,6$ d'alcool, autant d'hectolitres de vin de sucre on obtiendra, ou $\dfrac{117^l,6}{8} = 14^{hl},7$, desquels il faut retrancher 188 litres représentant le volume d'alcool que donnera le sucre, ou $14^{hl},7 - 1,88 = 12^{hl},82$ d'eau.

Remarque. — Dans le raisonnement précédent, on n'a pas tenu compte de l'alcool restant dans le marc après le départ du vin de presse, car cette quantité est, comme on l'a vu plus haut, à peu près égale à la quantité d'alcool qui reste après le pressurage du marc sucré.

176. Comparaison entre les vins de première cuvée et les vins de sucre au point de vue de leur composition. — D'après M. Aimé Girard, les vins contiennent :

1° Une *acidité* moindre que celle des vins de première cuvée, dépendant évidemment de la quantité d'eau ajoutée;

2° Une quantité de *crème de tartre* moindre, 70 pour 100 de celle du vin de première cuvée·

3° Une quantité d'*extrait sec* moindre, 5o à 70 pour 100 de l'extrait sec du vin de première cuvée ;

4° Une proportion de *tanin et de matières colorantes*, 1/2 ou 3/5 de celle des vins de première cuvée.

La loi ne limite pas la proportion d'eau à ajouter à la cuve pour l'obtention d'un vin de sucre ; mais si l'on veut obtenir un vin de sucre de bonne qualité, il ne faut pas mettre plus d'un hectolitre d'eau par hectolitre de vin retiré.

Conclusion pratique. — Amélioration des vins de sucre. — I. ACIDIFICATION. — Lorsqu'on met un hectolitre d'eau par hectolitre de vin naturel que l'on a obtenu, l'acidité totale est diminuée de près de moitié.

L'acidité totale du moût artificiel devant être, avant toute fermentation, environ de 9 grammes par litre (exprimée en acide tartrique), il faudra donc en moyenne relever l'acidité de 4 grammes à 4^{gr},5 par litre (exprimée en acide tartrique), soit mettre de 400 grammes d'acide tartrique par hectolitre.

Cette quantité devra évidemment varier suivant la maturité du raisin ; elle sera moindre si les raisins ne sont pas assez mûrs.

L'acidification du moût facilitera la fermentation (voir Influence de l'acidité sur la fermentation, page 33).

On fera bien d'ajouter à la cuve 80 à 100 grammes de *crème de tartre* par hectolitre d'eau : on réduit du tartre brut en poudre, on le fait dissoudre à l'ébullition dans une solution d'acide tartrique (25 grammes d'acide tartrique et 4 litres d'eau). Le tout est jeté dans l'eau que l'on doit verser à la cuve.

II. TANISAGE. — Le vin de sucre étant pauvre en tanin, on mettra 15 à 20 grammes de tanin par hectolitre *non à la cuve, mais dans le vin de sucre fait*, après la décuvaison. On dissout ce tanin dans un peu d'alcool ou dans quelques litres de vin.

177. Pratique de la fabrication des vins de sucre. — On fait dissoudre le sucre dans toute l'eau ou une partie de l'eau que l'on doit ajouter aux marcs. Il est bon, si on le peut, de chauffer l'eau pour dissoudre plus facilement le sucre (cette opération n'est pas indispensable).

Quelques viticulteurs ne font pas fondre le sucre, ils le saupoudrent à la surface des cuves ou l'ajoutent en masse. Cette pratique est mauvaise, car le sucre tombe au fond des cuves, se dissout lentement et mal.

L'eau sucrée que l'on ajoute est quelquefois trop froide et, les levures qui sont dans les marcs n'ayant pas une température suffisante, la fermentation ne se fait pas ou se fait mal. Pour avoir une bonne fermentation, il faut que la température de l'eau ajoutée soit de 20 à 25 degrés ; il suffit pour cela d'en chauffer une petite partie.

Une autre condition à remplir pour avoir une bonne fermentation est *l'aération de la levure* au début : il suffit de répandre l'eau sucrée dans la cuve à l'aide d'une pomme d'arrosoir qui divise le jet et facilite l'aération.

Comme sucre, on doit employer de préférence le sucre ordinaire cristallisé au lieu de glucoses moins chers mais pouvant donner de mauvais résultats. Les glucoses sont vendus quelquefois frauduleusement sous le nom de *sucres de raisin*. Ils ne sont presque jamais purs : ils contiennent de la dextrine qui ne fermente pas et souvent gardent des traces des acides minéraux qui ont servi à les fabriquer.

Les sucres de canne et de betterave, connus scientifiquement sous le nom de saccharoses, ne sont pas directement fermentescibles ; ils doivent d'abord être transformés en glucose avant de pouvoir donner de l'alcool.

L'action par laquelle s'opère le changement du saccharose en glucose a reçu le nom d'interversion ou inversion. Les levures font naturellement cette inversion (voir Action des levures, page 27) grâce à la diastase inversive qu'elles secrètent. Il résulte des expériences de MM. Fallot et Michon qu'il est inutile de faire préalablement cette inversion (en chauffant la dissolution du sucre avec un acide, l'acide tartrique) comme on l'a longtemps recommandé aux praticiens.

Le marc employé doit être en parfait état. Les vins de sucre, fabriqués avec des marcs frais aussitôt après le pressurage, sont plus colorés et plus bouquetés que ceux fabriqués avec des marcs conservés.

178. Manière de conserver les marcs pour la préparation des vins de sucre. — Dans le cas où l'on ne fabrique pas les vins de sucre immédiatement après le pressurage (pour les vins faits en blanc) ou le décuvage (pour les vins rouges), *il faut conserver les marcs à l'abri de l'air :*

On tasse fortement le marc dans des tonneaux défoncés d'un côté et on recouvre la surface avec une couche de terre glaise bien battue ou avec une couche de plâtre. Si les marcs sont conservés à l'air, la matière colorante devient insoluble, de sorte que le vin de marc est à peine rosé ; des moisissures ainsi que le ferment acétique se développent, les marcs s'aigrissent.

De temps à autre on vérifie s'il ne se produit pas des fissures dans la couche de terre glaise et l'on bouche les fissures produites.

Expédition de marcs, de lies sèches et de levures alcooliques. — D'après la loi du 29 juin 1907 (art. 3) :

« Tout expéditeur de marcs de raisins, de lies sèches et de levures alcooliques sera tenu de se munir, à la recette-buraliste la plus proche, d'un passavant indiquant le poids expédié et l'adresse du destinataire. »

CHAPITRE XVIII

FABRICATION DE LA PIQUETTE

179. — *On désigne sous le nom de piquette la boisson obtenue par action seule de l'eau sur les marcs de raisins (sans addition de sucre).*

La fabrication de la piquette s'obtient de plusieurs façons :
1° Par *macération;* 2° par *arrosage des marcs;* 3° par *diffusion.*

D'après la loi, la fabrication des piquettes n'est autorisée que pour la consommation familiale au maximum de 40 hectolitres par exploitation (4 juillet 1907).

La circulation des piquettes provenant de l'épuisement des marcs par l'eau, sans addition d'alcool, de sucre ou de matières sucrées, est interdite, excepté quand elle n'a pas lieu en vue de la vente.

180. Procédé par macération. — On jette dans la cuve qui renferme le marc bien émietté et bien divisé, une quantité d'eau égale à environ le $\frac{1}{3}$ ou le $\frac{1}{5}$ du vin retiré. On laisse le tout macérer pendant 5 à 6 jours. On a soin de fouler plusieurs fois par jour et de couvrir la cuve afin d'éviter l'altération du marc. A mesure que l'on tire de la boisson par le bas, on ajoute une quantité égale d'eau froide par le haut. On finit par ne soutirer que de l'eau.

Ce procédé n'est applicable que dans les pays relativement froid où le liquide s'altère moins facilement.

La piquette obtenue doit être consommée le plus rapidement possible si l'on veut qu'elle ne s'aigrisse pas.

181. Procédé par arrosage des marcs. — On arrose de quart d'heure en quart d'heure le marc mis dans une cuve avec de l'eau froide à l'aide d'un arrosoir muni de sa pomme, de façon à répartir uniformémeut l'eau sur toute la surface.

D'après M. Bouffard, la première piquette qui s'écoule par le robinet placé à la partie inférieure de la cuve peut être considérée comme identique au vin, mais peu à peu son titre alcoolique baisse et, généralement, quand il tombe à 2 degrés on cesse l'opération.

Le mélange des diverses piquettes écoulées est environ de

5 degrés pour un vin de goutte de 10°. Quand le titre moyen
descend au-dessous de 5 degrés, la piquette qui s'écoule doit
être mise à part et remontée sur du marc non épuisé.

L'arrosoir avec sa pomme, que l'on emploie pour l'arrosage des marcs, peut
être avantageusement remplacé par des *tourniquets hydrauliques* (*arrosoir
automatique de Pépin, tourniquet hydraulique Bourdil*) ou un *autoverseur*
(*autoverseur Besnard*).

L'*arrosoir automatique de Pépin* se compose d'un tube vertical creux sur
lequel tourne une boule munie de 4 tubes bouchés aux extrémités par des
bouchons en cuivre. Chaque bouchon porte un petit orifice; en le vissant

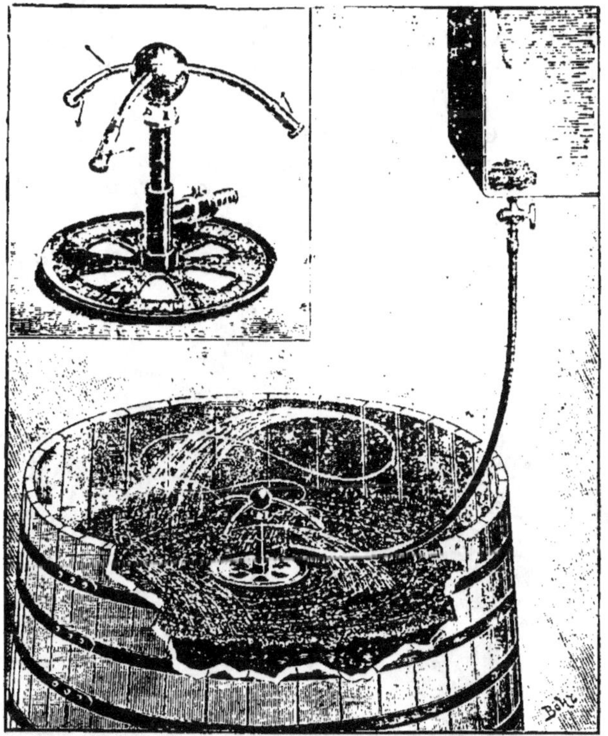

Fig. 100. — Arrosoir automatique Pépin pour l'arrosage des marcs.
L'eau s'échappe dans le sens des flèches.

ou en le dévissant légèrement, le jet de liquide qui sort des orifices est dirigé
à une distance différente. On place l'appareil (fig. 100) sur le marc, au centre
de la cuve, et on le fait communiquer au moyen d'un caoutchouc avec un
récipient (un tonneau par exemple) élevé de 2 à 3 mètres au-dessus de la cuve
et muni d'un robinet qui règle le débit.

On ouvre le robinet brusquement pour chasser l'air contenu dans la conduite et on le referme ensuite doucement jusqu'à ce que l'appareil tourne à
sa vitesse normale.

Le *tourniquet hydraulique Bourdil* (fig. 101) est un simple tube horizontal percé de petits trous disposés dans les deux moitiés B et C en sens inverse. L'eau arrive par un tube vertical d'un tonneau ou d'un récipient quelconque situé au-dessus. Le tube BC tourne horizontalement sous le tube vertical servant d'axe.

L'*autoverseur Besnard* (fig. 102) se compose d'un auget verseur A, suspendu sur un axe *b*, autour duquel il bascule lorsqu'il est rempli. L'eau versée par l'auget remplit le réservoir B et s'écoule en gerbe par la pomme de dispersion D pour les cuves rondes, ou par le tube pour les cuves rectangulaires, sur toute la surface du marc.

182. Méthode par diffusion. — Nous avons indiqué p. 93 *une méthode d'extraction du vin par diffusion*, préconisée par M. Roos. Cette méthode excellente est très employée pour épuiser les marcs pressés ou non. Nous avons démontré, à l'aide des expériences,

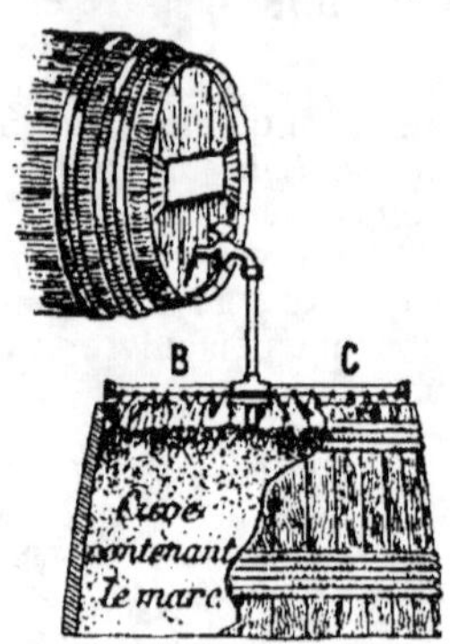

FIG. 101. — TOURNIQUET HYDRAULIQUE BOURDIL.

p. 93, n° 80, qu'en réalité, dans cette méthode, il se produisait

Autoverseur. *Autoverseur disposé sur une cuve.*

FIG. 102. — AUTOVERSEUR BESNARD.

un *déplacement* du liquide en même temps que la *diffusion*. (Voir *Pratique de la diffusion*; *établissement d'une batterie de diffusion*, p. 94.)

Résultats — En procédant comme il a été indiqué, il se produit à la fois un lavage, une macération et la diffusion.

Il est plus rationnel de diffuser des marcs fermentés que des marcs frais : en effet, la fermentation des marcs transforme tout le sucre en alcool. Or, l'alcool passe mieux et plus vite à travers les parois des cellules.

D'après M. Roos, dans le Midi, 1 000 kilogrammes de marc égoutté renferment 440 kilogrammes de vin de presse, 560 kilogrammes de marc pressé. Le marc pressé contient lui-même 280 litres de vin ; les 1 000 kilogrammes de marc égoutté contiennent donc en totalité 720 litres de vin.

Par la diffusion, les marcs simplement égouttés ont fourni 65 pour cent de leur poids en vin, tandis que le premier n'en a extrait que 44 pour cent. Si on applique la diffusion aux marcs laissés dans le pressoir, ceux-ci donnent encore 45 pour cent de leur poids en vin, soit 90 pour cent de ce que le pressurage leur avait laissé.

La diffusion des marcs rend de réels services dans la fabrication des eaux-

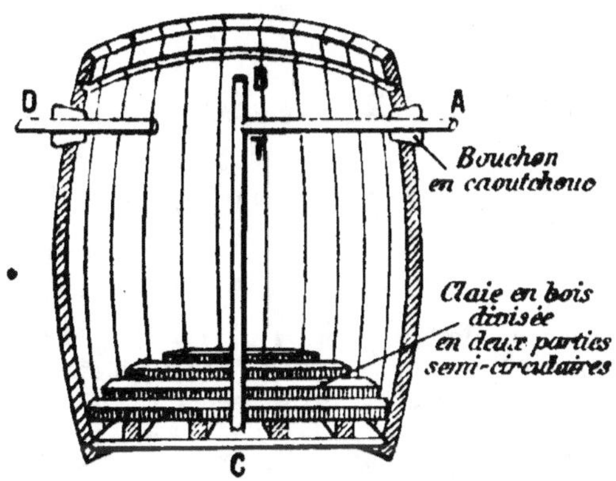

FIG. 103. — DEMI-MUID TRANSFORMÉ EN CUVE DE DIFFUSION.

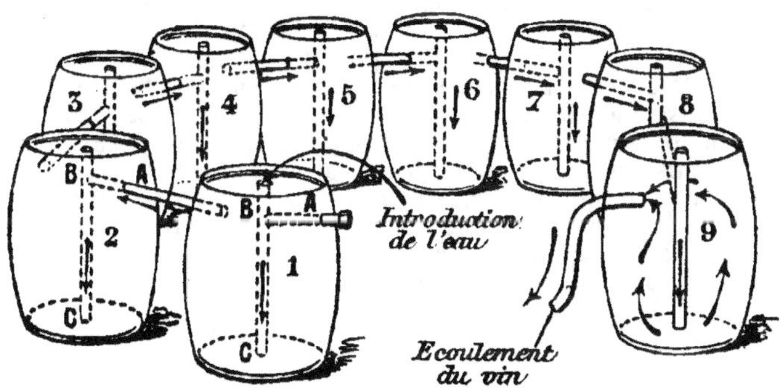

FIG. 104. — BATTERIE DE DIFFUSION, D'APRÈS ROOS.

de-vie, de l'alcool bon goût. En distillant directement les marcs, on obtient de l'eau-de-vie de marc ayant un goût particulier, tandis qu'en distillant les liquides provenant de la diffusion, on obtient un alcool bon goût d'un prix généralement plus élevé.

CHAPITRE XIX

UTILISATION DES SOUS-PRODUITS

183. Utilisation des marcs comme engrais. — Les marcs sont utilisés comme engrais lorsqu'ils ont été distillés ou non distillés.

Les marcs sont relativement riches en azote (deux fois plus riches que le fumier ordinaire), mais pauvre en acide phosphorique et en potasse.

D'après M. Müntz et M. Paturel, les marcs distillés employés comme engrais ont une valeur de 1 fr. 50 à 1 fr. 80 les 100 kilogrammes.

Le meilleur mode d'utilisation des marcs comme engrais consiste à les transformer, grâce à quelques manipulations peu compliquées, en engrais composés. Voici un très bon procédé de préparation indiqué par M. Roos, directeur de la station œnologique de l'Hérault : « Sur l'emplacement choisi pour former le tas d'engrais, on commence par disposer, en tassant légèrement, une couche de marc de 20 à 25 centimètres dont on a pris approximativement le poids. On répand très uniformément sur ce marc 4 pour 100 de son poids de scories de déphosphoration et 2 pour 100 de sulfate de potasse. On arrose ensuite avec de l'eau dans laquelle on a délayé pour 100 litres 1 kilogr. de chaux vive, et 1 k. 500 de sulfate d'ammoniaque.

Ce dernier sel peut être remplacé par du purin étendu de moitié d'eau.

On ajoute alors une seconde couche de marc, puis une troisième et ainsi de suite, en tassant le mieux possible et arrosant chaque fois avec le même liquide. Au bout d'un mois, le tas est recoupé, puis dressé à nouveau quelques mètres plus loin : la décomposition s'achève alors, et l'engrais obtenu peut être immédiatement employé au vignoble ou sur d'autres cultures. D'après M. Paturel, le marc employé directement sans aucune préparation, présente l'inconvénient d'augmenter la compacité de la terre, en sorte que les piochages de printemps et d'été dans un vignoble qui a reçu une copieuse fumure de marc deviennent bientôt très pénibles.

184. Utilisation des marcs pour l'alimentation des animaux. — D'après M. Müntz, le marc de raisin épuisé (lavé par l'eau pour le deuxième vin) ou non épuisé, à poids égal, a une valeur alimentaire moitié moindre que celle du foin de pré de qualité moyenne.

Le marc séché à l'air, ayant ses éléments plus concentrés, a la même valeur alimentaire que celle du foin de pré. Le marc additionné de mélasse (*marc mélassé*) a une valeur alimentaire qui se rapproche de celle de l'avoine.

Préparation du marc mélassé. — Le marc est d'abord pressuré énergiquement, puis ensuite séché à l'air. On le passe au broyeur pour le diviser et on lui ajoute de la mélasse : 40 kilogrammes de mélasse pour 100 kilogrammes de marc séché et trituré.

Comme la mélasse, à la température ordinaire, est très sirupeuse, on la chauffe dans une chaudière à 90 degrés ; elle devient alors très fluide et peut se répandre facilement. Les bœufs peuvent recevoir 10 kilogr. de marc mélassé par jour, en trois ou quatre fois, la ration étant complétée par de la paille d'avoine et de blé.

185. *Utilisation des marcs pour la préparation de certains pro-duits chimiques.* — *Préparation du verdet.* — Dans le Midi on dispose des plaques de cuivre entre deux couches de marc frais qui en fermentant s'acéti-fient (s'aigrissent). L'acide acétique produit attaque le cuivre pour former un acétate de cuivre se présentant sous forme d'une poudre verte. On recueille cette poudre et on la dissout dans de l'acide acétique pour former le *verdet* très employé dans la fabrication des bouillies pour le traitement de la vigne contre le mildiou.

On extrait également des marcs de la *crème de tartre* pour la préparation de l'acide tartrique.

186. Utilisation des lies. — Les lies de vins vieux sont quel-quefois employées à raison de 5 litres par hectolitre pour l'amélioration des vins verts et nouveaux. Les *lies* soumises à une filtration donnent un vin grossier que l'on peut distiller pour obtenir de l'alcool. Le commerce achète les lies pour en extraire le tartre et l'acide tartrique.

187. Le vinaigre de vin. — Utilisation des vins piqués (fabrication du vinaigre dans les ménages). — On appelle communément vinaigres, les boissons alcooliques (vin, bière, cidre) dont l'alcool a été transformé en acide acétique sous l'action d'un ferment appelé ferment acétique. En réalité, les vinaigres obtenus par l'acétification des bois-sons alcooliques deviennent de plus en plus rares dans le commerce, lequel emploie le plus souvent comme matière première toutes sortes d'alcools mélangés avec de l'eau.

Une simple dissolution d'acide acétique dans de l'eau ne donne pas du vinaigre. Dans les bons vinaigres, à côté de l'acide acétique, il y a une foule de produits que contiennent les boissons alcooliques ayant servi à les former. On comprend dès lors que la qualité du vinaigre dépend de celle du vin qui a servi à le fabriquer.

On peut utiliser pour la fabrication du vinaigre les vins altérés, principale-ment les vins *piqués* (déjà envahis par le ferment acétique) ou vins aigris et

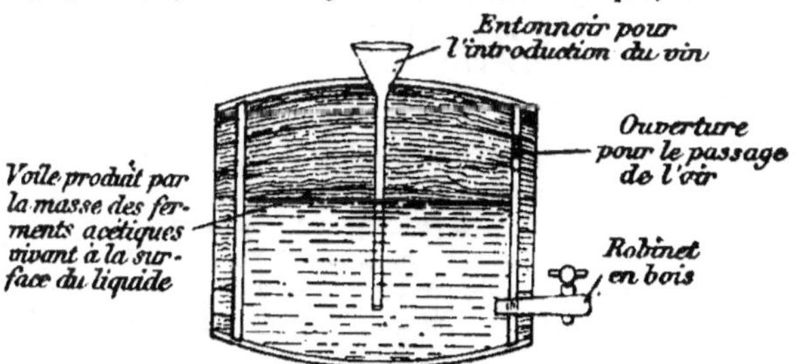

FIG. 105. — FUT POUR LA FABRICATION DU VINAIGRE.

aussi les vins atteints de poussé ou de tourne. Ne pas employer des vins amers. Les fonds de tonneaux sont également employés.

Conditions à remplir pour faire du vinaigre. — 1° Il faut la *présence du ferment acétique* pour transformer l'alcool en acide acétique,

2° *Présence de l'air.* — Le ferment acétique ne vit qu'au contact de l'air, il se développe à la surface du liquide, formant par sa masse un voile grisâtre peu plissé, en couche mince bien différente de celle que l'on voit quand le vin est atteint de la *maladie de la fleur*;

3° *Une température* variant de 20 à 3o degrés, température nécessaire à la vie active du ferment acétique ;

4° *Un liquide alcoolique* renfermant les matières nécessaires à la vie du ferment. Le vin contient justement toutes ces matières.

Pratique des opérations. — On prend un fût de 20 à 25 litres que l'on nettoie très bien. On adapte un robinet *en bois*[1] à la partie inférieure de l'un des fonds et à la partie supérieure on perce une ouverture de 4 à 5 centimètres de diamètre pour permettre l'arrivée de l'air (fig. 105).

On fait bouillir[2] 6 litres de bon vinaigre et on les verse encore chauds dans le tonneau. Le lendemain on ajoute 3 litres de vin[3].

Le liquide étant préparé, il s'agit d'y faire développer des ferments acétiques. Pour cela on y trempe légèrement une baguette en bois ayant plongé dans du bon vinaigre en pleine acétification et par conséquent ayant entraîné un certain nombre de ferments acétiques.

Lorsqu'on ne dispose pas de bon vinaigre pouvant fournir des ferments, on expose le liquide à l'air ; les ferments contenus dans l'air s'y déposent et finissent au bout de quelques jours par s'y développer.

Le fût ainsi préparé est placé dans une pièce dont la température varie de 25 à 28 degrés, dans une cuisine par exemple, ou dans un grenier en plein été. Le fût ne doit pas être ensuite remué, pour ne pas disloquer le voile formé par les ferments acétiques vivant à la surface du liquide.

Pour avoir du vinaigre clair, il est bon de mettre quelques poignées de copeaux de hêtre au fond du fût.

Au bout de 8 jours, on verse de 2 à 3 litres de vin dans le fût à l'aide d'un entonnoir muni d'un long tube pour ne pas entraîner le voile au fond.

Toutes les semaines, on ajoute 2 à 3 litres de vin jusqu'à ce que le fût soit rempli aux trois quarts. Huit ou quinze jours après la dernière addition le liquide est en pleine acétification ; on peut alors, si l'opération se fait en été, soutirer 2 à 3 litres de vinaigre tous les 15 jours et les remplacer par 2 à 3 litres de vin. En hiver on soutire tous les mois.

Si le vinaigre obtenu n'est pas limpide, on le colle comme le vin.

Remarques. — 1° Il se développe quelquefois dans le vinaigre un **ver** filiforme appelé anguillule du vinaigre, vivant, lui aussi au contact de l'air et qui empêche le développement du ferment acétique.

Lorsque l'acétification est arrêtée, toutes les opérations sont à recommencer après nettoyage complet du fût ;

2° Pour empêcher les mouches du vinaigre de déposer dans le vin des œufs d'où naissent des larves dont les mouvements contrarient l'acétification, on ferme l'ouverture du tonneau avec un léger tampon de coton laissant passer l'air ou mieux encore avec une toile de tamis en crin ;

3° Ne jamais fabriquer du vinaigre dans une cave, les mouches du vinaigre transporteraient des ferments acétiques et contamineraient les tonneaux remplis de vin.

---

1. Pas de robinet en cuivre, ce métal étant attaqué par le vinaigre.

2. Le vinaigre a été préalablement bouilli pour que les ferments acétiques que contient ce vinaigre ne se développent qu'à la surface et non pas dans la masse du liquide ; dans ce dernier cas l'acétification se ferait mal.

3. Le vin seul au contact de l'air (lequel contient toujours des ferments acétiques) se transformerait peu à peu en vinaigre, mais on pourrait avoir un échec pour la raison suivante : le vin ayant une acidité assez faible, il se développe surtout le *mycoderma vini*, ferment qui produit la *fleur* du vin, se présentant sous forme d'une pellicule blanchâtre bien connue des vignerons ; dès qu'on élève l'acidité du liquide par l'addition de vinaigre, le *mycoderma vini* ne se développe plus seul, le ferment acétique peut vivre et travailler.

L'ANALYSE DES MOUTS ET DES VINS A LA PROPRIÉTÉ
RENSEIGNEMENTS GÉNÉRAUX

Le ***Ministère de l'Agriculture***, pour venir en aide aux viticulteurs et aux négociants en vin, a créé un certain nombre de *Stations œnologiques* et de laboratoires ou stations agronomiques, bien outillés, où le public peut faire exécuter les *analyses de moûts et de vins* à des prix modérés. Ces stations et laboratoires sont installés dans les localités suivantes (les stations œnologiques sont indiquées en italiques).

Bourg, Laon, Alger, Réthel, Foix, Marseille, Caen, Olmet (Cantal), Chartres, ***Beaune***, Lézardeau, ***Nîmes***, ***Toulouse***, ***Bordeaux***, ***Montpellier*** Rennes, Châteauroux, Tours, Blois, Saint-Étienne, Nantes, Orléans, Châlons, Laval, Nancy, ***Narbonne***, Commercy, Nevers, Lille, Arras, Béthune, Boulogne, Lyon, Cluny, *Paris*, Rouen, Melun, ***Grignon***, Versailles, Amiens, Avignon, Poitiers, Épinal, Auxerre.

Nous avons indiqué page 139 comment on prend les échantillons.

Le propriétaire, le négociant en vin peut faire chez lui sans laboratoire un certain nombre d'analyses faciles. Nous avons indiqué ces analyses :

Moûts. — *Dosage du sucre* par le mustimètre Salleron, page 7 ; *dosage de l'acidité totale* par le calcimètre, et par le procédé des liqueurs, titrées, p. 13.

Vins. — *Dosage de l'alcool* par l'alambic Salleron, page 108, par l'ébullioscope, page 113

Dosage de l'acidité totale par le calcimètre, page 116, par le procédé des liqueurs titrées, page 119 ; *dosage de l'acidité volatile*, page 119.

Dosage de l'extrait sec par l'extracto-œnomètre Dujardin, page 125.

Nous avons indiqué également la détermination facile de certaines falsifications : vinage, vinage accompagné de mouillage, recherche du plâtre, de l'acide salicylique, de colorants artificiels, page 136.

Préparation des liqueurs titrées. — Dans les différentes analyses citées ci-dessus nous avons employé des liqueurs titrées.

La liqueur acide sulfurique, page 12. Le propriétaire ou le négociant en vin ne peuvent songer à préparer cette liqueur titrée ; au laboratoire seul peut la leur fournir. Ils peuvent s'adresser aux maisons suivantes : Adnet, rue Vauquelin, 26, Paris ; Dujardin, rue Pavée, 24, Paris ; Fontaine, rue Monsieur-le-Prince, 24, Paris ; Poulenc, boulevard Saint-Germain, 122, Paris ; Rousseau, rue des Écoles, 44, Paris ; Brewer, boul. St-Germain, 76, Paris.

A la place de l'*acide sulfurique décinormal* on peut employer la liqueur *décinormale d'acide tartrique* très facile à fabriquer (ce qui est même préférable puisque l'on doit employer l'acide tartrique pour acidifier les moûts) : on pèse exactement 15 grammes d'acide tartrique que l'on met dans 2 litres d'eau distillée ou d'eau de pluie.

Cette solution ne se conserve pas et ne peut plus servir au bout de quelque temps. Pour la conserver, il suffit de la chauffer à 70 degrés dans une bouteille bien bouchée.

Pour exprimer les résultats en acide sulfurique, il suffit d'ailleurs, ainsi que nous l'avons vu, de multiplier les nombres obtenus par 0,65.

SEPTIÈME PARTIE

LE VIN
ET LA LOI SUR LES FRAUDES

COMMENTAIRES

La *législation sur les vins*, sans être bien compliquée, demande cependant quelques explications, quelques commentaires permettant au viticulteur de savoir ce qu'il peut ou ne doit pas faire.

Au lieu de donner sèchement les textes de toutes les lois en vigueur, nous examinerons les différentes parties de la fabrication des vins avec les lois qui les régissent : la récolte, le moût, le vin, le vin de deuxième cuvée ou vin de sucre, la piquette.

I. RÉCOLTE

188. Déclaration de récolte (*loi du 29 juin 1907 promulguée le 4 juillet 1907 tendant à prévenir le mouillage des vins et les abus du sucrage*) :

ARTICLE PREMIER. — Chaque année, après la récolte, tout propriétaire, fermier, métayer, récoltant de vin, devra déclarer à la mairie de la commune où il fait son vin :

1° La superficie des vignes en production qu'il possède ou exploite ;

2° La quantité totale du vin produit et celle des stocks antérieurs restant dans ses caves ;

3° S'il y a lieu, le volume ou le poids des vendanges fraîches qu'il aura expédiées ou le volume ou le poids de celles qu'il aura reçues ;

4° S'il y a lieu, la quantité de moûts qu'il aura expédiée ou reçue. Ces déclarations seront inscrites sous le nom du déclarant sur un registre restant à la mairie et qui devra être communiqué à tout requérant. Elles seront signées par le déclarant sur le registre. Il en sera donné récépissé. Copie sera transmise par les soins de la mairie au receveur-buraliste de la localité qui ne pourra délivrer au nom du déclarant de titres de mouvement pour une quantité de vins supérieure à la quantité déclarée.

ART. 2. — Le relevé nominatif des déclarations sera affiché à la porte de la mairie. Dès le début de la récolte, au fur et à mesure des nécessités de la vente, des déclarations partielles pourront être faites dans les conditions précédentes, sauf l'affichage qui n'aura lieu qu'après la déclaration totale.

Dans chaque département, le délai dans lequel devront être faites les déclarations sera fixé annuellement à une époque aussi rapprochée que possible de la fin des vendanges et écoulages par le préfet, après avis du conseil général. Toute déclaration frauduleuse sera punie d'une amende de 100 à 1000 francs.

Art. 3. — Toute personne recevant des moûts ou des vendanges fraîches sera assimilée au propriétaire récoltant et tenue à la déclaration dans les trois jours de la réception et aux autres obligations de l'article premier.

Toute déclaration frauduleuse sera punie des mêmes peines. Tout expéditeur de marcs de raisins, de lies sèches et de levures alcooliques sera tenu de se munir à la recette buraliste la plus proche d'un passavant de dix centimes indiquant le poids expédié et l'adresse du destinataire.

189. Remarques sur la déclaration de récolte. — *Tout viticulteur est-il tenu de faire connaître la quantité de vin qu'il a récoltée?*

Non. En ne faisant pas de déclaration de récolte on ne s'expose à aucune contravention; mais alors on ne peut obtenir des titres de mouvement pour livrer le vin à la vente, on ne peut que réclamer la délivrance de *laissez-passer* pour le transport de cave à cave.

Qui doit faire la déclaration?

D'après l'art. 1er de la loi citée ci-dessus, la déclaration peut être faite par le propriétaire, le fermier, le métayer, le récoltant de vin. L'article 2 ajoute à cette nomenclature l'*acheteur* de moûts et de vendanges.

Si l'acheteur de moûts ou de vendanges est un *négociant en vins* et que ce négociant ne puisse se déplacer, il peut déléguer un fondé de pouvoir en lui remettant une procuration sous seing-privé qui reste annexée au registre à souche de déclarations. La Régie admet même que, lorsque le domaine est placé sous la direction d'un agent ou d'un serviteur à gage, cet agent fasse le nécessaire à la place de son patron sans avoir besoin d'un pouvoir spécial (d'après une lettre du directeur général des contributions indirectes au Préfet de la Gironde).

Où doit se faire la déclaration?

D'après la loi, c'est à la mairie de la commume où le vin est fabriqué, mais le Ministre des Finances, commentant cette expression, a décidé qu'il s'agissait de la mairie où le récoltant avait sa cave et d'où il expédiait les vins livrés à la vente :

A propos de l'élévation de la récolte :

Lorsque la déclaration des vendages fraîches est faite en kilogrammes, l'administration des contributions indirectes admet, pour la conversion en volume, que l'on compte 1 hectolitre de raisins par 100 kilogrammes de vendange. Mais il est bien entendu que la base créée par la loi du 29 décembre 1900 reste la même : 3 hectolitres de vendanges pour 2 hectolitres de vin.

II. LES MOÛTS

Le décret du 19 août 1921 (art. 3) spécifie que « ne constituent pas des manipulations et pratiques frauduleuses aux termes de la loi du 1er août 1905 (loi sur les fraudes), les opérations ci-après énumérées, qui ont uniquement pour objet la vinification régulière ou la conservation des vins.

En ce qui concerne les moûts :

Indépendamment de l'emploi du plâtre et du sucre dans les limites fixées par les lois du 11 juillet 1891 et du 28 janvier 1903,

Le traitement par les bisulfites alcalins cristallisés purs à une dose inférieure à 20 grammes par hectolitre et par l'anhydride sulfureux pur, sans limitation de quantité;

Le désulfitage par un procédé physique des moûts mutés par l'anhydride sulfureux en vue de les ramener à une teneur en acide sulfureux, telle que le vin qui sera obtenu par fermentation desdits moûts ne renferme pas une quantité d'anhydride sulfureux supérieure à celle fixée ci-dessus pour les vins;

L'addition de tanin;

L'addition à la cuve d'acide tartrique cristallisé pur dans les moûts insuffisamment acides. L'emploi simultané de l'acide tartrique et du sucre est interdit;

L'addition de phosphate de chaux commercialement pur;

L'addition de phosphate d'ammoniaque cristallisé pur ou de glycérophosphate d'ammoniaque pur, à la dose strictement nécessaire pour assurer le développement normal des levures;

L'emploi des levures sélectionnées;

La concentration partielle des moûts, mais seulement dans une limite telle que le moût concentré puisse subir la fermentation alcoolique sans aucune addition d'eau et en donnant un vin présentant une composition semblable à celle des vins qui peuvent être obtenus habituellement par les moûts de même origine que le moût soumis à la concentration. En aucun cas, la réduction de volume ne devra dépasser le dixième du volume du moût traité.

Indépendamment des pratiques énumérées limitativement ci-dessus, le ministre de l'Agriculture peut, exceptionnellement, après consultation des associations agricoles des régions intéressées et sur avis conforme de la Commission permanente prévue par l'article 3 du règlement d'administration publique du 22 janvier 1919, dans les années et dans les régions où la pratique en sera reconnue nécessaire, autoriser, par arrêté, l'addition aux moûts trop acides, des matières nécessaires pour ramener leur acidité à l'acidité moyenne des moûts de la même région en année normale.

L'arrêté détermine la nature et la quantité des matières dont l'emploi est autorisé à cet effet, ainsi que la période de temps pendant laquelle elles peuvent être employées.

En ce qui concerne les moûts possédant naturellement, en puissance, une richesse alcoolique minima de 14 degrés, et provenant, pour les trois quarts au moins de leur poids ou de leur volume total, de raisins de muscat de grenache, de maccabeo ou de malvoisie, l'addition, en cours de fermentation, d'une quantité d'alcool ne dépassant pas 10 p. 100 du volume du vin à obtenir.

Il est bon de faire remarquer aux viticulteurs que l'énumération des manipulations et pratiques indiquées par le décret du 19 août 1921 est *limitative,* alors que d'après l'ancien décret elle ne l'était pas.

Le décret que nous venons de citer, à propos des moûts, contient des dispositions demandant à être commentées. Ces commentaires ont été faits par le *Service de la répression des fraudes* dans une circulaire du 15 novembre 1921 adressée à ses agents:

« *La concentration partielle des moûts* ne peut être considérée comme une pratique constante; elle ne se justifie que lorsqu'il s'agit de corriger les effets d'une maturité insuffisante, en ramenant le moût à la composition qu'il possède habituellement dans la région, dans les années normales. Ainsi légèrement concentré, et, en tout cas, dans une limite inférieure à 10 p. 100, le moût reste un moût, au sens fiscal du mot comme au sens du décret et toutes les dispositions visant les moûts ordinaires lui sont applicables : c'est ainsi qu'il peut être conservé par mutage à l'anhydride sulfureux si le chauffage auquel il a fallu le soumettre pour le concentrer n'a pas suffi à en assurer la conservation par stérilisation. De même, il peut (muté ou non par l'anhydride sulfureux), servir à l'édulcoration des vins blancs secs. Enfin, rien ne s'oppose à ce qu'il soit mélangé avec des moûts d'une autre origine, car rien ne s'oppose à ce que le coupage des moûts se fasse avant fermentation comme il se fait entre les vins.

Les moûts peuvent cependant être concentrés au delà de la limite fixée par l'article 3; ils peuvent même être concentrés jusqu'à réduction à l'état pâteux ou à l'état solide; mais ils rentrent alors dans la catégorie des produits saccharins non cristallisables, soumis aux droits et régime des glucoses par l'article 23 de la loi du 17 juillet 1880.

Ainsi réduits, ils ne peuvent être employés ni au sucrage des vendanges (au lieu de sucre ordinaire), ni à l'édulcoration des vins blancs secs.

Par contre, rien ne s'oppose à ce qu'ils servent à la préparation de vins de liqueur ou de mistelles; ces dernières devant être considérées comme des produits du groupe des vins de liqueur, c'est-à-dire des boissons préparées avec de l'alcool et des raisins, exclusivement.

Désacidification des moûts. — Il est rationnel d'autoriser l'acidification des moûts par l'acide tartrique, parce que la fermentation d'un moût insuffisamment acide ne peut se faire normalement. Aucune raison de même ordre n'existe pour permettre, au contraire, la désacidification des moûts, car les moûts trop acides fermentent toujours d'une façon parfaite.

Ces derniers peuvent donner, il est vrai, des vins trop verts. Mais il ne faut pas perdre de vue que les moûts peuvent être sucrés et que le sucrage produit une sorte de désacidification puisqu'il permet de relever la teneur alcoolique de près de 3°, d'où résulte une plus abondante précipitation de tartre.

Quoi qu'il en soit, on a pensé que, dans les années tout à fait exceptionnelles, le sucrage des vendanges pouvait ne pas permettre une réduction suffisante de l'acidité des moûts et qu'il ne fallait pas interdire formellement leur déverdissage. C'est dans cet esprit que des dispositions nouvelles ont été insérées dans le décret du 19 août 1921.

Quant au déverdissage des vins, il reste interdit. Il n'y avait aucune raison sérieuse de l'autoriser et cette pratique pourrait donner lieu à des abus (dépiquage, par exemple); d'autre part, si les vins trop verts ne sont pas consommables, ils sont recherchés par le commerce pour le coupage avec les gros vins manquant de fraîcheur. »

190. Correction ou amélioration des moûts. — 1° *Vinage des moûts.* — La loi permet-elle le vinage des moûts, c'est-à-dire le vinage à la cuve? « C'est là, faisait remarquer autrefois M. Degrully, une de ces questions qui n'ont jamais été résolues par la loi, et on a souvent soutenu le pour et le contre. Quelle que soit l'opinion que l'on ait sur la légitimité de cette opération, on s'expose, en vinant à la cuve, à des poursuites dont le résultat est incertain. » D'après le décret précité, il est interdit.

Mais en ce qui concerne les moûts possédant naturellement en puissance, une richesse alcoolique minima de 14 degrés, et provenant pour les trois quarts au moins de leur poids ou de leur volume total, de raisins de muscat, de grenache, de maccabeo ou de malvoisie, l'addition en cours de fermentation, d'une quantité d'alcool ne dépassant pas 10 p. 100 du volume du vin à obtenir est permise.

2° *Sucrage*. — Pour le sucrage des vendanges 1ʳᵉ cuvée, il faut observer la loi du 4 juillet 1907 modifiant la loi du 28 janvier 1903 :

1° Quiconque voudra ajouter du sucre à la vendange est tenu d'en faire la déclaration, trois jours au moins à l'avance à la recette buraliste des contributions indirectes. La quantité de sucre ajoutée ne pourra pas être supérieure à 10 kilogrammes (10 kil.) par trois hectolitres de vendange récoltée. (Article 7 de la loi du 28 janvier 1903.)

2° Le sucre ainsi employé sera frappé d'une taxe complémentaire de 40 francs par 100 kilos de sucre raffiné due au moment de l'emploi. (Art. 5 de la loi du 4 juillet 1907.)

3° L'emploi du sucre prévu par la loi du 28 janvier 1903 ne pourra avoir lieu que durant la période des vendanges. Dans chaque département, le préfet, par arrêté, déterminera ladite période après avis du Conseil général.

Toute personne qui, en même temps que des vins destinés à la vente, des vendanges, moûts, lies ou marcs de raisins, désire avoir en sa possession une quantité de sucre supérieure à 25 kilos, est tenue d'en faire préalablement la déclaration et de fournir des justifications d'emploi. (Art. 2, loi du 6 août 1905).

4° Ces dispositions ne sont pas applicables aux détaillants qui, en même temps que des vins destinés à la vente, n'ont pas en leur possession des vendanges, moûts, lies, marcs de raisins, ferments.

Tout envoi de sucres fait par quantités de 25 kilos au moins à une personne n'en faisant pas le commerce ou n'exerçant pas une industrie qui en comporte l'emploi sera accompagné d'un acquit-à-caution, qui sera remis à la régie par le destinataire dans les 48 heures, suivant l'expiration du délai de transport.

Tout détenteur d'une quantité de sucre supérieure à 200 kilos et dont le commerce ou l'industrie n'implique pas la possession de sucre ou de glucose est tenu d'en faire une déclaration à la régie et de se soumettre aux visites des employés des contributions indirectes. (Art. 3, loi du 6 août 1905.)

3° *Plâtrage*. — Le plâtrage ou addition de plâtre pur à la vendange (voir page 51) est limité par la loi du 11 juillet 1891 qui détermine la quantité de plâtre maximum que peuvent contenir les vins :

« Il est défendu de mettre en vente, de vendre ou de livrer des vins plâtrés contenant plus de 2 grammes de sulfate de potasse ou de soude par litre.

» Les fûts ou récipients contenant des vins plâtrés devront en porter l'indication en gros caractères. Les livres, factures, lettres de voitures, connaissements, devront contenir la même indication » (art. 3).

Les vins renfermant de 1 à 2 grammes de sulfate de potasse par litre sont considérés par le Service des fraudes comme plâtrés. Ils peuvent être vendus, mais alors comme vins plâtrés.

Les vins qui ne contiennent pas plus de 1 gramme de sulfate de potasse par litre ne sont pas considérés comme plâtrés. (*Voir page 225, Le plâtre dans les vins.*)

4° **Tartrage.** — L'addition à la cuve d'acide tartrique cristallisé pur dans les moûts insuffisamment acides est permis par le décret du 19 août 1921 (art. 3).

L'emploi simultané de l'acide tartrique et du sucre est interdit.

5° *Tannisage.* — L'addition de tanin à la cuve est permis (décret du 19 août 1921, art. 3).

6° Le *sulfitage des vendanges* par les bisulfites alcalins et l'acide sulfureux (anhydride sulfureux) est également permis par le décret du 19 août 1921 (art. 3) (voir *Vinification par sulfitage et levurage, discussion sur la loi,* p. 218).

Les articles 2 et 3 du décret du 3 septembre 1907 qui permettent l'emploi du plâtre, du sucre, de l'acide tartrique, du tanin, etc. sont les suivants :

ART. 2. — Sont considérées comme frauduleuses les manipulations et pratiques qui ont pour objet de modifier l'état naturel du vin, dans le but soit de tromper l'acheteur sur les qualités substantielles ou l'origine du produit, soit d'en diminuer l'altération.

ART. 3. Ne constituent pas des manipulations et pratiques frauduleuses aux termes de la loi du 1er août 1905 les opérations ci-après énumérées qui ont uniquement pour objet la vinification régulière ou la conservation des vins.

En ce qui concerne les moûts :

Indépendamment de l'emploi du plâtre et du sucre dans les limites fixées par les lois du 11 juillet 1891 et du 28 janvier 1903 :

Le traitement par l'anhydride sulfureux et par les bisulfites alcalins dans les conditions fixées pour les vins (les quantités employées seront telles que le liquide ne retienne pas plus de 350 milligrammes d'anhydre sulfureux. libre et combiné par litre. En aucun cas, les bisulfites alcalins ne peuvent être employés à une dose supérieure à 20 grammes par hectolitre.

L'addition de tanin ;

L'addition à la cuve d'acide tartrique cristallisé pur dans les moûts insuffisamment acides. L'emploi simultané de l'acide tartrique et du sucre est interdit ;

L'emploi des levures sélectionnées.

« L'énumération des opérations reconnues comme licites par le règlement d'administration publique du 3 septembre 1907 n'est pas strictement limitative, c'est-à-dire que certaines opérations, bien que non classées par le règlement parmi celles dont l'emploi en vinification est formellement autorisé, peuvent néanmoins être considérées par les tribunaux comme étant d'un usage licite, du moment qu'aucune loi spéciale ne les a expressément prohibées » (lettre de M. Roux, directeur du Service de la répression des fraudes, 14 septembre 1907).

C'est ainsi que diverses décisions ministérielles rendues publiques par le directeur du Service des fraudes ont étendu la liste des produits autorisés :

*Pour les moûts : **le phosphatage à la cuve** (emploi du phosphate de chaux et du phosphate d'ammoniaque sans limitation de doses*, voir p. 53); l'emploi de ces sels se justifie dans certains cas pour assurer une meilleure fermentation ou pour se substituer au *plâtrage.*

De ce que l'énumération des opérations reconnues comme licites par le règlement d'administration publique du 3 septembre 1907 *n'est pas strictement limitative*, il ne faut pas en déduire que l'on peut ajouter aux moûts toutes espèces de produits, même avec l'intention de ne faire aucune fraude. Le viticulteur doit s'en tenir aux opérations indiquées, ainsi que le fait remarquer le Service de répression des fraudes :

« L'article 3 du règlement , dit en effet M. Roux, directeur du Service des fraudes, a donné une liste de manipulations et pratiques qui sont exceptées de l'interdiction générale portée par l'article 2, lequel est l'article essentiel du règlement. Cette liste n'est pas absolument limitative ; néanmoins, à l'exception de l'emploi à la cuve du *phosphate d'ammoniaque* et du *phosphate de chaux*, ainsi que de l'*acide citrique* à dose limitée de 0^{gr},50 par litre de *vin, il ne semble pas qu'aucune pratique autre que celles ainsi énumérées puisse échapper à l'interdiction générale portée par l'article 2. »

Produits œnologiques pour les moûts. — D'après la loi du 29 juin 1907 (art. 3) :

Sont interdites la fabrication, l'exposition, la mise en vente et la vente des produits ou mélanges œnologiques de composition secrète ou indéterminée, destinés soit à améliorer et à bouqueter les *moûts* et les vins, soit à les guérir de leurs maladies, soit à fabriquer des vins artificiels.

191. Nouvelles méthodes de vinification. — 1° *Méthode d'extraction du vin par diffusion* (page 93). — Une certaine campagne s'est faite contre cette méthode au début de l'application de la nouvelle loi sur les fraudes, sous le prétexte que cette méthode pouvait favoriser le mouillage. La Régie s'était même crue autorisée à interdire la diffusion. Devant les réclamations des intéressés, elle l'a laissé pratiquer, mais avec réserves et en soumettant la question aux tribunaux. Les tribunaux ont tranché la question et ont reconnu la légalité de la méthode (jugement du Tribunal d'Alger, 19 mars 1908, et jugement du Tribunal de Muret, 8 mai 1908).

Les avantages de la diffusion que nous avons énumérés p. 97 ne sont contestés par personne. « Le seul grief qu'on élève contre ce mode de traitement dès marcs, c'est qu'il rend possible le mouillage. Mais il faut remarquer que les vins de diffusion ne jouissent pas d'un traitement de faveur : s'ils sont mouillés volontairement ou accidentellement, le mode d'obtention n'excuse nullement le délit. Il est bien possible que certains diffuseurs aient pratiqué le mouillage; mais est-ce que le nombre des mouilleurs à la pompe n'est pas plus élevé? Comment admettre qu'un fraudeur invétéré va plutôt se servir d'un appareil coûteux, encombrant, qui le désigne plus particulièrement pour une active surveillance, que de la simple pompe qui se trouve dans tous les chais? N'est-il pas souverainement injuste de priver les viticulteurs honnêtes d'une méthode de traitement des marcs qui est et qu'ils trouvent avantageuse sous prétexte qu'on peut en mésuser? Il ne serait guère plus absurde de demander l'interdiction de toute espèce de vinification pour être plus sûr qu'on ne fasse plus de vins mouillés! Sur ce point, je conclus qu'en droit et en fait il n'y a aucune raison plausible pour interdire la diffusion des marcs. »

(Vincens.)

2° *Vinification par sulfitage et levurage* (page 98). — Ce procédé peut être employé, puisque le décret du 19 août 1921 permet l'utilisation de l'anhydre sulfureux et des bisulfites alcalins: anhydride sulfureux pur, acide sulfureux et bisulfites alcalins cristallisés purs.

D'après le décret, les *quantités employées seront telles que le vin ne retienne pas plus de 450 milligrammes d'anhydride sulfureux par litre, dont 100 milligrammes au maximum à l'état libre. Toutefois, un écart de 10 p. 100 en plus de ces quantités est toléré. Dans tous les cas, les bisulfites alcalins ne doivent être employés qu'à une dose inférieure à 20 grammes par hectolitre.*

Ainsi donc, ce règlement ne permet pas d'employer plus de 20 grammes de métabisulfite de potasse par hectolitre de moût. Or 1 hectolitre de moût est donné par 1 hectolitre 1\2 de vendange (c'est-à-dire, si l'on adopte les chiffres donnés par la Régie par 150 kilogrammes de vendange). Par conséquent le viticulteur ne peut pas mettre plus de 20 grammes de métabisulfite de potasse dans 150 kilogrammes de vendange ou 13 gr. 35 par 100 kilogrammes de vendange, quantité insuffisante si l'on se reporte aux quantités nécessaires à employer indiquées p. 102 (25 a 30 grammes de métabisulfite en moyenne par 100 kilogrammes de vendange).

Pourquoi le règlement a-t-il cru devoir limiter l'emploi du métabisulfite de potasse à 20 grammes par hectolitre, tandis qu'elle ne mentionne aucune limite pour l'acide sulfureux liquide ou gazeux, pourvu, cependant, que la quantité totale restant dans le vin ne dépasse pas 450 milligrammes par litre?

On pourrait peut-être penser qu'en bisulfitant la vendange on introduit dans le vin des sulfates en quantité telle que la limite tolérée par la loi (2 gr. par litre, voir plâtrage p. 51) soit dépassée. Il n'en est rien. Ainsi que le fait remarquer M. Dupont, l'augmentation en sulfates des vins résultant du bisulfitage des vendanges est relativement faible et n'atteint presque jamais, même pour les doses massives, le chiffre de 1 gramme par litre (chiffre que la législation actuelle a une tendance à admettre comme limite naturelle dans les vins normaux).

Peu importe d'ailleurs les raisons à donner; ce que le viticulteur doit retenir, c'est qu'il ne peut sulfiter raisonnablement sa vendange avec les doses de bisulfite tolérées par le règlement.

Comment tourner la difficulté?

Nous pourrions répondre à cette question comme l'ont fait certains œnologues en conseillant aux viticulteurs de ne pas tenir compte du règlement et d'employer le métabisulfite aux doses jugées nécessaires : les chimistes ne peuvent, en effet (d'après l'état actuel de nos connaissances), affirmer si le vin examiné a été sulfité avec l'acide sulfureux ou avec le métabisulfite de potasse.

Respectueux des lois et règlement, nous ne pouvons donner ce conseil, nous préférons le moyen suivant :

Employer tout simplement l'acide sulfureux liquide comme nous l'avons indiqué p. 3o avec un *sulfitomètre*. On vend dans le commerce de l'acide sulfureux liquide dans de petits récipients de 1 litre contenant environ 1 kilogramme d'acide sulfureux à la pression de 6 atmosphères.

Comme on ne peut pas l'employer sur la vendange non foulée, si l'on veut sulfiter le raisin avant le foulage on peut se servir de métabisulfite de potasse, mais sans jamais dépasser 12 grammes par hectolitre de vin à soutirer, les 8 grammes restant qu'autorise le règlement devant servir à traiter les marcs à presser.

On peut facilement donner ou compléter la quantité d'acide sulfureux dont on a l'habitude de se servir sous la forme liquide en l'introduisant dans le tuyau de refoulement, si l'on se sert d'une pompe à vendange, ou en l'envoyant barbotter au fond de la cuve.

III. **LES VINS**

192. — Avant d'examiner les opérations permises ou interdites par la loi, nous citerons tout d'abord la partie principale du décret du 19 août 1921 qui a remplacé le décret du 3 septembre 1907 cité dans les précédentes éditions, portant règlement d'administration publique pour l'application de la loi du 1er août 1905 sur la répression des fraudes dans la vente des marchandises et des falsifications des denrées alimentaires et des produits agricoles, *en ce qui concerne les vins* (nous avons cité plus haut la partie du décret concernant les *moûts*).

ARTICLE PREMIER. — Aucune boisson ne peut être détenue ou transportée en vue de la vente, mise en vente ou vendue sous le nom de vin que si elle provient exclusivement de la fermentation du raisin frais ou du jus de raisin frais.

La dénomination de « vin doux » peut être employée pour désigner le moût de raisin frais en cours de fermentation destiné à la consommation.

Ne peuvent être considérés comme vin propre à la consommation :

Le liquide obtenu par surpressurage de marcs ayant déjà produit la quantité de vin habituellement obtenue par pressurage suivant les usages locaux, loyaux et constants;

Les vins atteints d'acescence simple ayant une acidité volatile : 1° supérieure à 2 gr. 50 par litre exprimée en acide sulfurique; 2° supérieure à 2 grammes seulement, mais présentant nettement à la dégustation les caractères des vins piqués, bien que les éléments constitutifs ne soient pas sensiblement modifiés et que leur aspect soit resté normal;

Les vins atteints d'autres maladies, avec ou sans acescence, dont l'aspect et le goût sont anormaux et caractérisés :

Soit par une teneur en acide tartrique total, exprimée en bitartrate de potassium, inférieure à o gr. 500 par litre;

Soit par la présence de deux au moins des trois caractères suivants :
Acidité volatile supérieure à 1 gr. 75 par litre, exprimée en acide sulfurique;
Teneur en acide tartrique total exprimée en bitartrate de potassium, inférieure à 1 gr. 25 par litre;
Teneur en ammoniaque supérieure à 20 milligrammes par litre;

ART. 2. — Est considérée comme une tentative de tromperie ou une tromperie aux termes de l'article 1er de la loi du 1er août 1905, le fait de détenir sans motifs légitimes, d'exposer, de mettre en vente ou de vendre pour la consommation des vins impropres à cet usage, ou des vins obtenus par mélange de vins et de vins impropres à la consommation.

Sont considérées comme frauduleuses les manipulations et pratiques qui ont pour objet de modifier l'état naturel du vin, dans le but soit de tromper l'acheteur sur les qualités substantielles ou l'origine du produit, soit d'en dissimuler l'altération et notamment le coupage de vins avec des vins impropres à la consommation.

En conséquence, rentre dans les cas prévus par les articles 3 et 4 de la loi du 1er août 1905 et par l'article 4 de la loi du 28 juillet 1912, le fait d'exposer, de mettre en vente ou de vendre, connaissant leur destination, ou de détenir sans motifs légitimes des produits propres à effectuer les manipulations ou pratiques ci-dessus visées et, notamment, des substances destinées :

A améliorer et bouqueter les moûts et les vins en vue de tromper l'acheteur sur leurs qualités substantielles, leur origine ou leur espèce;

A guérir les moûts ou les vins de leurs maladies en dissimulant leur altération;

A fabriquer des vins artificiels;

A masquer une falsification du vin, en faussant les résultats de l'analyses

ART. 3. — Ne constituent pas des manipulations et pratiques fraudeuses aux termes de la loi du 1er août 1905 les opérations ci-après énumérées, qui ont uniquement pour objet la vinification régulière ou la conservation des vins : 1° En ce qui concerne les vins :

Le coupage des vins entre eux;

Le coupage des vins blancs secs, en vue de leur édulcoration, avec des « vins doux » ou des moûts mutés à l'anhydride sulfureux, à la condition que le mélange ne contienne pas une dose de cet antiseptique supérieure à celle indiquée ci-dessous;

La congélation des vins en vue de leur concentration partielle;

La pasteurisation, le filtrage, les soutirages, le traitement par l'air ou par l'oxygène gazeux pur;

Les collages au moyen de clarifiants consacrés par l'usage, tels que la terre d'infusoires, l'albumine pure, le sang frais, la caséine pure, la gélatine pure ou la colle de poisson;

L'addition de sel dans les limites fixées par la loi du 11 juillet 1891;

L'addition du tanin dans la mesure indispensable pour effectuer le collage au moyen des albumines ou de la gélatine;

La clarification des vins blancs tachés, au moyen du charbon purifié exempt de principes nuisibles et non susceptible de céder au vin des quantités appréciables d'un corps pouvant en modifier la composition chimique;

Le traitement par l'anhydride sulfureux pur. Les quantités employées seront telles que le « vin » ou « le vin doux » ne retienne pas plus de 450 milligrammes d'anhydride sulfureux par litre, dont 100 milligrammes au maximum à l'état libre. Toutefois, un écart de 10 p. 100 en plus de ces quantités est toléré;

La coloration des vins obtenue par addition de caramel de raisin;

L'addition d'acide citrique cristallisé pur, dans le but d'empêcher la casse, à la dose maxima de o gr. 50 par litre.

Nous faisons remarquer aux viticulteurs que l'énumération de manipulations et pratiques indiquées par le décret du 19 août 1921 est *limitative*, alors que d'après l'ancien décret elle n'était pas limitative.

Le décret du 19 août 1912 que nous venons de citer contient des dispositions demandant à être commentées. Nous ne saurions mieux faire que d'indiquer les instructions que le *Service de la répression des fraudes* a envoyées à ses agents (Circulaire du 15 novembre 1921) :

A PROPOS DE LA DÉFINITION DU VIN. — *Vins doux naturels.*

« La définition du vin reste, sans modification, à la base du nouveau décret, lequel, comme celui de 1907, ne concerne pas les vins de liqueur (ni les mistelles, par conséquent), c'est-à-dire les moûts de raisins additionnés d'alcools avant, pendant ou après leur fermentation.

Exception doit être faite cependant pour les « vins doux naturels », tels qu'ils sont définis par l'article 22 de la loi du 13 avril 1898, complétée par l'article 34 de la loi du 15 juillet 1914 qui, bien que préparés avec addition d'une petite quantité d'alcool, bénéficient du régime des vins ordinaires; leur cas est visé par le dernier paragraphe de l'article 3.

De même, il ne concerne pas les jus de raisin destinés à être consommés en nature, ou après légère concentration (à moins de 10 p. 100, comme il est prévu à l'article 3), sous le nom de « vin sans alcool », par exemple.

Vin doux. — Le vin étant défini comme le produit de la fermentation du raisin frais ou du jus de raisin frais, on pouvait déduire de cette définition qu'un moût dont la fermentation n'est pas achevée, c'est-à-dire un vin encore doux, ne peut être considéré comme un vin proprement dit. Tel n'était pas l'esprit du décret du 3 septembre 1097. Aussi, pour lever toute indécision à cet égard, a-t-on inséré à la suite de la définition du vin, un paragraphe consacrant la dénomination « vin doux », employée couramment pour désigner les vins vendus pour être consommés avant que la fermentation en soit achevée; les vins de Gaillac, par exemple.

Il paraît superflu d'insister sur la différence qui existe entre ces « vins doux » et les « vins doux naturels » visés au paragraphe précédent.

VINS IMPROPRES A LA CONSOMMATION. — *Vins de surpressurage.* — On pourrait prétendre que tout liquide obtenu par pressurage des raisins devant être considéré comme du jus de raisin, le produit de sa fermentation doit être considéré comme vin.

Il en est effectivement ainsi tant que le pressurage des raisins est pratiqué d'une façon normale, mais non plus lorsque après avoir extrait de la vendange la quantité de moût qu'on en tire habituellement ou qu'après avoir pressé les marcs on en a retiré la quantité de vin habituellement, obtenue par pressurage suivant les usages locaux, loyaux et constants, on procède à un surpressurage au moyen d'appareils puissants Le liquide qui s'écoule alors est essentiellement constitué par de l'eau de végétation des rafles et des pellicules; sa composition diffère profondément de celle du jus de raisin ou de celle du vin.

Le cas est prévu par le décret du 19 septembre 1921 : le liquide dont il s'agit ne peut être considéré ni comme du vin propre à la consommation, ni comme susceptible de donner par fermentation un vin propre à la consommation et le décret précise, d'ailleurs, que le fait de le mélanger à du vin constitue une falsification de ce dernier.

Vins altérés. — Inversement, on pourrait prétendre que la définition donnée par le décret de 1907 ne permettait pas d'exclure les vins altérés, cassés, moisis et devenus imbuvables. Or il n'est pas douteux que l'acheteur est trompé lorsqu'on lui livre un vin devenu imbuvable, comme il le serait si on lui livrait du lait caillé quand il a demandé du lait. En raison des abus que l'imprécision du texte avait permis, le nouveau règlement stipule que la dénomination « vin » ne peut s'appliquer qu'à un produit propre à la consommation et il indique, avec autant de précision qu'il est possible, les caractères auxquels on reconnaît qu'un vin est altéré, au point de ne plus être propre à la consommation.

De tels produits ne sont plus utilisables qu'à la vinaigrerie ou à la distillerie. Le viticulteur dont la récolte s'est altérée spontanément ne peut être inquiété pour le seul fait qu'il détient des vins impropres à la consommation. Il possède le motif légitime de détention visé par l'article 2 et ne commettrait la tentative de tromperie ou la tromperie prévue par le décret que s'il était établi que, s'étant aperçu de l'altération de son vin, il l'a cependant vendu ou essayé de le vendre pour la consommation, soit en cet état, soit après l'avoir mélangé à du vin sain pour masquer son altération ou après l'avoir « retapé » dans le même but.

De même, il y a, pour un négociant, motif légitime de détention, si, possédant dans ses chais des vins altérés impropres à la consommation, il peut établir qu'il ignorait leur altération, ou si, s'étant aperçu de leur état, il peut établir qu'il a pris ses dispositions pour les retirer aussitôt de la vente et les réserver à un emploi industriel : distillerie ou vinaigrerie.

OPÉRATIONS LICITES. — L'article 3 du décret du 3 septembre 1907 énumérait un certain nombre de manipulations et pratiques qui devaient être considérées comme licites, au sens de l'article précédent. Cette énumération a été complétée; elle est devenue limitative.

Édulcoration des vins blancs secs. — L'édulcoration des vins blancs secs avec des moûts mutés à l'anhydride sulfureux et ne contenant pas d'alcool, par conséquent (ou par proportion très faible résultant d'un commencement de fermentation) est dorénavant expressément autorisée.

Mais le texte qui vise cette pratique ne s'oppose nullement à l'édulcoration par addition de moûts mi-fermentés, dans les conditions prévues par la circulaire du 13 mai 1908.

Si le décret nouveau n'y a pas fait d'allusion, c'est que les mi-fermentés n'ayant plus de raison d'être dorénavant, puisqu'on pourra édulcorer avec des moûts, leur fabrication s'arrêtera. On a admis que les produits de l'espèce disparaîtront du marché dès que les stocks en seront épuisés.

De même, si aucune limite n'a été fixée à la quantité de moût qui peut être ajoutée à un vin blanc sec pour l'édulcorer, cela tient à ce qu'aucun abus n'a paru pouvoir résulter de cette addition; le vin additionné d'une quantité trop élevée de moût muté à l'anhydride sulfureux contiendrait, de ce fait, une dose de cet antiseptique supérieure à la limite fixée par le règlement.

Au demeurant, le texte admet l'édulcoration, c'est-à-dire l'addition à faible dose, et non le coupage proprement dit.

Traitement par l'air ou l'oxygène gazeux pur. — Les vins peuvent être traités par l'air ou l'oxygène pur, mais non par l'eau oxygénée dont l'emploi a été préconisé pour enlever le goût désagréable, dit « goût foxé » que possèdent les vins provenant de certains producteurs directs tels que le Noah. Le propriétaire qui a fait du vin de Noah pour sa consommation personnelle peut recourir à ce procédé, mais il n'en est plus ainsi si le vin est destiné au commerce, c'est-à-dire à la vente. Le règlement a expressément écarté l'eau oxygénée des produits dont l'addition au vin peut être permise, considérant, sans doute, qu'il n'y avait aucun intérêt à favoriser le développement des vignes donnant de mauvais vins.

Collages, terre d'infusoires. — L'indication « terre d'infusoires » doit être considérée comme s'appliquant aux diverses matières minérales naturelles inertes, susceptibles de remplir le même office pour le collage des vins, sans qu'aucune modification appréciable de la composition de ces derniers puisse résulter de l'emploi des dites matières.

De même, j'estime qu'il convient d'assimiler aux clarifiants consacrés par l'usage, l'huile et la farine de moutarde, utilisées pour enlever aux vins placés dans des fûts mal nettoyés, le goût de moisi qu'ils peuvent accidentellement contracter.

Quant aux mots « caséine pure », ils sont applicables au lait, employé fréquemment pour le collage.

Clarification des vins blancs tachés. — La clarification des vins blancs tachés, permise par le décret du 3 septembre 1907, continue à figurer au nombre des opérations licites. Mais il importe de ne pas confondre la clarification ainsi permise avec la décoloration des vins, laquelle reste formellement interdite.

Pour vinifier en blanc il faut séparer, aussi rapidement que possible, le jus incolore du raisin afin de le faire fermenter en dehors du contact de la rafle et de la pellicule, laquelle contient la matière colorante. Par suite de diverses circonstances accidentelles, il peut arriver que le vin soit légèrement coloré, « taché » suivant l'expression consacrée : dans ce cas, le détachage par l'emploi d'une petite quantité de charbon pur est admis.

Il n'en est plus ainsi lorsqu'il s'agit de vins obtenus en laissant fermenter quelques heures le moût au contact de la rafle; on obtient ainsi un vin nécessairement rosé, qui ne peut être assimilé à un vin taché et dont le traitement par le noir constituerait une véritable décoloration.

Autrement dit, les seuls vins susceptibles d'être également traités par le charbon purifié, sont ceux dont la coloration n'est qu'accidentelle et non ceux qui sont normalement colorés.

Le nouveau texte précise ce qu'il faut entendre par du charbon pur, propre au traitement des vins.

Addition de sel. — La liste des pratiques licites devenant limitative, il importait de n'en omettre aucune; pour cette raison, et pour cette raison seulement, le décret a rappelé que la loi du 11 juillet 1891 a permis l'addition de sel au vin, mais seulement dans la limite de 1 gramme par litre.

Caramel de raisin. — Le caramel de raisin autorisé pour la coloration des vins blancs est le produit résultant de la caramélisation du sirop obtenu par concentration de moût de raisin ou de vin.

L'addition de glucose au vin, même sous forme de caramel de glucose, reste interdite. Il en est de même pour les caramels de sucre, de mélasse, de sucre interverti, de lévulose ou de toute autre matière sucrée.

Il demeure bien entendu que l'addition du caramel de raisin doit être exclusivement destinée à teinter le vin et non pas à l'édulcorer. D'ailleurs ne pourrait être considéré comme caramel de raisin un produit dont la presque totalité de la matière sucrée n'aurait pas été caramélisée.

Le décret du 3 septembre 1907 autorisait l'emploi des bisulfites alcalins cristallisés purs, sous la seule réserve que la dose employée ne dépasserait pas 20 grammes par hectolitre. Le nouveau texte autorise l'addition des dits bisulfites aux moûts, mais il est muet en ce qui concerne leur emploi pour le traitement des vins.

De nombreuses protestations émanant du commerce des vins et de la viticulture me sont parvenues contre cette réserve, faisant valoir que les bisulfites constituent pour les viticulteurs et pour les petits négociants la seule forme pratique sous laquelle ils peuvent employer l'anhydride sulfureux, pour le traitement des vins menacés de certaines maladies, telles que la casse. La Société des experts chimistes de France, saisie de la question par les intéressés, a émis l'avis que l'addition des bisulfites aux vins correspondait réellement à une nécessité dans le cas ci-dessus visé, et qu'elle devrait être permise aussi bien aux viticulteurs qu'aux négociants, étant entendu que les doses totalisées ne dépasseraient pas les 20 grammes prévus.

Dans ces conditions, j'estime que la question doit être remise à l'étude et qu'il y a lieu, jusqu'à ce qu'elle ait été résolue, de tolérer l'addition des bisulfites aux vins dans les conditions antérieurement admises. »

L'acidification par l'acide citrique à la dose de o gr. 50 par litre admise, nous paraît suffisante pour répondre aux besoins de la vinification honnête :

Ainsi que nous l'avons démontré page 134, o gr. 5 d'acide citrique par litre équivalent en réalité à 1 gramme d'acide tartrique, ce qui est suffisant, surtout si on a eu le soin d'acidifier la vendange à la cuve comme le permet la loi; cette quantité est également suffisante dans le cas de casse blanche.

« Il me semble, dit M. Astruc, directeur de la Station œnologique du Gard, que l'acide citrique pourra suffire, en beaucoup de cas, à combler sur les vins les petits déficits de nos prévisions à la cuve. »

Quelques viticulteurs pourraient croire que, puisqu'on permet l'acidification à l'acide citrique, l'acidification à l'acide tartrique, peut être admise. Il n'en est rien. L'acidification à l'acide tartrique n'est pas admise.

Les viticulteurs honnêtes se consoleront de ne pouvoir employer l'acide tartrique en songeant que cet acide a surtout été employé pour masquer le mouillage.

D'ailleurs nous ne saurions mieux faire, pour montrer comment on doit comprendre le règlement, que de citer un passage d'une lettre de M. Roux (23 juin 1921).

« Ajouter à un vin les éléments qu'on estime lui manquer ou augmenter la proportion de ceux qui s'y trouvent jusqu'à la dose qu'on estime nécessaire, aurait pour conséquence d'amener tous les vins à un type déterminé. Dès lors, le vin ne serait plus un produit naturel, mais un produit artificiel, répondant à une formule déterminée et à base, tout au plus, d'un produit naturel.

« L'emploi judicieux des pratiques et manipulations indiquées permet d'obtenir dans tous les cas une vinification régulière : une fois le vin ainsi fait, on n'y doit plus toucher, si ce n'est pour lui faire subir des opérations telles que les soutirages, les filtrages, les collages, la pasteurisation, qui ne peuvent en rien modifier sa nature et n'ont d'autre objet que d'assurer sa conservation. »

Si l'addition de tanin au vin a été permise, c'est qu'on l'a considérée comme une nécessité résultant du collage.

193. Vinage. — Le **vinage** *des vins* est interdit par l'*article 2 de la loi du 24 juillet* 1894, quelle que soit l'origine de l'alcool employé (c'est-à-dire aussi bien pour l'*alcool de vin* que pour les alcools industriels). Il n'y a d'exception que pour les vins destinés à l'exportation et pour lesquels le vinage doit se faire en présence de la régie dans des locaux spéciaux.

194. Mouillage. — Le mouillage est interdit par la loi de 1851 et la loi du 24 juillet 1894.

On a songé à la proposition du mouillage de certaines vendanges très riches en sucre pour faciliter la fermentation. « Je ne disconviens pas, dit M. Vincens, que l'addition d'eau à la cuve ne puisse parfois faciliter la vinification de certains vins de table lorsqu'une maturité exceptionnelle a exceptionnellement augmenté la richesse saccharine des moûts; mais je suis absolument convaincu qu'aucune mesure ne serait plus préjudiciable à la viticulture tout entière que cette autorisation légale de mouiller à la cuve... D'ailleurs les détenteurs de ces vendanges ont d'autres moyens que le mouillage pour régler leurs fermentations dans les cas difficiles; ils ont à leur disposition l'action modératrice des produits sulfureux (pour arrêter momentanément la fermentation), la réfrigération, la pasteurisation, etc. »

195. Plâtrage. (Voir plus haut à propos des moûts, p. 213). — Il est défendu de mettre en vente, de vendre ou de livrer des vins plâtrés contenant plus de 2 grammes de sulfate de potasse ou de soude par litre (loi du 11 juillet 1091, art. 3).

Des viticulteurs ont été traduits en correctionnelle parce que leurs vins renfermaient, par suite de plâtrage, 2 gr. 12 et même 2 gr. 06 de sulfate de potasse par litre.

D'après M. Vincens, directeur de la Station œnologique de Toulouse, la loi tolérerait en réalité plus de 2 grammes de sulfate de potasse. « L'article 3 de la loi du 21 juillet 1891 s'exprime ainsi : « Il est défendu de vendre, de mettre en vente ou de livrer les vins plâtrés contenant plus de 2 grammes de sulfate de potasse ou de soude. » Dans le texte il n'y a pas seulement « sulfate de potasse », on y lit « sulfate de potasse ou de soude ».
« Que peut signifier cette expression « sulfate de potasse ou de soude? » Il y a plusieurs manières de l'interpréter. On peut admettre que le législateur a voulu totaliser le sulfate de potasse ou de soude pouvant se trouver dans le vin. Dans ce cas le chimiste devrait séparer le sulfate de potasse et le sulfate de soude, ce qu'il ne fait jamais. Dans tous les laboratoires, on dose l'acide sulfurique et, par le calcul, on évalue la quantité de sulfate de potasse que cet acide pourrait former. On pourrait objecter que la soude doit être négligée parce qu'il n'y en a, pour ainsi dire, pas dans le vin. Sauf exceptions rares, la proportion de soude ne dépasse guère 2 ou 3 centigrammes par litre et cette soude est supposée à l'état de chlorure. Mais alors, si on admet cette objection, c'est que le législateur a voulu dire que le chimiste calculerait l'acide sulfurique en sulfate de potasse ou en sulfate de soude, bien que ce ne soit pas la même chose. En effet, 2 grammes de sulfate de soude équivalent à 2 grammes 4 décigrammes environ de sulfate de potasse. Pour les deux affaires de surplâtrage citées, les doses de 2 gr. 12 et de 2 gr. 06 de sulfate de potasse deviendraient 1 gr. 73 et 1 gr. 68 en sulfate de soude, inférieures, par conséquent, au maximum prévu.

« Ces deux façons de procéder ne sont certes pas exemptes de critiques.

« Mais cela tient surtout au texte même de la loi qui manque de précision. Il était si simple d'écrire que les vins plâtrés ne devaient pas renfermer une quantité d'acide sulfurique qui, exprimée en sulfate de potasse, dépassât 2 grammes par litre.

« Quoi qu'il en soit, en matière pénale, il est de règle absolue de ne prendre que la lettre des textes législatifs, quelle que soit sa signification. Un récent arrêt de la Cour de Montpellier, visant précisément la loi de 1891, a montré que cette loi présentait encore d'autres imperfections. En outre, il est encore de règle que l'accusé bénéficie de l'interprétation la plus favorable. En combinant les prescriptions de la loi de 1891 et du règlement du 3 septembre, il est facile de se rendre compte que le premier texte autorisant dans les vins plâtrés 2 grammes de sulfate de potasse, le second 2 décigrammes de bisulfate de soude, qui est un bisulfate alcalin, l'ensemble peut former un total légal d'acide sulfurique qui, exprimé en sulfate de potasse, est supérieur aux 2 gr. 06 et 2 gr. 12 des vins poursuivis. »

Que la loi du 11 juillet 1891, que l'on applique encore à propos du *plâtrage*, manque de précision, c'est possible et c'est même notre avis. Mais ce qu'il importe surtout aux viticulteurs de savoir c'est qu'il s'exposent à être poursuivis si leurs vins renferment plus de 2 grammes de sulfate de potasse par litre. Nous leur rappelons qu'en ne dépassant pas 75 grammes de plâtre par 65 kilogrammes de vendange (une comporte), on est à peu près sûr de ne pas atteindre la tolérance légale pour la plupart des cas.

« Il convient d'ajouter que le bisulfitage et le sulfitage des vendanges sont capables de fournir à la longue quelques décigrammes de sulfate de potasse; il faudrait donc, si l'on voulait plâtrer à la limite, ne pas sulfiter. Mais je ne vois pas pourquoi on emploierait simultanément ces deux pratiques, attendu que les vins plâtrés peuvent avoir un jour ou l'autre des difficultés de vente ou de circulation et que le sulfitage peut nous donner tous les avantages, et au delà, de notre vieux plâtrage : dissolution et fixité de la couleur, rapidité de la défécation, bonne tenue, bonne conservation ultérieure, etc... A mon avis, en raison d'avantages plus nombreux et plus divers, le sulfitage à la cuve doit incontestablement se substituer peu à peu entièrement au plâtrage. »

Les *vins surplâtrés* sont au regard de la loi des vins falsifiés, à tout le moins des vins artificiels, et qui tombent par là même sous l'application de l'article 1er de la loi du 6 avril 1897. Les vins surplâtrés sont considérés par les tribunaux comme de simples dilutions alcooliques (arrêt de la Cour d'appel de Montpellier, 25 juillet 1908).

Dans un jugement du tribunal correctionnel de Carcassonne du 27 octobre 1908, le Président du tribunal rejette les prétentions de la Régie qui prétend assimiler les vins surplâtrés, soit à une dissolution alcoolique soumise à la loi du 14 août 1889, soit à des vins artificiels visés par la loi du 6 avril 1899, soit à des succédanés de vins soumis comme tels au régime de l'alcool.

197. Autres matières prohibées. — *D'après la loi du 11 juillet 1891* tendant à réprimer la fraude dans les vins :

Article 2. « Constitue la falsification de denrées alimentaires prévue et réprimée par la loi du 27 mars 1851, toute addition au vin, au vin de sucre ou de marc, au vin de raisins secs :

1º *De matières colorantes quelconques;*

2º *Des produits tels que les acides sulfurique, nitrique, chlorhydrique, salicylique, borique ou autres analogues;*

3º *De chlorure de sodium au-dessus de 1 gramme par litre.*

Le *glycérinage* (addition de glycérine au vin) est considéré par le Service de répression des fraudes, comme une pratique frauduleuse (lettre de M. Roux, 23 juin 1908).

On ajoute de la glycérine aux vins dans le but de les adoucir et de les conserver; la glycérine, plus ou moins pure, constitue la base des produits vendus comme *extraits sec factice*, ou sous un nom similaire; elle est alors ajoutée dans le but de masquer le défaut d'*extrait sec* et de le « remonter » afin de donner au vin mouillé la composition moyenne exigée par la règle *alcool-extrait* (voir p. 140).

198. Le salage. — Le *salage* (addition de sel marin ou chlorure de sodium au vin) est interdit. La loi du 11 juillet 1891 (art. 2) interdit la vente des vins ayant plus de 1 gramme de chlorures évalués en chlorure de sodium.

Les vins naturels contiennent en effet une quantité de chlore qui, évalué en chlorure de sodium ne dépasse pas en moyenne, d'après les analyses des différents auteurs, o gr. 2 par litre. Cependant on a remarqué que les vins des vignes cultivées sur des terrains salés (terrains près des bords de la mer) peuvent contenir une quantité beaucoup plus élevée de chlorures. De sorte qu'en réalité un vin dont la teneur ne dépasse pas 1 gr. à 1 gr. 5 de chlorure de sodium par litre peut être considéré comme un vin non salé.

Le Comité consultatif d'hygiène tolère 1 gr. 75 de chlorure par litre de vin livré à la consommation ou passant à la frontière; cette mesure est surtout spéciale aux vins d'Algérie et de Tunisie (27 novembre 1807).

Le salage est fait en vue de donner au vin plus d'éclat, de saveur et de tenue, de diminuer la solubilité des matières albuminoïdes. Certains viticulteurs ajoutent une petite poignée de sel aux blancs d'œufs destinés à coller le vin, en vue de rendre l'albumine plus lourde; ce n'est pas ce qu'on appelle saler un vin (voir collage, p. 150).

199. Sèves. — *D'après la loi du 29 juillet 1907, article 4, l'addition de sèves,* pour corser le bouquet du vin, est interdite :

Art. 4. — Sont interdites la fabrication, l'exposition, la mise en vente et la vente des produits ou mélanges œnologiques de composition secrète ou indéterminée destinés soit à améliorer et à bouqueter les moûts et les vins, soit à les guérir de leurs maladies, soit à fabriquer des vins artificiels.

Le décret du 29 août 1921 (art. 2) précise encore cette question (voir page 220).

200. Désacidification. — La *désacidification* d'un vin (voir p. 135) par le *tartrate neutre de potasse*, le carbonate de chaux pur, le marbre, la craie, le carbonate de potasse, etc., est une pratique frauduleuse que l'on peut d'ailleurs éviter par un *coupage* (voir page 139).

201. Les vins malades et la loi. — Nous avons traité cette question page 191 au chapitre *Maladie des vins*. Nous conseillons de lire l'article 1er du décret du 29 août 1921, page 219, et la circulaire du 15 novembre 1921 (*vins altérés*, page 222, qui renseignent nettement le viticulteur. Les vins malades ne sont, en somme utilisables qu'à la vinaigrerie et à la distillerie.

Art. 14. — Toute personne désirant se livrer à l'extraction, par le procédé dit de diffusion, du vin contenu dans les marcs de vendanges, est tenue d'en faire la déclaration au bureau de la régie huit jours au moins à l'avance, et de se soumettre aux visites et vérifications des employés des contributions indirectes pendant la durée des opérations et pendant le délai de huit jours après leur clôture.

La déclaration prévue au paragraphe précédent devra indiquer le stock des vins en possession du déclarant, la durée des travaux, le nombre et la contenance des cuves de diffusion, ainsi que la quantité de marcs à mettre en œuvre; elle sera complétée, le cas échéant, au fur et à mesure de l'introduction de nouveaux produits dans l'exploitation ou l'établissement.

Les opérations de diffusion ne pourront porter que sur des marcs non pressés, à moins qu'elles ne soient pratiquées dans une distillerie en vue de l'obtention d'un liquide destiné à la distillation.

Le vin obtenu devra être immédiatement logé dans des fûts portant, en caractères très apparents, la marque « vin de diffusion ». Il sera pris en compte par le service des Contributions indirectes et conservé dans ces récipients jusqu'à l'expiration du délai prévu au paragraphe premier, à moins qu'il ne soit expédié antérieurement. Pendant ce délai, il ne pourra faire l'objet d'aucun coupage ou mélange soit avec des vendanges, soit avec des vins ordinaires de vendanges.

Tout excédent qui apparaîtrait au compte prévu au paragraphe précédent sera saisissable.

Aucune fabrication de piquette ne pourra être pratiquée avant la fin des opérations de diffusion dans des locaux communiquant intérieurement avec ceux où seront effectuées ces opérations.

Les contraventions aux dispositions du présent article sont punies d'une amende de 500 à 5 000 francs, et de la confiscation des liquides et des marcs saisis.

Les Vins de diffusion. — Nous avons indiqué page 93 la *méthode d'extraction du vin par diffusion.* Tout viticulteur qui désire l'utiliser doit se conformer à l'article 14 de la *loi de finance du 13 juillet* 1911.

IV. VINS DE DEUXIÈME CUVÉE OU VINS DE MARCS OU VINS DE SUCRE

La fabrication des vins de deuxième cuvée ou vin de sucre est soumise à la loi du 29 juin 1907 (promulguée au *Journal officiel* le 4 juillet 1907) modifiant la loi du 6 août 1905. Cette loi a été faite pour prévenir le mouillage des vins et les abus du sucrage :

« Quiconque voudra se livrer à la fabrication du vin de sucre pour sa consommation familiale est tenu d'en faire la déclaration, trois jours à l'avance, à la recette buraliste des Contributions indirectes.

La quantité de sucre employée ne pourra être supérieure à 20 kilogrammes par membre de la famille et par domestique attaché à la personne, ni à 20 kilogrammes par 3 hectolitres de vendanges récoltées, ni au total à 200 kilogrammes pour l'ensemble de l'exploitation (art. 6).

L'emploi du sucre prévu par la loi du 28 janvier 1903 ne pourra avoir lieu que durant la période des vendanges. Dans chaque département, le préfet, par arrêté, déterminera ladite période après avis du Conseil général.

Toute personne qui, en même temps que des vins destinés à la vente, des vendanges, moûts, lies ou marcs de raisins, désire avoir en sa possession une quantité de sucre supérieure à 25 kilogrammes, est tenue d'en faire préalablement la déclaration et de fournir des justifications d'emploi.

Ces dispositions ne sont pas applicables aux détaillants qui, en même temps que des vins destinés à la vente, n'ont pas en leur possession des vendanges, moûts, lies, marcs de raisins, ferments.

Tout envoi de sucres ou glucoses, fait par quantités de 25 kilogrammes au moins à une presonne n'en faisant pas le commerce ou n'exerçant pas une industrie qui en comporte l'emploi, sera accompagné d'un acquit-à-caution, qui sera remis à la régie par le destinataire dans les quarante-huit heures, suivant l'expiration du délai de transport.

Tout détenteur d'une quantité de sucre ou de glucose supérieure à 200 kilogrammes et dont le commerce ou l'industrie n'implique pas la possession de sucre ou de glucose est tenu d'en faire une déclaration à la régie et de se soumettre aux visites des employés des contributions indirectes. »

D'après la loi, la fabrication des vins de sucre n'est autorisée que pour la consommation familiale. La fabrication et la circulation *en vue de la vente* des vins de marc et des vins de sucre sont interdites (6 avril 1897). La détention à un titre quelconque de ces vins est interdite à tout négociant, entrepositaire ou débitant de liquides.

Expédition de marcs, de raisins, de lies sèches et de levures alcooliques. — D'après la loi du 29 juin 1907 (art. 3) :

Tout expéditeur de marcs de raisins, de lies sèches et de levures alcooliques sera tenu de se munir, à la recette buraliste la plus proche, d'un passavant indiquant le poids expédié et l'adresse du destinataire.

Produits œnologiques pour vins de 2ᵉ cuvée. — D'après la loi du 29 juin 1907 (art. 4) :

Sont interdites la fabrication, l'exposition, la mise en vente et la vente des produits ou mélanges œnologiques de composition secrète ou indéterminée, destinés soit à améliorer et à bouqueter les moûts et les vins, soit à les guérir de leurs maladies, soit à fabriquer des vins artificiels.

Le décret du 29 août 1921 (art. 2) précise cette question (voir p. 220).

V. PIQUETTES

203. — *D'après la loi*, la **fabrication des piquettes** n'est autorisée que pour la consommation familiale au maximum de 40 hectolitres par exploitation (4 juillet 1907).

La **circulation des piquettes** provenant de l'épuisement des marcs par l'eau, sans addition d'alcool, de sucre ou de matières sucrées, est interdite, excepté quand elle n'a pas lieu en vue de la vente.

CONCLUSION

De l'étude des lois, règlements ou décisions du Service de répression des fraudes, nous devons conclure que le viticulteur honnête peut effectuer toutes les manipulations et pratiques vinicoles permettant d'obtenir avec le raisin un vin marchand. Tout ce qui est utile à la correction des moûts, à l'amélioration réelle de la fermentation, à la conservation des vins est largement toléré par les règlements actuels.

Sans doute ces règlements ne sont pas parfaits, peut-être y apportera-t-on encore quelques modifications que l'expérience jugera utiles. Il n'en est pas moins vrai que la nouvelle législation telle qu'elle existe actuellement peut rendre de très grands services à la viticulture française et jouer le rôle moralisateur qu'on en attendait.

COMPLÉMENTS

APPRÉCIATION DES VINS. — PROCÉDÉS PRATIQUES D'ANALYSE DES MOUTS ET DES VINS POUR LE VITICULTEUR ET LE NÉGOCIANT EN VIN.

I. — *Appréciation des vins, dégustation*. — Pour apprécier un vin il faut procéder à sa *dégustation*. — *La dégustation* est l'art d'apprécier le vin non seulement par l'organe du goût, mais encore par la vue et par l'odorat. Ce mot est en quelque sorte synonyme d'examen organoleptique.

La dégustation d'un vin à des époques différentes a une grande importance parce que le vin est un liquide que l'on peut qualifier de vivant, qui se modifie sans cesse, se transforme et subit, sous l'influence de ses nombreux éléments constitutifs, comme sous celle du milieu, de la saison, etc., une évolution plus ou moins lente, qui le fait passer par les stades de *jeunesse, maturité* et *vieillesse*. Pour avoir une idée très nette des qualités d'un vin, il faut que pour la dégustation comme pour l'analyse, on ait un échantillon représentant bien l'ensemble du vin considéré.

Prise d'échantillon. — Elle a une grande importance parce que le vin qui est demeuré un certain temps en repos, peut ne pas être homogène dans toute sa masse : les couches supérieures peuvent avoir perdu de l'alcool ou être atteintes de la piqûre; si le vin est attaqué par le ferment de la *tourne*, microbe qui se développe à l'abri de l'air, il sera trouble à la partie inférieure du récipient, alors qu'à la partie supérieure il peut être indemne; si le vin est atteint de la casse, à la partie supérieure il sera louche et plat au contact de l'air alors qu'à la partie inférieure, il pourra encore être intact; les vins ayant certains goûts ont ces goûts bien plus perceptibles à la partie supérieure du récipient qu'à la partie inférieure.

Un seul échantillon prélevé dans les couches profondes, ou au milieu de la masse ou à la partie supérieure, peut ne pas représenter la composition moyenne. Aussi est-il bon de prélever trois échantillons : à la partie supérieure, au milieu et à la partie inférieure du récipient.

« Chaque année, dit M. Mathieu, des contestations entre acheteurs et livreurs se produisent à la suite de malentendus dus à l'oubli de ces précautions. » Pour faire les prélèvements indiqués, on peut se servir de la *sonde automatique* Mathieu (fig. 106) : il suffit en enfonçant la sonde de relever ou d'abaisser la tige T avec le doigt mis à l'anneau A, pour que la soupape S laisse entrer le liquide et l'empêche de sortir. (Voir prise d'échantillons pour l'expertise des vins falsifiés, page 143.)

Examen par la vue. — Par la vue on apprécie la limpidité et la couleur. La limpidité ne s'apprécie bien qu'en plaçant le vin dans un verre bien essuyé et en l'examinant par transparence, dans une chambre noire, après avoir interposé le verre entre l'œil et une source de lumière aussi vive que possible (lampe à pétrole, lampe électrique) : en remuant légèrement le verre on distingue mieux les particules qui peuvent être en suspension. Seuls les vins nouveaux peuvent ne pas être absolument limpides, parce que leur dépouillement n'est pas encore achevé; mais le léger trouble qu'ils présentent parfois ne peut pas être confondu avec la teinte louche ou le nuage floconneux révélateurs d'une maladie. Un dégagement de gaz sous forme de couronne de petites bulles révèlent que le vin est encore en fermentation.

Lorsque le vin est trouble et que l'on remarque des ondes soyeuses qui se meuvent dans tous les sens, le vin est atteint de la maladie de la *tourne* ou de la *pousse* (voir page 185). Si le vin (vin blanc) coule comme de l'huile, il est atteint de la maladie de la *graisse* (voir page 187). Si le vin, d'abord limpide, se trouble au bout d'un certain temps (vin rouge et vin blanc), ou bien se plombe ou noircit (vin blanc), il est atteint de la *casse* (voir page 190).

Fig. 106.
Sonde automatique Mathieu.

La couleur doit être absolument franche et nette. Son appréciation se fait généralement à la tasse pour les vins rouges, à la tasse et au verre pour les vins blancs.

La tasse en argent ou argentée à l'avantage de permettre de voir la couleur des vins sous des épaisseurs différentes et par suite de juger de l'état de vieillissement. D'après M. Mathieu, la couleur des vins rouges, rouge violette dans les vins jeunes, vire au rouge jaune dans les vins vieux; pour les vins blancs, il ne s'agit que de nuances faibles, jaunes, rosées ou vertes.

Examen par l'odorat. — L'odeur du vin est due à l'ensemble des substances volatiles qui se dégagent; aussi distingue-t-on mieux le bouquet d'un vin quand il est légèrement chaud que lorsqu'il est froid, parce qu'il émet plus de vapeurs. L'examen par l'odorat se fait le plus souvent dans un verre conique allongé, à ouverture rétrécie : en tenant le verre dans la main, qui le chauffe un peu, le bouquet se dégage plus nettement.

Les vins nouveaux donnent l'odeur des raisins fraîchement écrasés. Un vin piqué (voir page 183) a une odeur de vinaigre; certains vins altérés ont une odeur de moisi. Les vins fins, au contraire,

FIG. 107.

émettent un *bouquet* particulier qui constitue l'une des caractéristiques propres à chaque cru.

Examen par le goût. — Dans la dégustation c'est la langue, plutôt que le palais, qui joue le principal rôle; mais toutes les parties de la langue ne perçoivent pas les sensations avec la même intensité. Si c'est la base de la langue qui apprécie le plus complè-

FIG. 108.

tement les saveurs, c'est surtout la pointe qui perçoit le mieux l'acidité. Aussi pour bien goûter un vin, il faut humecter toutes les parties de la langue : on ne trempe dans le verre tout d'abord que l'extrémité de la langue; on perçoit ainsi une sensation, soit de fraîcheur agréable, soit de tiédeur, soit encore de douceur, d'aigreur ou d'amertume; puis on fait avancer le vin dans la bouche qu'on laisse fermée un moment afin que la chaleur fasse dégager les vapeurs et que le parfum monte dans les fosses nasales; c'est à ce moment que la sensation du goût et de l'odorat est à son maximum d'intensité. Les amateurs sirotent leur vin pour retrouver à chaque gorgée les sensations qui leur permettent de l'apprécier, alors que le profane ne goûte qu'une fois en avalant d'un trait le contenu de son verre.

Un vin qui emplit la bouche d'un parfum délicat a de l'*arome*, du *bouquet*; au contraire, on le dit *plat*, s'il est dépourvu de saveur. S'il a de la consistance, il est *charnu*; cette consistance s'augmente-t-elle d'une force alcoolique, le vin est dit *corsé*; on dit aussi qu'il a du *corps*. L'absence de ces deux qualités le fait dénommer *faible, mou*, mal *charpenté*. Un vin jeune qui est encore en période de formation peut être *âpre, vert*, mais devenir par la suite excellent; tandis qu'un vin *acerbe, dur*, qui provient d'une vendange incomplètement mûre, ne donnera jamais un vin d'une grande *tenue*.

On dit qu'un vin a de la *vivacité* quand il est fort et agréable, quoique léger; de la vinosité quand il est très spiritueux; on dit aussi, dans ce cas, qu'il a du *montant* ou qu'il est *généreux*. Le vin est *délicat* (ne pas confondre avec *faible*) lorsque ses qualités sont bien fondues entre elles; on dit qu'il est étoffé, si ces qualités font augurer une bonne conservation. Le dégustateur dit que le vin *finit court* lorsque l'impression agréable laissée à la bouche est de courte durée; dans le cas contraire on dit qu'il *finit bien*, qu'il fait l'aune de velours.

Influence de l'aération. — « Lorsqu'on a affaire à des vins oxydables, l'appréciation peut changer avec l'aération; les qualités organoleptiques subissent alors des atteintes très rapides qui modifient, en quelques instants, les goûts du vin. Ainsi un vin très oxydable peut être très agréable, et quelques minutes après, dans le même verre, son bouquet peut s'atténuer, et un goût amer se développer.

« La tasse se prête mieux que le verre à la constatation de l'oxydabilité ou sensibilité du vin à l'aération par le chauffage sur la main et l'aération facile; on fait ressortir ainsi les goûts anormaux, de moisi, de croupi, de fût, de sec qui augmentent rapidement d'intensité et sont plus nets à la fois à la bouche et à l'odorat; aussi en cas de doute pour l'un de ces goûts, est-il indiqué de soumettre le vin à cette épreuve de l'aération, laquelle devrait même être une règle générale pour l'appréciation des vins, en dehors de l'épreuve de bonne tenue à l'air ou de casse. On notera de même la disparition de l'acide carbonique, des goûts sulfhydriques, etc. » (Mathieu.)

Influence de la température. — « La température du vin a une influence considérable sur son odeur et sa saveur; plus elle est élevée, plus les odeurs paraissent intenses; il en est de même de la saveur de l'alcool. L'expérience a appris que les vins blancs sont mieux appréciés quand ils sont froids; les vins rouges demandent une température de 16 à 20 degrés. La mode de boire certain vins blancs glacés semble une exagération, car l'impression de froid très prononcée nécessite le réchauffement du liquide dans la bouche, et atténue certains bouquets au point de les faire disparaître dans les vins non mousseux.

II. — *Procédés pratiques d'analyse des moûts et des vins pour le viticulteur et le négociant en vin*. — La lecture du décret du 19 août 1921 et des commentaires que nous avons cru devoir faire concernant le *vin et la loi sur les fraudes* (page 211) montre l'intérêt qu'ont le producteur, l'acheteur et le vendeur de pouvoir s'assurer eux-mêmes, très facilement, sans lecture et avec une approximation suffisante, de la composition des moûts et des vins.

Nous avons déjà indiqué : le dosage du sucre dans les moûts par le mustimètre Salleron (p. 12); le dosage de l'acidité des moûts par le calcimètre et le procédé des liqueurs titrées (pages 13 et 14); le dosage de l'acidité totale des vins par le calcimètre et le procédé des liqueurs titrées (page 114); le dosage de l'acidité volatile par le procédé Mathieu (page 117); le dosage de l'acidité fixe (page 118); le dosage de l'extrait sec par l'extracto-œnomètre de Dujardin; le rapport alcool-extrait (pages 124 et 137); la somme alcool-acide (page 137). Il nous reste à faire connaître les améliorations apportées aux procédés de dosage rendant les déterminations plus faciles ainsi que les données complémentaires nécessaires permettant au viticulteur, au négociant en vin et même à l'acheteur de voir si les vins dont ils s'occupent sont propres à la consommation comme l'indique la loi sur les fraudes.

Détermination du sucre dans les moûts par le mustimètre. — Nous avons indiqué page 74 comment on détermine la quantité de sucre que contient un moût à l'aide du mustimètre Salleron. On utilise actuellement un mustimètre (mustimètre Dujardin-Salleron) d'un emploi plus commode : il est gradué de façon à ce qu'on puisse faire la lecture non pas au-dessous du ménisque (en D, fig. 109) formé par l'adhérence du liquide sur le verre, mais au *sommet du ménisque*, c'est-à-dire en S, parce qu'on a le plus souvent à opérer sur des moûts opaques ou très colorés qui empêchent de lire au-dessous du ménisque.

On opère toujours, comme il a été dit (pages 8 et 9) et l'on se sert également des tableaux (pages 9, 10 et 11). Mais on peut se dispenser du tableau II donnant la richesse alcoolique. Le mustimètre Dujardin-Salleron porte en effet deux graduations : la graduation indiquant la *densité* ou poids d'un litre de moût et la graduation indiquant le *degré alcool* qu'aura ce moût après fermentation. Par exemple supposons que le mustimètre plongé dans

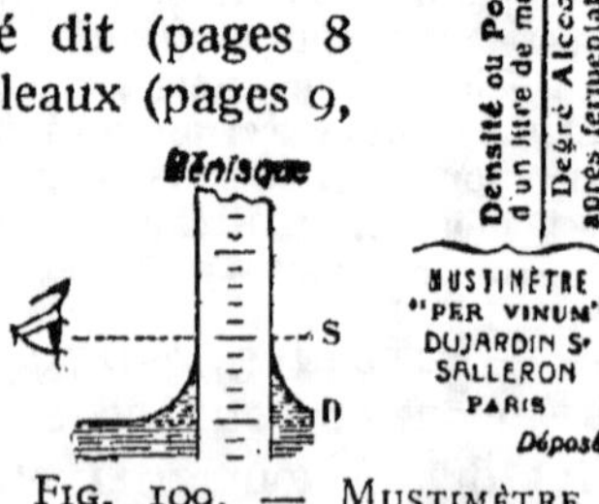

Fig. 109. — Mustimètre Dujardin-Salleron.

le jus ou moût (jus n'ayant subi aucune fermentation) marque 1069, que la température du moût indiquée par le thermomètre soit de 25°; on trouve sur le tableau I (page 9) qu'il faut ajouter 2 à l'indication du mustimètre; le résultat ramené à 15° devient donc $1069 + 2 = 1071$. On trouve directement sur le mustimètre, en le tournant entre les doigts, en face de 1071, que le moût donnera, après fermentation complète, un vin ayant 9°,5 (comme nous aurions trouvé avec les tables).

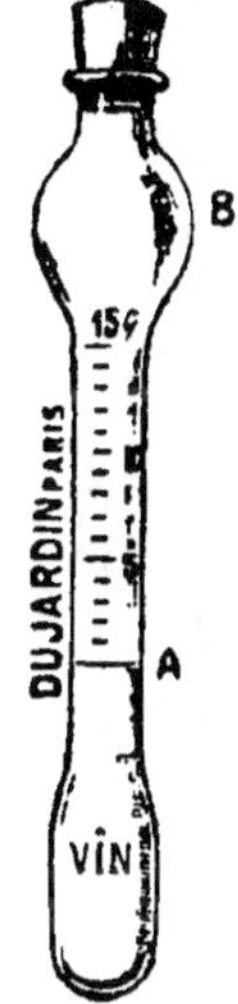

Fig. 110. — Tube acidimétrique Dujardin.

Détermination de l'acidité des moûts et des vins. — Nous avons indiqué comment on détermine l'acidité d'un moût (page 13) et d'un vin (page 116) à l'acide du calcimètre ou d'une burette graduée (burette de Mohr). On peut également se servir, avec plus de facilité, *du tube acidimétrique Dujardin* (fig. 110).

Moût de raisins blancs et vins blancs. — On verse dans le tube, jusqu'au trait A, le moût ou le vin à essayer. On ajoute avec un compte-gouttes, 5 gouttes de phénolphtaléine; puis on verse par petites quantités la liqueur acidimétrique titrée avec une pipette. Après chaque addition de liqueur, le mélange, grâce à la phtaléine, prend une teinte rose qui disparaît par agitation; on continue à verser lentement la liqueur jusqu'à ce que le mélange prenne, par l'addition d'une dernière goutte de liqueur acidimétrique, une teinte rose *persistante*. On lit alors sur le tube, tenu bien verticalement, en regard de la graduation et en face du niveau du liquide, la richesse acide du moût ou du vin évaluée en grammes et décigrammes d'acide tartrique par litre.

Moût de raisins rouges et vins rouges. — Comme pour les moûts et vins blancs, on verse le vin à essayer dans le tube jusqu'au trait A; on ajoute ensuite 5 gouttes de phénolphtaléine, puis la liqueur acidimétrique titrée avec une pipette, en observant attentivement les différentes colorations prises par le vin. Afin de faciliter l'appréciation des changements de teinte, on incline le tube bouché, au-dessus d'un papier blanc, de manière à amener un peu de liquide dans la boule B; on examine alors facilement les colorations sous une faible épaisseur. Le vin prend, sous l'action de l'addition successive de la liqueur acidimétrique, les teintes suivantes : le rouge vineux passe au carmin, le carmin se teint et se fonce, il devient noirâtre, violet lie de vin, toute teinte rouge disparaît, le mélange devient noir, noir verdâtre, puis enfin prend une teinte *violacée lie de vin*. On lit alors sur le tube dressé verticalement la richesse acide.

Détermination de l'acide sulfureux dans les moûts et les vins. — L'anhydride ou acide sulfureux est actuellement d'un emploi courant et très recommandé en vinification ainsi que nous l'avons vu pages 33 et 98 (vinification par sulfitage); d'autre part, d'après le décret du 19 août 1921, les **quantités d'acide**

sulfureux employées doivent être telles que le « vin » ou le « vin doux » ne retiennent pas plus de 450 milligrammes d'acide sulfureux par litre, dont 100 milligrammes au maximum à l'état libre (un écart de 10 p. 100 en plus de ces quantités est toléré). Aussi, le viticulteur, le négociant en vin ont tout intérêt à connaître ce que les vins et les moûts retiennent d'acide sulfureux afin de ne pas dépasser les doses limitées, tolérées par les règlements. Nous ferons remarquer que le praticien n'a à s'occuper que des vins blancs principalement, car les vins rouges ne peuvent contenir les doses limites d'acide sulfureux indiquées ci-dessus, leur couleur ne pouvant supporter que des doses d'acide sulfureux plus faible.

Emploi du tube sulfuro-œnométrique Dujardin (fig. 111). — L'acide sulfureux étant très volatil, il faut prélever les échantillons de vin ou de moût soigneusement et *avec rapidité.*

I. *Essai rapide qualitatif de la dose limite (450 milligrammes) d'acide sulfureux total :* on verse dans le tube tenu verticalement le vin blanc ou moût à essayer, jusqu'au premier trait, ensuite la solution titrée de potasse jusqu'au second trait; on ferme le tube soigneusement avec le bouchon en caoutchouc, on mélange les deux liquides en basculant le tube et on laisse en repos pendant 15 minutes. On ajoute alors la solution *acide* jusqu'au troisième trait et au-dessus une dizaine de gouttes d'une solution amidonnée. On verse enfin la solution d'iode jusqu'au trait 450, on bouche le tube et on mélange en retournant plusieurs fois le tube. Si tout le liquide devient *bleu verdâtre*, c'est que le vin ne dépasse pas la dose limité fixée par la loi. Si, au contraire il reste *incolore*, on continue d'ajouter la solution d'iode, jusqu'à la coloration bleue.

II. *Dosage exact de l'acide sulfureux total.* — On procède comme ci-dessus, mais on verse lentement, avec la pipette et par petites fractions, la solution *d'iode*; on bouche le tube et on mélange bien après chaque addition, puis on incline le tube pour amener un peu de liquide dans la boule supérieure et examiner sa coloration au-dessus d'un papier blanc. On arrête l'opération lorsque le mélange entier prend une coloration bleue persistante. On lit alors directement sur le tube tenu bien verticalement, la richesse en *acide sulfureux total* évaluée en milligrammes par litre (une division représente 10 milligrammes).

III. *Dosage de l'acide sulfureux libre.* — On l'effectue avec le même tube, en opérant comme pour l'essai qualitatif rapide et le dosage de l'acide sulfureux total; seulement on n'utilise pas le réactif *potasse*, le volume correspondant à ce réactif est complété avec de l'eau bouillie.

L'acide sulfureux total moins l'acide sulfureux libre donne l'acide *sulfureux combiné.*

IV. *Dosage des vins contenant plus de 350 milligrammes par litre.* — Lors-

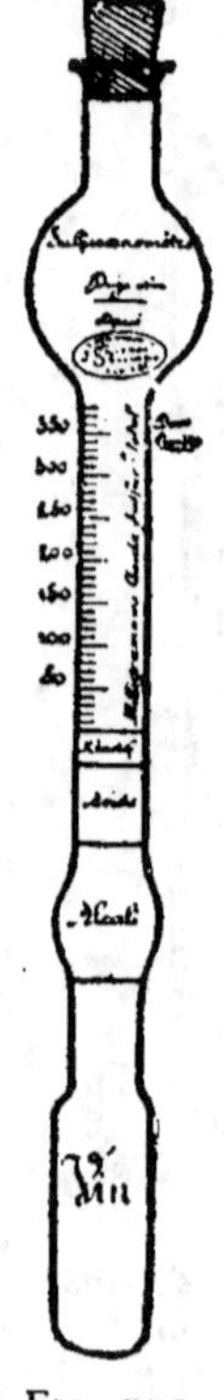

FIG. 111.
TUBE SULFURO-
ŒNOMÉTIQUE
DUJARDIN.

qu'on effectue des dosages sur des vins contenant plus de 350 milligrammes d'acide sulfureux par litre, il est bon de diluer au préalable le vin avec de l'eau bouillie (exactement, une partie de vin et une partie d'eau). On effectue le dosage comme précédemment, mais on multiplie le résultat obtenu par 2.

Emploi de la burette. — 1° *Dosage de l'acide sulfureux total.* — Dans la fiole conique on introduit 25 centimètres cubes de la *solution de potasse titrée*, mesurés avec la pipette, puis 50 centimètres cubes de vin à essayer. On bouche la fiole, on agite pour mélanger le vin et la solution qu'on laisse en présence pendant un quart d'heure environ afin de permettre la transformation de l'acide sulfureux en sulfite de potasse, on ajoute 10 centimètres cubes de *solution acide* et une dizaine de gouttes de *solution amidonnée*.

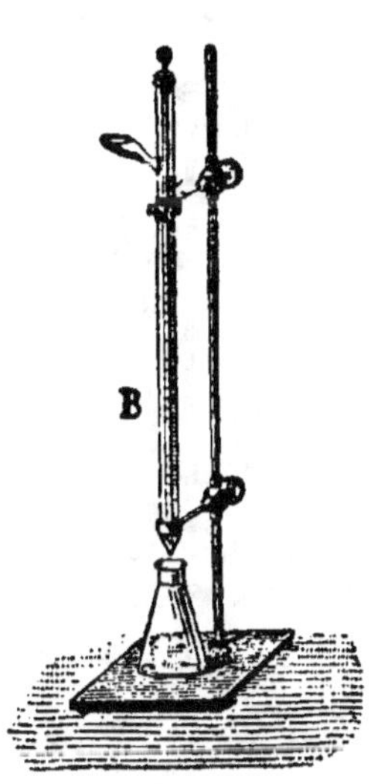

FIG. 112. — DOSAGE DE L'ACIDE SULFUREUX.

On remplit la burette à soupape jusqu'au zéro de sa graduation avec la *liqueur d'iode titrée*, on la laisse couler lentement dans la fiole que l'on agite continuellement, jusqu'à ce qu'une dernière goutte amène une coloration bleue violacée pendant quelques instants.

On lit alors sur la burette le nombre de centimètre cubes de liqueur d'iode et on se reporte à une échelle de correspondance qui évite tout calcul : en regard du nombre de centimètres cubes de liqueur d'iode employés, on lit, exprimée en milligrammes par litre, la dose d'acide sulfureux total que contient le vin.

2° *Dosage de l'acide sulfureux libre.* — Pour doser l'acide sulfureux libre, on opère le dosage comme ci-dessus, mais sans ajouter les 25 centimètres cubes de solution de potasse et sans attendre un quart d'heure.

Détermination du tanisage et du collage des vins. — Nous avons vu (collage, page 150) que le collage par les matières albuminoïdes et la gélatine exige, pour se produire, une certaine quantité de tanin dans le vin.

Nous avons vu également que le décret du 19 août 1921 permet l'addition de tanin « dans la mesure indispensable pour effectuer le collage des vins au moyen des albumines ou de la gélatine ».

En général, dans les *vins rouges*, le tanin se trouve en quantité suffisante pour précipiter la colle; il n'en est pas de même des *vins blancs* et même des vins rouges provenant de vendanges avariées.

Pour que la colle employée n'entraîne pas une partie du tanin du vin et, par conséquent, ne modifie pas la composition du vin, il suffit d'ajouter au liquide, avant le collage, une quantité de tanin correspondante à la colle utilisée.

Si on ajoute de la colle à un vin contenant une dose insuffisante de tanin, elle s'y dissout et devient un agent de putréfaction et de troubles. Si on ajoute trop de tanin à un vin on donne à ce dernier une saveur âpre, un goût astringent, on lui enlève sa finesse et son moelleux.

Il est donc nécessaire avant de coller un vin de s'assurer si sa richesse en tanin est suffisante. Il est nécessaire également de s'assurer si le vin n'a pas été *surcollé*, s'il n'a pas un excès de colle pouvant, avec le temps, donner une fermentation putride. On peut procéder de la manière suivante :

Essai qualitatif pour constater si un vin trouble doit ce défaut à un excès de colle ou si le vin bleui doit ce défaut à un excès de tanin.

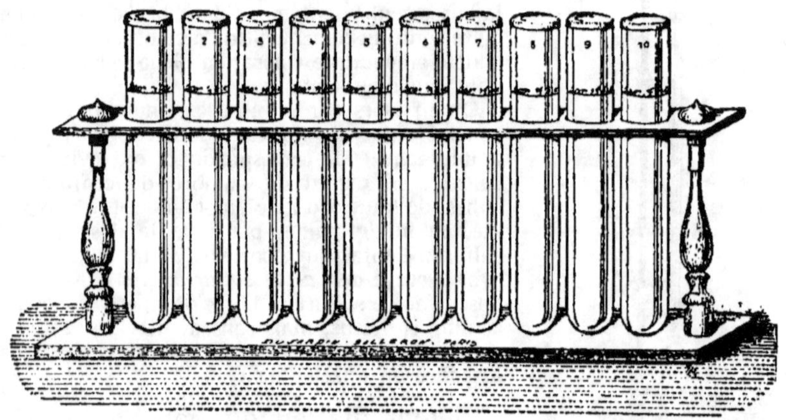

FIG. 113. — DÉTERMINATION DU TANISAGE ET DU COLLAGE DES VINS.

« On remplit 3 tubes (fig. 113) jusqu'au trait 200 centimètres cubes avec le vin à examiner; le n° 1 reste comme tube de comparaison.

« On fait fondre dans très peu d'eau tiède que contient une petite capsule de porcelaine, une petite rondelle de gélatine blanchie, on verse le contenu dans le titre 2, on mélange. Puis, on prend une pincée de tanin qu'on fait dissoudre dans un peu de vin ou d'alcool, on verse cette solution dans le tube 3, on mélange. On peut, si le vin du tube n° 1 est trouble, placer sur un tube n° 4 un entonnoir avec un ou deux filtres en papier, ou de l'amiante, ou encore de la cellulose tassée et y filtrer ce même vin pour l'obtenir limpide, le vin peut quelquefois ne devoir son trouble qu'à une filtration insuffisante.

« 1° Si le vin renferme du tanin, la gélatine ajoutée dans le tube 2 s'y coagulera; s'il n'en renferme pas, il n'y aura pas de coagulation apparente.

« 2° Si le vin renferme de la colle, le tanin en provoquera la coagulation (tube 3); s'il n'y a pas de colle, il ne se produit pas de flocons coagulés.

« En comparant la limpidité des tubes 1, 2, 3, 4, on en déduira s'il est utile de taniser le vin avant de le coller, ce qu'on fait le plus généralement, de lui faire subir un tanisage et un collage ou simplement de le filtrer. »

Essai quantitatif. — Nous rappelons tout d'abord (voir page 152) à propos du collage, qu'il faut 0,8 de tanin pour coaguler 1 gramme de gélatine.

Premier cas. — *Dose de colle et de tanin à ajouter.* — « Supposons que le vin (blanc ou rouge) n'a reçu ni addition de colle, ni addition de tanin; le vin ne contient que le tanin qui fait partie de sa composition naturelle.

« On remplit chacun des 10 tubes numérotés (fig. 113) jusqu'au trait 200 centimètres cubes avec le vin à examiner, on remplit la burette divisée avec la solution de colle à 4 grammes par litre et on affleure le niveau du zéro. On fait couler dans le tube n° 1 jusqu'à la première division, dans le tube n° 2 jusqu'à la deuxième division, et ainsi de suite jusqu'au dixième tube. On mélange bien avec un agitateur, on laisse la précipitation se produire et le dépôt tomber au fond des tubes. On examine alors par transparence la limpidité de chaque tube. Supposons que le tube n° 6 soit très clair : sachant que 1 gramme de colle (gélatine blanche) est coagulé par 0 gr. 8 de tanin, nous en déduisons qu'il faut ajouter au vin $6 \times 0,8 = 4$ gr. 8 de tanin par hectolitre avant de coller. »

Deuxième cas. — *Recherche d'un excès de colle et détermination de la quantité de tanin à ajouter pour faire disparaître cet excès.* — « Supposons que le vin contient un excès de colle caractérisé par une coagulation dans le tube n° 3 de l'essai *qualitatif* précédent. On rince bien la burette divisée avec de l'eau et on la remplit avec la solution de tanin titrée à 4 grammes par litre. On renouvelle le même essai indiqué ci-dessus. On examine alors par transparence la limpidité de chaque tube. Supposons que le tube n° 5 soit bien clarifié, nous en déduirons qu'il faut ajouter au vin 5 grammes de tanin par hectolitre pour précipiter la colle en excès. »

Dans tous les essais indiqués ci-dessus, il est bon que les solutions titrées de colle et de tanin soient préparées avec les produits qui doivent être employés pour taniser ou coller définitivement les vins. Comme ces solutions ne se conservent pas, il faut les préparer seulement au moment de les utiliser.

Interprétation des résultats des analyses de vins. — Nous avons indiqué page 140, à propos des falsifications des vins, comment on déterminait le *rapport alcool-extrait sec* et la *somme alcool-acide*; nous pensons qu'il est bon de faire connaître aux viticulteurs et aux négociants en vins certaines règles qui montrent si le vin est marchand.

Règle Halphen. — On détermine le rapport entre l'acidité totale du vin à examiner (non altéré par l'acescence) et le degré alcoolique et on compare ce rapport à des rapports *types* établis. Lorsque le rapport obtenu est supérieur au rapport type concernant le vin type ayant même degré alcoolique que celui du vin examiné, on peut déclarer que ce dernier ne peut être suspecté.

Exemple : Un vin a 9° d'alcool, une acidité totale de 5,8 et une acidité volatile de 1,5. On commence par établir l'acidité réelle du vin en retranchant, de l'acidité totale, l'acidité volatile moins 0 gr. 7 (acidité volatile d'un vin normal) :

$$5,8 - (1,5 - 0,7) = 5.$$

Le rapport $\dfrac{\text{acide}}{\text{alcool}}$ est donc $\dfrac{5}{9} = 0,55$.

Ce rapport 0,55 étant supérieur au rapport type établi par Halphen pour un vin donnant 9° d'alcool, on peut dire que le vin examiné serait marchand.

Rapports $\frac{\text{Acidité}}{\text{Alcool}}$ types.

DEGRÉS ALCOOL	RAPPORTS	DEGRÉS ALCOOL	RAPPORTS
6	0,740	9,5	0,495
6,5	0,705	10	0,460
7	0,670	10,5	0,425
7,5	0,635	11	0,390
8	0,600	11,5	0,355
8,5	0,565	12	0,320
9,0	0,530	12,6	0,280

Rapports $\frac{\text{Acidité}}{\text{Alcool}}$ types spéciaux pour certains vins.

VINS DE	\multicolumn{5}{DEGRÉS ALCOOLIQUES}
	7	8	9	10	11
Aramons de plaine.....	0,63	0,52	0,48 (8°5)		
Bordelais.			0,48 (9°5)	0,40	0,30
Loire inférieure.......			0,66	0,56	0,50 (10°5)
Beaujolais et Mâconnais.		0,65 (8°5)	0,56	0,38	0,35
Hérault	0,64	0,56	0,46	0,36	0,34
Algérie et Tunisie......			0,50 (9°5)	0,42	0,33

Règle Roos. — On détermine pour le vin à examiner le rapport suivant :

$$\frac{\text{somme acidité fixe} + \text{alcool}}{\text{rapport alcool : extrait réduit à } 100°}.$$

Ce rapport doit être supérieur à 3,1 pour les vins rouges et à 2,4 pour les vins blancs[1].

Défoxage des moûts et des vins foxés. — D'après M. Ravaz en traitant les moûts et les vins par un oxydant, on fait disparaître les goûts foxés, musqués, etc.

« Les oxydants qui ont donné les résultats les plus intéressants sont l'acétate manganeux, le permanganate de potasse; mais leur emploi en vinification n'est pas autorisé. Du reste nous avons mieux.

« L'eau oxygénée qui n'apporte rien à la vendange qui n'y soit déjà et

---

1. M. Blarez a indiqué également des règles, qui ne sont applicables que si l'on connaît l'origine du vin soumis à l'expertise.

qui *n'y laisse aucune trace*, est encore plus active. Au titre de 10-11 volumes, à la dose de 1 litre par hectolitre, en moins d'une heure, elle a enlevé au moût ou au vin toute trace de bouquet foxé, musqué etc. Je peux assurer qu'elle enlève aussi au vin, et complètement, l'odeur ou le goût de moisi, de pourri, de croupi, d'hydrogène sulfuré, de soufre, etc. Il n'y a guère que quelques parfums de certaines espèces américanisées qui lui résistent.

Le résultat est le même, qu'on opère sur le moût ou sur le vin fait. Si la dose est plus élevée, l'action est aussi plus rapide. Mais l'oxydation est poussée plus loin et l'on obtient immédiatement des vins vieillis de plusieurs mois ou même de plusieurs années. J'ai des vins foxés de 1917, ainsi traités, qui rivalisent pour le rancio avec les plus vieux rancio des Pyrénées-Orientales. Je ne peux dire cependant qu'ils sont aussi bons. »

Nous devons faire remarquer que, d'après le décret du 19 août 1921, ne constitue pas une manipulation et pratique frauduleuse l'opération suivante : « le traitement par l'air ou par l'oxygène gazeux pur » (voir page 220). D'autre part la circulaire du 15 novembre 1921 aux agents du Service de la répression des fraudes, on peut lire ce qui suit :

« Les vins peuvent être traités par l'air ou l'oxygène pur, mais non par l'eau oxygénée dont l'emploi a été préconisé pour enlever le goût désagréable, dit « goût foxé » que possèdent les vins provenant de certains producteurs directs tels que le Noah. Le propriétaire qui fait du vin de Noah pour sa consommation personnelle peut recourir à ce procédé, mais il n'en est plus ainsi si le vin est destiné au commerce c'est-à-dire à la vente. Le règlement a expressément écarté l'eau oxygénée des produits dont l'addition au vin peut être permise, considérant, sans doute, qu'il n'y avait aucun intérêt à favoriser le développement des vignes donnant de mauvais vins. »

Vente des vins. — Le décret du 19 août 1921 précise certaines obligations concernant la vente des vins.

Art. 4. — Dans les établissements où s'exerce le commerce de détail des vins, il doit être apposé d'une manière apparente, sur les récipients, emballages, casiers ou fûts, une inscription indiquant la dénomination sous laquelle le vin est mis en vente.

Cette inscription n'est pas obligatoire pour les bouteilles et récipients dans lesquels les vins de consommation courante sont emportés séance tenante par l'acheteur ou servis par le vendeur pour être consommés sur place.

Lorsque le vin n'est pas vendu sous appellation d'origine, la dénomination de vente doit être suivie de l'indication du titre alcoolique; celui-ci peut être donné par degré et demi-degré, mais, dans ce cas, les dixièmes dépassant le degré ou le demi-degré ne doivent pas être comptés.

Les inscriptions doivent être rédigées sans abréviation, et disposées de façon à ne pas dissimuler la dénomination du produit.

TABLE ALPHABÉTIQUE

TABLE DES MATIÈRES

Chapitre V. — Comment on améliore le moût.

Chapitre VI — Conservation du moût de raisin.

Chapitre VII. — Pratique de la transformation du moût en vin.

II. *Vinification des vins blancs.*

Chapitre VIII. — I. Vin blanc fait avec des cépages blancs.

II. Vin blanc fait avec des cépages rouges.

Chapitre IX. — Nouveaux procédés de vinification.

TROISIÈME PARTIE

ÉTUDE ET AMÉLIORATION DES VINS

Chapitre X. — Composition et analyse des vins.

Chapitre XI. — Comment on améliore les vins.

Chapitre XII. — Comment on reconnaît les principales falsifications des vins.

QUATRIÈME PARTIE

CONSERVATION DES VINS

Chapitre XIII. — Des soins à donner aux vins.

Chapitre XIV. — Procédés de conservation des vins.

CINQUIÈME PARTIE

HYGIÈNE ET MALADIE DES VINS

Chapitre XV. — Hygiène des vins.

SIXIÈME PARTIE

UTILISATION DES PRINCIPAUX RÉSIDUS

Chapitre XVII. — Fabrication des vins de marcs ou de 2ᵉ cuvée ou vins de sucre.

Chapitre XVIII. — Fabrication de la piquette.

Chapitre XIX. — Utilisation des sous-produits.

SEPTIÈME PARTIE

LE VIN ET LA LOI SUR LES FRAUDES

Chapitre XX. — Commentaires.

COMPLÉMENTS

4062. — Coulommiers. — Imp. PAUL BRODARD. — 4-24.

Chimie générale ⊛ ⊛ ⊛ ⊛ ⊛ appliquée à l'agriculture,

par E. CHANCRIN, Inspecteur général de l'Agriculture.

Un volume de 260 pages avec 164 figures, cartonné.

L'AGRICULTURE a cessé d'être purement empirique ; elle devient de plus en plus une science. « Les praticiens n'acceptent plus, sans les discuter, les vieilles formules établies par une longue série d'observations transmises d'une génération à l'autre ; très sagement ils veulent en comprendre la raison et les améliorer ; pour y réussir des connaissances positives leur sont nécessaires. » Ces connaissances leur sont données en partie par la *Chimie agricole*. Mais celle-ci a besoin d'être accompagnée d'une étude élémentaire de chimie générale. Les agriculteurs trouveront dans cette *chimie générale* tous les renseignements précis dont ils peuvent avoir besoin sur les propriétés des corps qu'ils utilisent.

Chimie agricole,

par E. CHANCRIN, Inspecteur général de l'Agriculture.

Un volume de 225 pages avec 45 figures, cartonné.

LA chimie agricole s'applique à donner à la culture une plus grande extension des produits utilisables et partant de la rendre plus rémunératrice ; elle guide l'agriculteur qui désire obtenir la plus grande quantité possible de produits végétaux avec un *bénéfice maximum*. De toutes les sciences, c'est elle qui contribue le plus à la marche en avant de l'agriculture dans la voie du progrès, elle est en quelque sorte la « lanterne » qui éclaire presque toutes les opérations agricoles. L'ouvrage de M. Chancrin est à la portée de tout le monde, depuis le petit fermier jusqu'au grand exploitant agricole ; pour le lire avec fruit, point n'est besoin d'avoir fait ce que l'on appelle de « bonnes études » ; tous les agriculteurs peuvent le consulter.

Les Céréales, par A. DESRIOT, Ingénieur agricole, Directeur d'École d'Agriculture.

Un volume de 184 pages, avec 111 figures, cartonné.

LE nombre d'hectares de cultures n'a guère varié depuis une cinquantaine d'années, mais les rendements n'ont fait que progresser. Il reste encore un effort à faire pour que la production atteigne les besoins de la consommation. Indiquer aux cultivateurs tout ce qui est utile pour arriver à augmenter le rendement des céréales tout en diminuant le prix de revient de l'hectolitre, tel est le but de cet ouvrage.

Les Prairies, par M. MALPEAUX, Directeur de l'École d'Agriculture du Pas-de-Calais.

Un volume de 148 pages, avec 85 figures, cartonné.

AU cours du xixᵉ siècle, la culture des plantes fourragères s'est accrue d'une façon remarquable ; elle s'accroît encore aujourd'hui.
L'auteur examine les meilleures méthodes permettant d'obtenir un plus grand rendement et indique l'importance des plantes fourragères servant à l'alimentation du bétail.
Tout ce qui concerne ces plantes s'y trouve condensé.

Les Plantes sarclées
Pomme de terre, Betterave ● ● ● ● Carotte, etc., par L. MALPEAUX, Ingénieur agricole, Directeur de l'École d'Agriculture du Pas-de-Calais.

Un volume de 175 pages avec 92 figures, cartonné.

DANS cet ouvrage, la betterave fourragère, la pomme de terre, le topinambour, la carotte, le rutabaga, le navet et le chou sont envisagés successivement au point de vue de leur répartition, des procédés culturaux qui leur sont applicables, de leur récolte et de leur utilisation.
En le lisant, les cultivateurs pourront se convaincre des progrès et des profits qu'il est possible de réaliser par des cultures perfectionnées.

La Betterave à sucre
La Betterave de distillerie
et la Chicorée à café,

par L. MALPEAUX, Ingénieur agricole, Directeur de l'École d'Agriculture du Pas-de-Calais.

Un volume de 128 pages avec 57 figures, cartonné.

L'IMPORTANCE primordiale de la betterave industrielle en France est bien connue : au point de vue agricole, son action est considérable ; au point de vue économique, elle a longuement contribué à la prospérité générale par les industries qu'elle alimente : sucrerie et distillerie. Ce livre constitue un véritable traité de la betterave industrielle ; il contient tous les renseignements pratiques pour obtenir un rendement rémunérateur.

Les Plantes oléagineuses
Colza, Navette, Œillette, Cameline,

par L. MALPEAUX, Ingénieur agricole, Directeur de l'Ecole d'Agriculture du Pas-de-Calais.

Un volume de 68 pages avec 24 figures, cartonné.

LA culture des *plantes oléagineuses* est précieuse parce qu'elle permet de varier les assolements, de tirer parti de certains sols et de laisser les terres dans un état de fertilité très favorable aux récoltes ultérieures.

M. Malpeaux, dans ce petit ouvrage, a présenté les aperçus théoriques et les données pratiques les plus récentes concernant le *colza*, l'*œillette*, la *navette* et la *cameline*.

Les Plantes textiles
Lin, Chanvre, etc.,

par L. BONNÉTAT, Ingénieur agronome, Professeur à l'Ecole d'Agriculture de la Vendée.

Un volume de 48 pages avec 26 figures, cartonné.

BIEN qu'ayant en partie cédé la place à la culture des betteraves à sucre, celle du lin, du chanvre, de l'œillette, etc., a gardé encore assez d'importance pour retenir l'attention des élèves de nos écoles d'agriculture et de nos agriculteurs. Nous devons chercher à produire un poids élevé d'une bonne qualité moyenne, réclamée par les filateurs, pour concurrencer les lins étrangers ; on en étudie les moyens pratiques dans cet ouvrage.

Le Tabac, par F. de CONFEVRON, Ingénieur agronome, Vérificateur de la culture des Tabacs.

Un volume de 36 pages, avec 15 figures, cartonné.

Dans ce petit volume sur la culture du tabac, l'auteur s'est proposé, d'une part, de présenter un guide pratique aux agriculteurs désireux de se livrer dans de bonnes conditions à la culture du tabac ; d'autre part, de fournir un ensemble de renseignements généraux aux personnes que pourrait intéresser cette branche de notre production indigène, tels que la préparation des terres, les semis et plantations, la récolte, etc.

Le Houblon, par G. MOREAU, Professeur de Brasserie à l'École nationale des Industries Agricoles de Douai.

Un volume de 28 pages, avec 16 figures, cartonné.

Le houblon est cultivé en France plus particulièrement dans les régions du Nord et de l'Est. Les agriculteurs de ces régions et tous ceux qui s'intéressent à la culture du houblon trouveront dans l'ouvrage de M. Moreau des conseils précieux sur la plantation d'une houblonnière, la culture annuelle, la récolte et le séchage du houblon, etc., ainsi que les avantages que l'on peut recueillir d'une culture bien comprise de cette plante.

Forêts, Pâturages et Prés-Bois (Économie sylvo-pastorale), par A. FRON, Inspecteur des Eaux et Forêts et L. MARCHAND, Conservateur des Eaux et Forêts.

Un volume de 170 pages, avec 47 figures, cartonné.

Les propriétaires de bois, de friches, landes ou pâturages, les régisseurs et gardes forestiers, les élèves des Écoles d'agriculture trouveront dans le livre de M. Fron tous les renseignements nécessaires pour le reboisement et la mise en valeur par les procédés les plus avantageux des montagnes, des pentes déclives, des terres pauvres, et pour toutes les améliorations sylvo-pastorales.

Culture ● ● ● ● potagère,

par J. **VERCIER**, Professeur spécial d'Horticulture et d'Arboriculture de la Côte-d'Or. Ouvrage couronné par la Société Nationale d'Horticulture de France. (Prix Joubert de l'Hyberderie.)

Un volume de 402 pages avec 267 figures, cartonné.

CONNAISSANT particulièrement les besoins des cultivateurs, des jardiniers, des instituteurs, des élèves des écoles d'agriculture, et tenant compte des progrès réalisés en horticulture au cours des dernières années, l'auteur a préparé ce nouveau traité de *Culture potagère* dans lequel les recherches sont aisées et où la voie du débutant est toute tracée.

On a multiplié les gravures pour éclairer et compléter les descriptions et les explications, de sorte que l'ouvrage est en réalité, malgré sa brièveté, un traité complet.

Ce volume comprend trois parties bien distinctes, lesquelles sont subdivisées en chapitres. Dans la première partie sont exposées les généralités et quelques idées nouvelles relatives à l'état actuel de la culture maraîchère en France et à la possibilité de la développer en mettant en valeur des terrains tourbeux inutilisés jusqu'ici.

Tous les travaux de jardinage que doit connaître et pratiquer l'amateur, tous les petits trucs du métier qui permettent d'éviter la plupart des aléas de la culture, les renseignements touchant à la production, à la récolte, à l'emballage et à la vente ou même à la conservation des légumes, s'y trouvent exposés.

La seconde partie traite séparément de la culture individuelle des légumes usuels de pleine terre, de leur culture hâtée ou forcée, en relatant les modes de multiplication, les meilleures variétés, les maladies, etc....

La troisième partie constitue à elle seule un guide précieux et détaillé que le lecteur pourra consulter mois par mois pour effectuer successivement, et en temps voulu, tous les semis, repiquages, de même que les récoltes à faire.

Arboriculture ● ● fruitière,

par J. VERCIER, Professeur spécial d'Horticulture et d'Arboriculture de la Côte-d'Or. Ouvrage couronné par la Société nationale d'Horticulture de France. (Prix Joubert de l'Hyberderie.)

Un volume de 388 pages avec 360 figures, cartonné.

CE traité d'Arboriculture comprend quatre parties : la première traite des soins à donner aux arbres fruitiers, de la cueillette, de l'emballage. La seconde partie est réservée à la culture des différents fruits ; l'étude complète de chaque arbre s'y trouve condensée en quelques pages.

La troisième partie envisage le cas d'un amateur qui désire organiser un jardin fruitier réclamant peu de soins et capable de lui procurer la provision de fruits qu'il est appelé à consommer.

La quatrième partie est constituée par un calendrier où figurent, mois par mois, les travaux à faire. Cet ouvrage s'adresse à ceux qui jardinent par nécessité ou par goût, sans être des arboriculteurs, et aux petits producteurs.

Les Plantes ● ● ● ● médicinales,

par G. PELLERIN, Secrétaire général de l'Office National des matières premières végétales pour la Droguerie, la Pharmacie, la Distillerie et la Parfumerie.

Un volume de 160 pages avec 130 figures.

DEUX sources de profits auxquelles l'agriculteur ne pense pas toujours tant elles sont à portée de sa main : le ramassage et la culture des plantes employées en droguerie et en pharmacie, qu'on appelle Plantes Médicinales.

Quelles plantes faut-il ramasser? A quelle époque et comment en faire un ramassage rémunérateur? Comment sécher et expédier ces plantes?

Quelle culture, industrielle ou familiale, en peut-on faire? Autant de questions auxquelles ce petit livre répond, dans l'intérêt le mieux compris des agriculteurs.

Viticulture moderne, par E. CHANCRIN, Inspecteur général de l'Agriculture.

Un volume de 332 pages avec 208 figures, cartonné.

LA culture de la vigne, de routinière qu'elle était, est devenue scientifique. Le viticulteur ne peut plus se contenter des règles empiriques qui l'avaient guidé jusqu'alors ; une instruction spécialement viticole lui est indispensable.

La *Viticulture Moderne* réunit toutes les notions nécessaires à cette instruction.

La première partie comprend une étude pratique de la vigne, de ses différents organes et de leurs fonctions. *La deuxième partie* décrit les principaux cépages dans les différentes régions où on les cultive. *La troisième partie* traite des procédés de multiplication de la vigne et plus particulièrement du greffage.

Les porte-greffes ont fait l'objet d'une étude spéciale sur leur emploi non seulement dans les terrains calcaires, mais aussi dans les terrains compacts, humides ou secs, grâce à des travaux récents. Toutes les questions pratiques concernant l'établissement d'un vignoble ont été passées en revue dans la *quatrième partie*.

L'auteur a groupé dans une *cinquième partie* les tailles des différentes régions de façon à montrer les relations qu'elles ont entre elles.

La sixième partie traite des travaux manuels du sol et de la question particulièrement intéressante de la culture superficielle des vignes.

Le viticulteur éprouve fréquemment des difficultés pour l'emploi raisonné des engrais chimiques. Il trouvera décrites, dans la *septième partie*, un grand nombre de formules pratiques. De nombreux conseils sont également donnés sur les moyens les plus efficaces pour lutter contre les ennemis et les maladies du vignoble, préoccupation constante de tous les viticulteurs. Ce travail de vulgarisation rendra les plus grands services à tous ceux que les questions viticoles intéressent.

Le Vin ● ● ● ● ● ● ● ● par E. CHANCRIN,

Procédés modernes de préparation, Inspecteur général de **d'amélioration et de conservation,** l'Agriculture.

Un volume de 228 pages, avec 105 figures, cartonné.

LES viticulteurs demandent souvent pour les conseiller dans leurs opérations un ouvrage sur la *vinification* qui ne soit ni trop élémentaire, bon seulement pour des écoliers, ni trop savant, trop théorique et volumineux. Le livre de M. Chancrin répond parfaitement à leur demande : c'est un véritable guide pour les praticiens qui désirent connaître les procédés modernes de préparation, d'amélioration et de conservation des vins, la fabrication des vins de marc ou de deuxième cuvée, la fabrication de la piquette, l'utilisation des sous-produits, etc., tout en observant scrupuleusement la nouvelle loi sur les fraudes que des commentaires expliquent très clairement.

Le Cidre,

par **P. LABOUNOUX,** Ingénieur agronome, Directeur des Services agricoles de la Seine-Inférieure, et **P. TOUCHARD,** Ingénieur agronome, Directeur de l'Ecole d'Agriculture de Pétré.

● ● ● ●

Un volume de 200 pages, avec 92 figures, cartonné.

CET ouvrage s'adresse plus particulièrement aux cultivateurs des régions de la Bretagne, de la Normandie, du Maine et de la Picardie, où le cidre est la boisson journalière. Néanmoins il peut être utile à tous les agriculteurs qui produisent des pommes, aux industriels qui achètent des fruits pour les brasser, à tous ceux qui font du cidre. Ils y trouveront des renseignements très détaillés sur : Culture du pommier à cidre. — Fabrication du cidre ; Transformation du moût en cidre. — Utilisation des sous-produits. — Le poiré. — Dessiccation des pommes et poires. — Législation sur les cidres et poirés.

La Bière ◎ ◎ ◎ ◎ ◎ ◎ ◎

Procédés modernes de fabrication et Utilisation des sous-produits,

par **A. MOREAU**, Professeur de Brasserie à l'Ecole nationale des Industries Agricoles de Douai.

Un volume de 32 pages, avec 10 figures, cartonné.

M. Moreau expose très clairement et très méthodiquement dans ce petit livre les principes les plus simples de la fabrication de la bière ; il s'est attaché particulièrement à indiquer aux cultivateurs les produits que la brasserie leur demande et les résidus que l'on peut employer à la ferme, les drèches pour l'engraissement des bestiaux, les radicelles de l'orge et les marcs de houblon pour la fumure des terres.

Le Blé, la Farine, ◎ ◎ ◎ ◎ ◎ le Pain,

Etude pratique de la meunerie et de la boulangerie, par Edmond RABATÉ, Ingénieur agronome, Inspecteur général de l'Agriculture.

Un volume de 124 pages, avec 101 figures, cartonné.

Cette étude pratique de la meunerie et de la boulangerie ne s'adresse pas seulement aux meuniers et aux boulangers. Elle peut encore être utile aux agriculteurs, aux négociants en grains, pour leurs achats de blés et de farines, aux élèves de divers ordres d'enseignement, aux organisateurs de boulangeries coopératives, et enfin au consommateur qui désire être fixé sur l'origine et la valeur du pain qu'il mange.

Le Sucre ◎ ◎ ◎ ◎ ◎

et l'utilisation de ses sous-produits à la ferme, ◎

par **G. PAGÈS**, Ingénieur Agronome, Professeur d'École Nationale d'Agriculture.

Un volume de 88 pages, avec 44 figures, cartonné.

Le sucre, en Europe, est extrait de la betterave, et c'est le cultivateur qui la produit. Cette culture emploie une main-d'œuvre considérable et, par répercussion, permet l'entretien d'environ 200 000 têtes de gros bétail. L'industrie sucrière touche donc de très près à l'agriculture et c'est surtout ce point de vue qu'on a présenté ici.

Les Eaux-de-Vie ❀ et les Alcools, par G. PAGÈS, Ingénieur agronome, Professeur d'École nationale d'Agriculture.

Un volume de 170 pages avec 71 figures, cartonné.

Voici un *Guide pratique du Bouilleur de cru et du Distillateur ;* les propriétaires-viticulteurs y trouveront tous les renseignements nécessaires pour distiller leurs vins, leurs marcs, etc. Ses quatre parties traitent successivement des *notions générales sur les eaux-de-vie et les alcools ;* de la *distillation des eaux-de-vie*, de la *fabrication des alcools de betterave, de grains*, etc., et de la législation sur le régime des bouilleurs de cru.

Les Essences ❀ ❀ et les Parfums, (Extraction et fabrication), par Antonin ROLET, Ingénieur agronome, professeur à l'École d'Agriculture d'Antibes.

Suivi de l'Essence de Térébenthine, par Edmond RABATÉ, Ingénieur agronome, Inspecteur général de l'Agriculture.

1 volume de 104 pages avec 103 figures, cartonné.

Ce livre s'adresse non seulement aux élèves des Écoles d'Agriculture, mais aussi aux agriculteurs qui peuvent créer des coopératives de producteurs, aux petits industriels, etc. Le travail de M. Rabaté sur *l'Essence de Térébenthine* s'adresse aux propriétaires des forêts de pins, partout où cet arbre occupe de grandes étendues et dont l'extrait peut donner de sérieux bénéfices.

Huilerie agricole, par P. D'AYGALLIERS, Directeur d'École d'Agriculture.

Un volume de 36 pages, avec 15 figures, cartonné.

Les cultivateurs de plantes oléagineuses trouveront dans cet opuscule des renseignements utiles qui pourront leur permettre d'obtenir des produits meilleurs par une fabrication plus soignée et un outillage plus perfectionné. En même temps, les jeunes gens des écoles y puiseront des notions précises sur l'utilisation et la mise en œuvre de produits du sol qui constituent encore une partie importante de notre richesse agricole.

Laiterie, Beurrerie, ⊕ ⊕ ⊕ Fromagerie,
par **V. HOUDET**, Agronome, ancien directeur de l'Ecole nationale des Industries laitières de Mamirolle.

Un volume de 142 pages avec 96 figures, cartonné.

L'OUVRAGE de M. Houdet s'adresse aux cultivateurs, producteurs de lait, aux petits fabricants de beurre ou de fromages, aux élèves des Écoles d'agriculture. Beaucoup d'entre eux sont tentés d'oublier que l'agriculture s'industrialise chaque jour davantage; qu'ils doivent envisager toutes les circonstances qui influent sur la production et la consommation et qu'il leur faut surtout tenir compte de ces circonstances pour obtenir et vendre leurs produits aux prix les plus avantageux.

Ce livre leur fait connaître, en les mettant à leur portée, les procédés actuels de fabrication à la fois raisonnés et pratiques concernant le lait, le beurre et les fromages.

Les Conserves alimentaires (Fabrication ménagère et industrielle),
par **M. LAVOINE**, Ingénieur agronome, Directeur des Services agricoles.

Un volume de 154 pages avec 98 figures, cartonné.

LA conservation des aliments est rendue nécessaire sous notre climat par la rareté et la cherté des produits frais pendant l'hiver.

L'ouvrage de M. Lavoine contient *l'exposé des procédés applicables par la ménagère* et le *principe des procédés industriels*. Il s'adresse tout particulièrement à la *maîtresse de maison*, mais il intéresse également les *cultivateurs* qui peuvent retirer, par la conservation, une source de profits très appréciables, non seulement des grandes quantités de fruits qu'on laisse généralement perdre à la campagne, mais encore des légumes, de la viande, etc.

Les ménagères de la ville et de la campagne trouveront dans ce livre une foule de recettes très simples pour la conservation de tous les aliments.

Les Abeilles et le Miel, par J. GAGET, Professeur d'Agriculture, Apiculteur.

Un volume de 116 pages, avec 63 figures, cartonné.

ON retire de l'élevage des abeilles : le miel et la cire. Le miel est aussi nourrissant que le sucre et de digestion plus facile ; il a des propriétés laxatives, c'est un désinfectant de l'appareil digestif. La cire est utilisée dans la préparation des encaustiques, cirages, bougies, cierges, onguents, etc. Le rôle des abeilles est considérable dans la fécondation des fleurs. L'élevage des abeilles est à la portée de tous ; ce petit livre donne les meilleurs conseils à qui voudrait s'y essayer.

Le Ver à Soie du Mûrier, par M. MOZZICONACCI, Directeur de la Station de Sériciculture d'Alès.
Petit traité de Sériciculture pratique,

Un volume de 256 pages, avec 62 figures, in-16, cartonné.

L'ÉDUCATION du ver à soie est une excellente source de revenus pour le petit cultivateur possédant les mûriers nécessaires, et qui n'a pas à rechercher la main-d'œuvre étrangère.
La sériciculture forme l'objet de ce volume. Elle y est traitée dans l'esprit le plus pratique. L'industrie de la soie ne pourra que gagner à la diffusion de cet ouvrage.

Le Cheval, par M. FRAISSE.

Un volume de 256 pages, avec 208 figures, in-16, cartonné.

L'AGRICULTEUR aura toujours des chevaux pour cultiver ses terres. Une étude du cheval s'adressant au grand public agricole arrive donc encore à son heure. Ce livre traite de la structure du cheval, de sa conformation, de ses tares, de l'achat et la vente, des soins à donner, de l'alimentation, de la production, etc.

Hygiène du Bétail et Médecine vétérinaire à ⚙ ⚙ ⚙ ⚙ ⚙ ⚙ la ferme,

par M. COTTIER, professeur de Zootechnie à l'Ecole d'Agriculture de Montpellier.

Un volume de 500 pages, avec 174 figures.

LE bétail est l'âme de l'Agriculture, il n'y a pas de ferme sans lui. Si l'élevage rationnel développe et perfectionne le bétail, intensifiant ainsi la production animale, il arrive souvent qu'on ait à le défendre immédiatement contre la maladie ou l'accident. L'hygiène, qui prévient le mal, et la Médecine vétérinaire qui le guérit sont les deux moyens d'empêcher les graves pertes qui pourraient en résulter.

Ce volume, établi d'après les découvertes scientifiques les plus récentes, armera l'agriculteur contre la naissance et la propagation des maladies et contre les initiatives aveugles qui souvent les aggravent au lieu de les juguler. Il lui donnera tous les moyens d'intervenir au plus tôt d'une façon salutaire (et le plus souvent suffisante) en attendant l'intervention du médecin vétérinaire.

C'est le conseiller indispensable à tout éleveur comme à tout fermier qui veut éteindre ses risques et augmenter ses chances de succès.

Principes d'Élevage ⚙ ⚙ ⚙ ⚙ ⚙ ⚙ ⚙ ⚙ rationnel,

par A. LEROY, Chef des travaux de Zootechnie à l'Institut National Agronomique.

Un volume de 352 pages, avec 100 figures. (*En préparation.*)

SI, comme le disait autrefois Sully, « labourage et pâturage sont les deux mamelles de la France », moins que jamais, dans les circonstances actuelles, il ne faut négliger cette source de richesse que nous nommons maintenant l'élevage.

Le petit fermier comme le grand éleveur doivent s'efforcer d'obtenir de leur bétail le maximum de rendement. Ils y arriveront par une économie judicieuse de l'alimentation, de l'habitation, de la sélection et de la reproduction.

L'ouvrage de M. A. Leroy, rédigé dans un sens tout à fait pratique d'après les dernières données de l'expérience, fournit tous les conseils qui permettront à l'agriculteur de développer et d'entretenir son bétail de manière à en tirer le plus de profit.

Le Porc ● ● ● ● ● ● ● par A. GOUSSÉ, éleveur.
Élevage, engraissement, reproduction,

Un volume de 112 pages, avec 52 figures, cartonné.

L'ÉLEVAGE du porc, qui nécessite un capital moins élevé et plus vite remboursé que tout autre élevage, est un des meilleurs moyens de faciliter l'intensification de la production de la viande. Mais il faut, pour réussir, bannir la routine et employer les meilleurs procédés modernes. Simple, clair, précis, l'ouvrage de M. Goussé donne aux éleveurs les conseils qui leur procureront le succès.

Les Animaux ● ● ● ● ● ● de la Basse-Cour.
Petit traité d'aviculture pratique par G. LEGENDRE, Ingénieur agricole.

Un volume de 256 pages, avec 142 figures, cartonné.

LES circonstances économiques poussent de plus en plus à tirer parti de tout. Parmi les sources de richesse, il en est une qui doit intéresser particulièrement les petits et les grands propriétaires : la basse-cour. Le but pratique de ce livre est de montrer ce que l'on peut espérer et obtenir, et comment il faut s'y prendre.

La Vache laitière de rapport
par G. JANNIN, Ingénieur agricole, ● ● ● ● **Choix, élevage, soins,** Professeur d'agriculture

Un volume de 192 pages, avec 144 figures, cartonné.

LES multiples produits qu'elle fournit à l'homme font de la vache l'animal de rapport par excellence. Mais il faut savoir choisir les bons sujets, et par un élevage bien conduit, une nourriture et des soins parfaits, l'emploi des dispositifs modernes (qui remédient au manque de main-d'œuvre), savoir en tirer le maximum de profit. En suivant les conseils de M. Jannin, les agriculteurs obtiendront infailliblement le succès.

L'Électricité rurale, par M. PORCHET, Ingénieur agronome, Ingénieur du génie rural, Docteur ès sciences mathématiques.

Un volume de 152 pages avec figures, cartonné.

L'ÉLECTRICITÉ est la bonne fée du XX° siècle. Elle éclaire, elle transporte, elle chauffe, elle rend d'autres nombreux services, et l'agriculteur ne pourrait trouver de servante plus utile et plus dévouée. Mais il faut savoir l'employer.

Cet ouvrage permet de comprendre l'électrification rurale. Un chapitre résume les notions théoriques indispensables. Un autre aborde les questions techniques. L'auteur a développé longuement la question : « Utilisation ». Ainsi l'agriculteur se rendra compte des dépenses qu'entraîne l'emploi de l'électricité, des usages auxquels on peut l'appliquer, et les techniciens seront renseignés sur la consommation de l'électricité dans un secteur rural.

Les Moteurs agricoles, par M. PASSFLÈGUE, Chef de travaux à la Station d'essais de machines agricoles de Paris.

Un volume de 234 pages avec figures, cartonné.

LES moteurs tendent de plus en plus, de nos jours, à remplacer l'animal pour la production de l'énergie. A condition de les utiliser et de les entretenir convenablement, l'agriculteur en obtiendra, avec moins de peine, un travail beaucoup plus considérable.

Les avantages des moteurs agricoles sont exposés en détail dans ce volume qui les étudie d'après la forme d'énergie qu'ils emploient. Sous la désignation de moteurs thermiques, nous trouvons la machine à vapeur, les moteurs à combustion interne à essence, à gaz, à huiles lourdes, et les moteurs électriques ; dans le second groupe, les moulins à vent, les moteurs hydrauliques (moulins, turbines), les manèges utilisant les animaux. L'auteur ne se contente pas de donner une description, il montre les résultats que l'on obtient de chacun d'eux.

L'Avocat-conseil des Campagnes,

par Fernand BOUFFARD. Docteur en Droit, Chef de bureau de législation au Ministère de l'Agriculture.

Un volume de 270 pages, cartonné.

Qu'IL s'agisse de l'agriculteur lui-même (contrat de mariage, testament, successions, etc.) ou de la ferme (achat, location, rapports avec les voisins, etc.), la loi intervient à chaque instant dans l'existence d'une exploitation agricole. Il est donc indispensable que l'agriculteur consulte cet ouvrage qui a pour objet de l'aider dans toutes les difficultés juridiques qui se présenteront. Il y trouvera, pour les affaires les plus communes, le renseignement qui évite une démarche inutile ou nuisible, le conseil qui enlève une perplexité, en suggérant une précaution souvent simple mais peu connue et cependant propre à sauvegarder d'importants intérêts.

Les Machines agricoles,

par M. PASSELÈGUE, Chef de travaux à la station d'essais de machines agricoles de Paris.

Un volume. (*En préparation.*)

Qu'IL s'agisse de préparer le sol, d'épandre les engrais, d'ensemencer, d'entretenir les cultures, de récolter ou de préparer les différentes récoltes, les besoins modernes de l'agriculture, qui plus que jamais manque de bras, réclament des machines modernes. Leur travail, aussi sûr, plus sûr dans beaucoup de cas, est beaucoup plus rapide et réalise une économie de matières, de temps et de peine dont les résultats sont grandement appréciables.

L'agriculteur qui veut être au niveau de la production actuelle et tirer de son capital, de quelque importance qu'il soit, le rendement le plus parfait, trouvera dans cet ouvrage un guide précieux pour le choix, l'utilisation et l'adaptation aux travaux nécessaires de la machinerie agricole moderne, depuis les travaux les plus simples de la ferme et des champs, jusqu'à la grande culture mécanique.

Syndicat Central des Agriculteurs de France

FONDÉ EN 1884

42, Rue du Louvre — PARIS (Ier Arr^t)

GRANDS PRIX AUX EXPOSITIONS UNIVERSELLES (Sections d'Économie Sociale et d'Agronomie)

Le *Syndicat Central*, créé en 1884, l'une des plus anciennes et la plus importante de nos associations syndicales, a pour objet général l'étude et la défense des intérêts économiques agricoles et pour but spécial : 1° de créer un lien entre les agriculteurs disséminés sur tous les points du sol français ; 2° de centraliser les demandes de machines, engrais, semences et toutes matières premières utiles à l'agriculture, de manière à faire bénéficier ses adhérents des remises qu'il obtient, tout en assurant la parfaite loyauté des fournitures ; 3° de favoriser la vente des produits agricoles ; 4° de donner à ses adhérents des conseils et des renseignements sur toutes les questions relatives aux choses de la culture.

Son action est à la fois d'ordre matériel et d'ordre social. D'une part, il procure à ses sociétaires la possibilité de réaliser des économies et d'augmenter leurs revenus ; d'autre part, il développe les idées de solidarité et d'aide mutuelle en rapprochant le petit cultivateur du grand propriétaire et en provoquant la création de nouveaux groupements agricoles.

Le *Syndicat Central* met ses services à la disposition : 1° des agriculteurs qui n'ont pas de syndicat local dans leur circonscription ; 2° de ceux qui, bien que possédant un syndicat local, désirent également faire partie d'une association plus vaste, disposant d'une organisation plus complète, les mettant en contact avec les cultivateurs de tous les points de la France ; 3° des syndicats qui lui donnent mandat de traiter pour leur compte. Ses services s'étendent à toutes les branches de la production agricole. Ils comprennent les matières premières de toutes sortes. Engrais, semences, bétail, machines, produits pour l'alimentation du bétail, articles de clôture, sont achetés par son entremise avec d'importantes réductions de prix. Le Syndicat Central a des fournisseurs sur tous les points de la France ; il peut donc faire livrer, avec le minimum de frais de transport, les produits dont ses adhérents ont besoin, quelle que soit la région à laquelle ceux-ci appartiennent.

Intermédiaire désintéressé pour la vente, il s'efforce de favoriser les transactions directes, qui permettent à la fois au producteur de vendre plus cher et au consommateur de se procurer les denrées à meilleur marché.

Un comité de jurisconsultes rémunérés par le Syndicat donne gratuitement des consultations sur tous les points de droit rural. Un service spécial fournit tous renseignements sur les œuvres de mutualité en matière agricole. Le Syndicat possède également un bureau de placement gratuit pour le personnel de culture. Enfin, en matière d'assurances, le Syndicat fait bénéficier ses membres de conditions exceptionnellement avantageuses.

Tous les adhérents ont droit au service gratuit d'un journal mensuel contenant : 1° des articles théoriques rédigés par les agronomes et professeurs d'agriculture les plus qualifiés ; 2° des communications d'ordre pratique ; 3° les cours de toutes les matières et machines utiles à l'exploitation du sol.

La cotisation est la suivante :

Membres souscripteurs : 25 francs. — *Membres fondateurs* : 30 francs. — *Droit d'entrée* : 5 francs.

Pour permettre au plus grand nombre possible de nos adhérents de venir à Paris assister à notre Assemblée générale annuelle et désireux, d'autre part, de limiter leurs frais de voyage, nous avons obtenu des grandes Compagnies de Chemins de fer une réduction de 50 % sur le prix des places à cette occasion.

Prière de nous retourner, rempli et signé, le bulletin d'adhésion ci-contre.

Syndicat Central des Agriculteurs de France

Fondé en 1884

PARIS — 42, Rue du Louvre, 42 — PARIS

Le Syndicat Central a pour objet l'étude et la défense des intérêts économiques agricoles et pour but spécial : 1° de créer un lien entre les agriculteurs disséminés sur tous les points du sol français ; 2° de centraliser les demandes de machines, engrais, semences et toutes matières premières utiles à l'Agriculture, de manière à faire profiter ses adhérents des remises qu'il obtient ; 3° de favoriser la vente des produits agricoles ; 4° de donner à ses adhérents des conseils et des renseignements sur toutes les questions relatives aux choses de la culture.

BULLETIN D'ADHÉSION

Le soussigné, *après avoir pris connaissance des Statuts du Syndicat Central, dont il accepte les clauses, déclare adhérer audit Syndicat en qualité de Membre 1)*

pour le département de

Nom :

Prénom usuel :

Profession :

Nationalité :

Adresse dans les départements

Bureau de poste :

Adresse à Paris :

A .... *le* .... *192*......

(Prière de dater et de signer)

(SIGNATURE)

Présenté par M. (*) ....

Demeurant à : ....

Signature : ....

(*) A défaut de parrains Membres du Syndicat, on est prié d'indiquer à cette place ses références.

(1 Inscrire si l'on désire être membre *fondateur* ou membre *souscripteur*.

Cotisations. — Les membres *fondateurs* paient 30 fr. par an ; les membres *souscripteurs* 25 fr. par an. — **Droit d'entrée : 5 fr.**

Privilèges. — Les membres *fondateurs* sont seuls éligibles aux fonctions de membres du Conseil d'Administration.

Rachat de la cotisation. — Les adhérents peuvent se libérer du paiement de la cotisation annuelle par un versement unique, lequel est de 600 fr. pour les membres *fondateurs* et de 500 fr. pour les membres *souscripteurs*.

AVIS IMPORTANT

La cotisation est due pour l'année courante, quelle que soit l'époque de l'adhésion. Elle constitue la rémunération des Services du Syndicat Central et non le prix d'abonnement au Journal, lequel est servi gratuitement à tous les adhérents.

*Pour cesser de faire partie du Syndicat il est indispensable d'adresser, **par lettre**, sa démission au Président. — La cotisation reste due pour les six mois qui suivent le retrait d'adhésion, conformément à l'article 7 de la loi du 12 Mars 1920. — Le refus du Journal mensuel ne saurait constituer un avis de démission.*

*L'Administration du Syndicat se charge, **sans responsabilité**, de la transmission des commandes (Art. III, § 3 des Statuts).*